21 世纪全国应用型本科计算机案例型规划教材

Java 程序设计案例教程

主　编　胡巧多　杨田宏

副主编　李立宗　汪　伟

参　编　唐思章

内 容 简 介

本书全面综合地介绍了面向对象程序设计语言Java的基础知识和综合应用，使用IBM公司的Eclipse开发环境，内容体现了Java的最新成果和应用情况。全书分为Java语言入门篇、Java语言基础编程篇、Java语言编程应用篇和Java语言高级篇4部分，共计12章。书中通过大量实际应用案例，讲述Java语言的程序设计技巧和应用，有利于帮助学生快速掌握Java语言的主要特性，学习Java类库的设计与使用方法和软件应用等前沿技术，全面提高学生综合分析、设计和解决实际问题的能力。

本书内容丰富，实例典型，适合作为应用型高等院校本科相关专业的教材，同时也可作为计算机培训教材使用。

为方便教学和实践，本书配有电子教案、习题参考答案和案例程序源代码等。

图书在版编目(CIP)数据

Java程序设计案例教程/胡巧多，杨田宏主编. —北京：北京大学出版社，2010.2

(21世纪全国应用型本科计算机案例型规划教材)

ISBN 978-7-301-16850-9

Ⅰ. J…　Ⅱ. ①胡…②杨…　Ⅲ. Java语言—程序设计—高等学校—教材　Ⅳ. TP312

中国版本图书馆CIP数据核字(2010)第009104号

书　　名： Java程序设计案例教程

著作责任者： 胡巧多　杨田宏　主编

策 划 编 辑： 孙哲伟　李　虎

责 任 编 辑： 郑　双

标 准 书 号： ISBN 978-7-301-16850-9/TP · 1076

出　版　者： 北京大学出版社

地　　址： 北京市海淀区成府路205号　100871

网　　址： http://www.pup.cn　http://www.pup6.com

电　　话： 邮购部62752015　发行部62750672　编辑部62750667　出版部62754962

电 子 邮 箱： pup_6@163.com

印　刷　者： 北京大学印刷厂

发　行　者： 北京大学出版社

经　销　者： 新华书店

787毫米×1092毫米　16开本　21.25印张　486千字

2010年2月第1版　　2013年6月第2次印刷

定　　价： 32.00元

信息技术的案例型教材建设

(代丛书序)

刘瑞挺

北京大学出版社第六事业部在 2005 年组织编写了《21 世纪全国应用型本科计算机系列实用规划教材》，至今已出版了 50 多种。这些教材出版后，在全国高校引起热烈反响，可谓初战告捷。这使北京大学出版社的计算机教材市场规模迅速扩大，编辑队伍茁壮成长，经济效益明显增强，与各类高校师生的关系更加密切。

2008 年 1 月北京大学出版社第六事业部在北京召开了“21 世纪全国应用型本科计算机案例型教材建设和教学研讨会”。这次会议为编写案例型教材做了深入的探讨和具体的部署，制定了详细的编写目的、丛书特色、内容要求和风格规范。在内容上强调面向应用、能力驱动、精选案例、严把质量；在风格上力求文字精练、脉络清晰、图表明快、版式新颖。这次会议吹响了提高教材质量第二战役的进军号。

案例型教材真能提高教学的质量吗？

是的。著名法国哲学家、数学家勒内·笛卡儿(Rene Descartes，1596—1650)说得好：“由一个例子的考察，我们可以抽出一条规律。(From the consideration of an example we can form a rule.)”事实上，他发明的直角坐标系，正是通过生活实例而得到的灵感。据说是在 1619 年夏天，笛卡儿因病住进医院。中午他躺在病床上，苦苦思索一个数学问题时，忽然看到天花板上有一只苍蝇飞来飞去。当时天花板是用木条做成正方形的格子。笛卡儿发现，要说出这只苍蝇在天花板上的位置，只需说出苍蝇在天花板上的第几行和第几列。当苍蝇落在第四行、第五列的那个正方形时，可以用(4，5)来表示这个位置……由此他联想到可用类似的办法来描述一个点在平面上的位置。他高兴地跳下床，喊着“我找到了，找到了”，然而不小心把国际象棋撒了一地。当他的目光落到棋盘上时，又兴奋地一拍大腿：“对，对，就是这个图”。笛卡儿锲而不舍的毅力，苦思冥想的钻研，使他开创了解析几何的新纪元。千百年来，代数与几何，井水不犯河水。17 世纪后，数学突飞猛进的发展，在很大程度上归功于笛卡儿坐标系和解析几何学的创立。

这个故事，听起来与阿基米德在浴池洗澡而发现浮力原理，牛顿在苹果树下遇到苹果落到头上而发现万有引力定律，确有异曲同工之妙。这就证明，一个好的例子往往能激发灵感，由特殊到一般，联想出普遍的规律，即所谓的“一叶知秋”、“见微知著”的意思。

回顾计算机发明的历史，每一台机器、每一颗芯片、每一种操作系统、每一类编程语言、每一个算法、每一套软件、每一款外部设备，无不像闪光的珍珠串在一起。每个案例都闪烁着智慧的火花，是创新思想不竭的源泉。在计算机科学技术领域，这样的案例就像大海岸边的贝壳，俯拾皆是。

事实上，案例研究(Case Study)是现代科学广泛使用的一种方法。Case 包含的意义很广：包括 Example 例子，Instance 事例、示例，Actual State 实际状况，Circumstance 情况、事件、境遇，甚至 Project 项目、工程等。

我们知道在计算机的科学术语中，很多是直接来自日常生活的。例如 Computer 一词早在 1646 年就出现于古代英文字典中，但当时它的意义不是“计算机”而是“计算工人”，即专门从事简单计算的工人。同理，Printer 当时也是“印刷工人”而不是“打印机”。正是由于这些“计算工人”和“印刷工人”常出现计算错误和印刷错误，才激发查尔斯·巴贝奇(Charles Babbage，1791—1871)设计了差分机和分析机，这是最早的专用计算机和通用计算机。这位英国剑桥大学数学教授、机械设计专家、经济学家和哲学家是国际公认的“计算机之父”。

20 世纪 40 年代，人们还用 Calculator 表示计算机器。到电子计算机出现后，才用 Computer 表示计算机。此外，硬件(Hardware)和软件(Software)来自销售人员。总线(Bus)就是公共汽车或大巴，故障和排除故障源自格瑞斯·霍普(Grace Hopper，1906—1992)发现的“飞蛾子”(Bug)和“抓蛾子”或“抓虫子”(Debug)。其他如鼠标、菜单……不胜枚举。至于哲学家进餐问题，理发师睡觉问题更是操作系统文化中脍炙人口的经典。

以计算机为核心的信息技术，从一开始就与应用紧密结合。例如，ENIAC 用于弹道曲线的计算，ARPANET 用于资源共享以及核战争时的可靠通信。即使是非常抽象的图灵机模型，也受到二战时图灵博士破译纳粹密码工作的影响。

在信息技术中，既有许多成功的案例，也有不少失败的案例；既有先成功而后失败的案例，也有先失败而后成功的案例。好好研究它们的成功经验和失败教训，对于编写案例型教材有重要的意义。

我国正在实现中华民族的伟大复兴，教育是民族振兴的基石。改革开放 30 年来，我国高等教育在数量上、规模上已有相当的发展。当前的重要任务是提高培养人才的质量，必须从学科知识的灌输转变为素质与能力的培养。应当指出，大学课堂在高新技术的武装下，利用 PPT 进行的“高速灌输”、“翻页宣科”有愈演愈烈的趋势，我们不能容忍用“技术”绑架教学，而是让教学工作乘信息技术的东风自由地飞翔。

本系列教材的编写，以学生就业所需的专业知识和操作技能为着眼点，在适度的基础知识与理论体系覆盖下，突出应用型、技能型教学的实用性和可操作性，强化案例教学。本套教材将会有机融入大量最新的示例、实例以及操作性较强的案例，力求提高教材的趣味性和实用性，打破传统教材自身知识框架的封闭性，强化实际操作的训练，使本系列教材做到“教师易教，学生乐学，技能实用”。有了广阔的应用背景，再造计算机案例型教材就有了基础。

我相信北京大学出版社在全国各地高校教师的积极支持下，精心设计，严格把关，一定能够建设出一批符合计算机应用型人才培养模式的、以案例型为创新点和兴奋点的精品教材，并且通过一体化设计、实现多种媒体有机结合的立体化教材，为各门计算机课程配齐电子教案、学习指导、习题解答、课程设计等辅导资料。让我们用锲而不舍的毅力，勤奋好学的钻研，向着共同的目标努力吧！

刘瑞挺教授　本系列教材编写指导委员会主任、全国高等院校计算机基础教育研究会副会长、中国计算机学会普及工作委员会顾问、教育部考试中心全国计算机应用技术证书考试委员会副主任、全国计算机等级考试顾问。曾任教育部理科计算机科学教学指导委员会委员、中国计算机学会教育培训委员会副主任。PC Magazine《个人电脑》总编辑、CHIP《新电脑》总顾问、清华大学《计算机教育》总策划。

前　　言

Java 语言的快速发展和普及让整个 Web 世界发生了翻天覆地的变化，Java 简单、完全面向对象及与平台无关性的特点，使它成为 Internet 领域最为卓越的程序设计语言之一。

Java 程序设计案例教程是编者在多年的程序设计的教学经验和实际应用开发基础上，借鉴了不同的教学方法和教材特点编写完成的。根据当前社会 IT 产业的热点，结合当前课程、专业教学体系改革要求，本教材很好地体现了突出应用性、加强针对性和强化实践性的原则，反映出当前 Java 教学的一些新的特点。全书分为 4 部分，共计 12 章。其中第 1 部分为 Java 语言入门篇，包括 Java 语言与面向对象程序设计和 Java 语言的编程基础两个部分；第 2 部分为 Java 语言基础编程篇，包括 Java 语言与面向对象、Java 语言类的继承和 Java 接口与包 3 个部分；第 3 部分为 Java 语言编程应用篇，包括 Java 语言的图形用户界面开发、Java 语言的多媒体技术、Java 语言的异常处理、Java 语言的输入/输出和 Java 语言的线程 5 个部分；第 4 部分为 Java 语言高级篇，包括 Java 数据库编程和 Java Web 编程技术两个部分。

本教材的编写目标是适用、实用和够用，一改以往教材中经常使用的开发环境，使用了较为流行的 Eclipse 开发环境；全书精选了大量案例，从引入案例或综合案例教学方法入手，突出了应用性和实用性；通过任务驱动教学模式和项目实践训练，达到提高学生分析问题、解决问题及自我学习的能力。

本教材由胡巧多、杨田宏担任主编，李立宗和汪伟担任副主编，唐思章参编。其中第 1 章、第 2 章由汪伟编写；第 3 章、第 4 章、第 5 章由胡巧多编写；第 6 章、第 7 章由杨田宏编写；第 8 章、第 9 章、第 10 章由唐思章编写；第 11 章、第 12 章由李立宗编写。全部教学案例和习题程序均在 Eclipse 环境下运行调试。在此对教材编写工作中给予我们支持与帮助的所有工作人员表示诚挚的谢意。

尽管本教材在编写过程中经过反复的修订，但由于时间仓促和水平有限，书中难免有不妥和疏漏之处，竭诚欢迎广大读者提出宝贵的意见和建议，也敬请各教学单位在使用本教材的过程中不吝指正，以便本教材的修订。联系邮件地址：huqd@sbs.edu.cn。

编　者

2009 年 11 月

目　录

第 1 部分　Java 语言入门篇

第 1 章　Java 语言与面向对象程序设计 .. 3

1.1 Java 语言概述 4
1.1.1 Java 的发展历史 4
1.1.2 Java 技术体系 5
1.1.3 Java 平台 6
1.1.4 Java 的特点 6
1.1.5 本节小结 8
1.1.6 自测练习 8
1.2 Java 环境的建立与使用 8
1.2.1 JDK 概述 8
1.2.2 JDK 的下载和安装 9
1.2.3 用 JDK 管理 Java 的应用 10
1.2.4 设置运行环境参数 11
1.2.5 Java 程序开发过程 13
1.2.6 本节小结 15
1.2.7 自测练习 15
1.3 Java 开发工具 16
1.3.1 开发工具简介 16
1.3.2 Eclipse 的下载安装 17
1.3.3 Eclipse 的设置 18
1.3.4 使用 Eclipse 开发 Java 小应用程序 20
1.3.5 本节小结 24
1.3.6 自测练习 24
1.4 本章小结 25
1.5 本章习题 25
1.6 综合实验项目 1 25

第 2 章　Java 语言的编程基础 26

2.1 Java 语言基础知识 27
2.1.1 标识符 27
2.1.2 变量 28
2.1.3 常量 29
2.1.4 本节小结 29
2.1.5 自测练习 30
2.2 基本数据类型 30
2.2.1 整数类型 30
2.2.2 浮点类型 31
2.2.3 字符类型 31
2.2.4 布尔类型 31
2.2.5 本节小结 32
2.2.6 自测练习 32
2.3 运算符与表达式 32
2.3.1 二元算术运算符 32
2.3.2 单目算术运算符 33
2.3.3 关系运算符 33
2.3.4 逻辑运算符 34
2.3.5 位运算符 34
2.3.6 条件运算符 35
2.3.7 赋值运算符 35
2.3.8 运算符的优先级和结合规则 35
2.3.9 本节小结 36
2.3.10 自测练习 36
2.4 控制语句 36
2.4.1 顺序结构程序设计 37
2.4.2 选择结构程序设计 37
2.4.3 循环结构程序设计 41
2.4.4 转向控制语句 45
2.4.5 本节小结 47
2.4.6 自测练习 47
2.5 Java 语言的数组 48
2.5.1 一维数组 48
2.5.2 多维数组 49
2.5.3 本节小结 51
2.5.4 自测练习 51
2.6 Java 语言的字符串 51
2.6.1 String 类 51
2.6.2 StringBuffer 类 54
2.6.3 本节小结 56

2.6.4 自测练习 56
2.7 本章小结 56
2.8 本章习题 57
2.9 综合实验项目 2 58

第 2 部分 Java 语言基础编程篇

第 3 章 Java 语言与面向对象 61
3.1 Java 语言的类和对象 62
3.1.1 面向对象的概念 62
3.1.2 类的定义 63
3.1.3 对象 64
3.1.4 构造方法 65
3.1.5 类的成员设计 67
3.1.6 类与对象的关系 70
3.1.7 本节小结 71
3.1.8 自测练习 71
3.2 Java 语言系统定义类的使用 73
3.2.1 使用系统类的前提条件 73
3.2.2 常用系统定义的基础包 73
3.2.3 本节小结 76
3.2.4 自测练习 76
3.3 Java 语言用户定义类的设计 76
3.3.1 Java 程序设计主要内容 76
3.3.2 类成员访问控制及类访问控制 78
3.3.3 类的封装 79
3.3.4 本节小结 80
3.3.5 自测练习 80
3.4 本章小结 81
3.5 本章习题 81
3.6 综合实验项目 3 83
第 4 章 Java 语言类的继承 84
4.1 类的继承 85
4.1.1 继承 85
4.1.2 子类的创建 86
4.1.3 null、this、super 对象运算符 88
4.1.4 本节小结 90
4.1.5 自测练习 90
4.2 类继承相关类的使用 91
4.2.1 多态性 91
4.2.2 Overload 和 Override 91
4.2.3 abstract 和 final 94
4.2.4 继承和封装的关系 96
4.2.5 本节小结 96
4.2.6 自测练习 96
4.3 内部类 97
4.3.1 内部类介绍 97
4.3.2 内部类的使用 98
4.3.3 局部内部类 99
4.3.4 静态内部类 100
4.3.5 本节小结 102
4.3.6 自测练习 102
4.4 综合应用案例 102
4.4.1 学生账单管理应用程序 102
4.4.2 学生选课系统 104
4.4.3 自测练习 108
4.5 本章小结 109
4.6 本章习题 109
4.7 综合实验项目 4 112
第 5 章 Java 接口与包 113
5.1 Java 语言的接口和包 114
5.1.1 接口的定义 114
5.1.2 接口的实现 115
5.1.3 接口回调 117
5.1.4 本节小结 118
5.1.5 自测练习 118
5.2 包 119
5.2.1 创建包 119
5.2.2 使用包 120
5.2.3 本节小结 123
5.2.4 自测练习 123

5.3 综合应用案例 124
5.3.1 理解接口程序 124
5.3.2 获取当前年份、出生年份程序 125
5.3.3 自测练习 126
5.4 本章小结 126
5.5 本章习题 126
5.6 综合实验项目 5 127

第 3 部分 Java 语言编程应用篇

第 6 章 Java 语言的图形用户界面开发 131
6.1 应用 AWT 组件开发图形用户界面程序 132
6.1.1 使用 java.awt 设计图形用户界面 133
6.1.2 容器和组件 134
6.1.3 标签组件 136
6.1.4 文本域组件 137
6.1.5 按钮组件 137
6.1.6 复选框及复选框组组件 139
6.1.7 文本区组件 141
6.1.8 面板组件 142
6.1.9 布局管理器 144
6.1.10 下拉列表框组件 153
6.1.11 列表框组件 155
6.1.12 滚动窗格组件 157
6.1.13 菜单栏、菜单、菜单项组件 158
6.1.14 本节小结 161
6.1.15 自测练习 161
6.2 Java 事件处理机制 161
6.2.1 Java 事件处理机制基本概念 161
6.2.2 接口作为监听器 164
6.2.3 适配器作为监听器 166
6.2.4 匿名内部类作为监听器 167
6.2.5 外部类作为监听器 168
6.2.6 本节小结 170
6.2.7 自测练习 170
6.3 应用 Swing 组件开发图形用户界面程序 170
6.3.1 应用 Swing 组件简介 171
6.3.2 分隔窗格 172
6.3.3 表格 174
6.3.4 树 178
6.3.5 工具栏 181
6.3.6 本节小结 183
6.3.7 自测练习 183
6.4 Java 小程序 184
6.4.1 Applet 类和 JApplet 类 184
6.4.2 小程序和 HTML 语言 186
6.4.3 本节小结 187
6.4.4 自测练习 188
6.5 SWT 图形用户界面简介 188
6.5.1 SWT 程序开发步骤 188
6.5.2 本节小结 191
6.5.3 自测练习 191
6.6 本章小结 191
6.7 本章习题 191
6.8 综合实验项目 6 193
第 7 章 Java 语言的多媒体技术 194
7.1 字体和颜色 195
7.1.1 字体 195
7.1.2 颜色 196
7.1.3 本节小结 197
7.1.4 自测练习 198
7.2 绘制图形 198
7.2.1 坐标系 198
7.2.2 Java 图形对象 198
7.2.3 本节小结 205
7.3 图像显示 206
7.3.1 图像显示 206
7.3.2 双缓冲图像技术 209
7.3.3 本节小结 211

7.3.4 自测练习 211
7.4 动画制作 211
7.4.1 利用时间触发器制作动画 211
7.4.2 利用线程制作动画 212
7.4.3 本节小结 214
7.4.4 自测练习 214
7.5 声音播放 214
7.5.1 声音播放 214
7.5.2 本节小结 215
7.5.3 自测练习 215
7.6 本章小结 216
7.7 本章习题 216
7.8 综合实验项目 7 217

第 8 章 Java 语言的异常处理 218

8.1 异常概述 219
8.2 异常处理 219
8.3 捕获异常 220
8.4 声明异常 221
8.5 抛出异常 222
8.6 自定义异常类 224
8.7 自测练习 228
8.8 本章小结 228
8.9 本章习题 229
8.10 综合实验项目 8 229

第 9 章 Java 语言的输入/输出 230

9.1 Java 语言的 I/O 操作 231
9.1.1 输入/输出流概念 231
9.1.2 Java 标准数据流 231
9.1.3 java.io 包中的数据流类文件 232
9.2 目录和文件管理——File 类 232
9.3 字节流类与字符流类 233
9.3.1 字节流的基本输入和输出程序的设计与操作 234
9.3.2 字符流的基本输入和输出程序的设计与操作 235
9.4 文件的访问 235
9.4.1 文件字符流 235
9.4.2 文件字节流 236
9.4.3 文件的随机访问 237
9.5 自测练习 239
9.6 本章小结 239
9.7 本章习题 239
9.8 综合实验项目 9 241

第 10 章 Java 语言的线程 242

10.1 线程与线程的创建 243
10.1.1 几个基本概念 243
10.1.2 线程的创建 243
10.2 线程的生命周期 246
10.3 线程的调度与优先级 247
10.4 线程组 248
10.4.1 线程组概述 248
10.4.2 ThreadGroup 类 248
10.5 线程同步 249
10.6 自测练习 250
10.7 本章小结 250
10.8 本章习题 250
10.9 综合实验项目 10 251

第 4 部分 Java 语言高级篇

第 11 章 Java 数据库编程 255

11.1 安装 SQL Server 2000 数据库管理系统 256
11.1.1 系统配置 256
11.1.2 本节小结 259
11.1.3 自测练习 259
11.2 建立一个学生表 259
11.2.1 建立表的具体步骤 259
11.2.2 本节小结 262
11.2.3 自测练习 263
11.3 利用 JDBC-ODBC 实现 Access 数据库访问 263
11.3.1 具体实现步骤 263

11.3.2 知识点讲解 266
11.3.3 案例分析 268
11.3.4 本节小结 272
11.3.5 自测练习 272
11.4 利用 JDBC 实现 SQL 数据库访问 272
11.4.1 案例代码 272
11.4.2 知识点详解 273
11.4.3 案例分析 275
11.4.4 本节小结 276
11.4.5 自测练习 277
11.5 ATM 模拟系统 277
11.5.1 案例代码 277
11.5.2 知识点讲解 282
11.5.3 案例分析 286
11.5.4 本节小结 286
11.5.5 自测练习 286
11.6 安装 SQL Server 2000 Driver for JDBC 287
11.6.1 实现步骤 287
11.6.2 本节小结 289
11.6.3 自测练习 289
11.7 本章小结 289
11.8 本章习题 289
11.9 综合实验项目 11 290

第 12 章 Java Web 编程技术 291

12.1 使用 URL 类获取信息 292
12.1.1 案例代码 292
12.1.2 知识点讲解 292
12.1.3 案例分析 293
12.1.4 本节小结 294
12.1.5 自测练习 294
12.2 URL 常用类学习 294
12.2.1 Connection 类 294
12.2.2 Socket 类 294
12.2.3 本节小结 296
12.2.4 自测练习 296
12.3 简单 JSP 语句 296
12.3.1 案例代码 296
12.3.2 知识点讲解 297
12.3.3 案例分析 299
12.3.4 本节小结 299
12.3.5 自测练习 299
12.4 JSP 基本语法格式 299
12.4.1 案例代码 299
12.4.2 知识点讲解 300
12.4.3 案例分析 300
12.4.4 本节小结 301
12.4.5 自测练习 301
12.5 JSP 动作 301
12.5.1 案例代码 301
12.5.2 知识点讲解 302
12.5.3 案例分析 302
12.5.4 本节小结 302
12.5.5 自测练习 302
12.6 JSP 的重定向 303
12.6.1 案例代码 303
12.6.2 知识点讲解 303
12.6.3 案例分析 303
12.6.4 本节小结 304
12.6.5 自测练习 304
12.7 JSP 的对象 304
12.7.1 request 对象 304
12.7.2 response 对象 305
12.7.3 案例代码 307
12.7.4 知识点讲解 308
12.7.5 案例分析 310
12.7.6 application 对象 310
12.7.7 out 对象 311
12.7.8 exception 对象 311
12.7.9 本节小结 312
12.7.10 自测练习 312
12.8 JavaBean 的创建与使用 313
12.8.1 案例代码 314
12.8.2 知识点讲解 315
12.8.3 案例分析 315
12.8.4 本节小结 317
12.8.5 自测练习 318

12.9 简单的EJB 318
12.9.1 案例代码 318
12.9.2 知识点讲解 319
12.9.3 案例分析 320
12.9.4 本节小结 321
12.9.5 自测练习 321
12.10 本章小结 321
12.11 本章习题 322
12.12 综合实验项目12 322
参考文献 323

Java 语言入门篇

Java 是由 Sun 公司开发的一种应用于分布式网络环境的程序语言。本篇主要介绍 Java 语言概述和特点、Java 开发工具的安装和 Java 语言的编程基础。通过学习要求掌握如下主要内容。

1．Java 技术体系

为了更好地适应开发的需要，目前 Sun 公司把 Java 平台划分成 J2EE、J2SE、J2ME 这 3 个版本，每一种版本都提供了丰富的开发工具以适应不同的开发需要。J2ME 是 Java 2 的一个组成部分，是一种高度优化的 Java 运行环境，主要针对消费类电子设备；J2SE 的主要目的是为台式机和工作站提供一个开发和运行的平台；J2EE 的主要目的是为企业计算提供一个应用服务器的运行和开发平台，包含许多组件，主要可简化和规范应用系统的开发与部署，进而提高可移植性和安全性。

2．Java 语言的特点

Java 语言拥有跨平台的特性，它编译的程序能够运行在多种操作系统平台上，可以实现“一次编写，到处运行”。Java 语言有面向对象、简单性、安全性、可移植性、高效性、多线程和无用内存自动回收等特点。

3．环境参数(Path 和 CLASSPATH)

JDK(Java Development Kit)的工具程序位于 bin 目录下，但操作系统并不知道如何找到这些工具程序，所以必须告诉操作系统，应该到哪些目录下找需要的工具程序，最简便的方法就是设置系统变量中的 Path 环境变量。Java 执行环境本身就是一个平台，运行于这个平台上的程序是已编译完成的 Java 程序，设置 CLASSPATH 的目的就是让 Java 运行环境找到指定的 Java 程序(也就是.class 文件)。

4．Java 语言的开发过程

Java 程序分为应用程序和小程序两种，不论是哪一种，开发过程总体上分为 3 个步骤：编写 Java 源文件、编译 Java 源文件和运行 Java 程序。

5．Java 语言数据类型

Java 语言的数据类型分为基本数据类型和引用数据类型两大类。其中基本数据类型由 Java 语言定义，其数据占用内存的大小固定，在内存中存入的是数值本身，包括 byte、short、int、long、float、double、char、boolean 共 8 种；引用数据类型在内存中存入的是引用数据的存放地址，并不是数据本身，包括数组、类、接口。

6．Java 程序控制语句

程序运行时通常是按从上至下的顺序执行的，但有时程序会根据不同的情况选择不同的语句块来运行，或是重复运行某一语句块或是跳转到某一语句块继续运行，这些根据不同的条件运行不同的语句块的方式称为“程序流程控制”。Java 语言中的流程控制语句有分支语句、循环语句和跳转语句 3 种。

Java 语言与面向对象程序设计

教学目标

在本章中，读者将学到以下内容：

- Java 语言的历史
- Java 语言的特点
- Java 程序的分类
- Java 环境配置
- Eclipse 的安装
- Java 程序的调试

章节综述

本章首先介绍 Java 语言的基本概念，并进一步描述 Java 的语法、工作原理、运行环境和特点，最后通过示例详细介绍 JDK 和 Eclipse 的安装，并针对 Java 应用程序和小应用程序的区别，结合示例做相应的比较。通过本章的学习，读者应对 Java 有更进一步的认识，从而了解 Java 语言的前景和方向。

1.1 Java 语言概述

在 Windows 系统下编写的程序能够不做修改就直接拿到 UNIX 系统上运行吗？显然是不可以的，因为程序的执行最终必须转换成为计算机硬件的机器指令来执行，专门为某种计算机硬件和操作系统编写的程序是不能直接放到另外的计算机硬件上执行的，至少要做移植工作。要想让程序能够在不同的计算机上运行，就要求程序设计语言是能够跨越各种软件和硬件平台的，而 Java 满足了这一需求。

1995 年，美国 Sun Microsystems 公司正式推出了 Java 语言，该语言具有安全、跨平台、面向对象、简单、适用于网络等显著特点，当时以 Web 为主要应用形式的互联网正在迅猛发展，Java 语言的出现迅速引起所有程序员和软件公司的极大关注，程序员们纷纷尝试用 Java 语言编写网络应用程序，并利用网络把程序发布到世界各地进行运行。IBM、Oracle、Microsoft、Netscape、Apple、SGI 等大公司纷纷与 Sun Microsystems 公司签订合同，授权使用 Java 平台技术。微软公司总裁比尔·盖茨先生在经过研究后认为“Java 语言是长时间以来最卓越的程序设计语言”。目前，Java 语言已经成为最流行的网络编程语言，许多大学纷纷开设 Java 课程，Java 正逐步成为世界上程序员最多的编程语言。

Java 语言可以说是目前流行的一种网络编程语言，它的面向对象、跨平台和分布应用等特点使 WWW 由最初的单纯提供静态信息发展到现在的提供各种各样的动态服务。Java 不仅能够编写嵌入网页中具有声音和动画功能的小应用程序，而且还能够应用于独立的大中型应用程序，其强大的网络功能可以把整个 Internet 作为一个统一的运行平台，极大地拓展了传统单机或 Client/Server 模式应用程序的外延和内涵。

1.1.1 Java 的发展历史

Java 的发展历程充满了传奇色彩。最初，Java 是由 Sun 公司的一个研究小组开发出来的，该小组最初的目标是想实现用软件对家用电器进行集成控制的小型控制装置。开始准备采用 C++，但 C++太复杂，而且安全性差，最后基于 C++开发了一种新的语言 Oak，据说当时是小组成员之一 Gosling 在苦思冥想这种语言的名字时，正好看到了窗外的一棵橡树，Oak 在英文里是“橡树”的意思，所以给该语言命名为 Oak。它是一种用于网络的精巧而安全的语言，但是这个在技术上非常成功的产品在商业上却几近失败，Oak 几乎濒临夭折。

Internet 的诞生给 Oak 的发展带来了新的契机。在 Java 出现以前，Internet 上的信息内容都是一些简单的 HTML 文档，人们迫切希望能在 Web 中看到一些交互式的内容，开发人员也极希望能够在 Web 上创建一类无须考虑软硬件平台就可以执行的应用程序，当然这些程序还要有极大的安全保障。Sun 的工程师敏锐地察觉到了这一点，从 1994 年起，他们开始将 Oak 技术应用于 Web 上，并且开发出了 HotJava 的第一个版本。

1995 年春季，Sun 公布了完整的 Java 技术规范，并立即得到了包括 Netscape 在内的各 WWW 厂商的广泛支持；同年 5 月，Alpha 版本的 Java 和 HotJava 在 Internet 上正式发布；1995 年上半年，Sun、SiliconGraphics 和 Macromedia 3 家公司宣布联合制定一套新的、基于

Java 的开放式多媒体格式和应用编程接口(API)；同年秋天，Netscape 获准成为了 Java 技术的第一个商业客户；随后，除 Sun 和 Netscape 外，另有 28 家著名的计算机公司先后宣布支持 Java；12 月，Sun 和 Netscape 联合推出了一种开放、跨平台的对象描述语言 Javascript。

1996 年 1 月，Sun 发布了第一个 Java 开发工具包 JDK 1.0。1997 年 2 月，Sun 发布了 JDK 1.1，1998 年 2 月，JDK 1.1 被下载超过 2 000 000 次。1998 年 12 月，Sun 发布了 Java 2 平台及 JDK 1.2，Java 2 平台是 Java 技术发展的新的里程碑，标志着 Java 技术发展的新阶段。

1999 年 6 月，Sun 公司发布 Java 的 3 个版本：标准版(J2SE)、企业版(J2EE)和微型版(J2ME)。此后 Sun 又相继发布了 JDK 1.3、JDK 1.4 等。2001 年 6 月 5 日，NOKIA 宣布，到 2003 年将出售 1 亿部支持 Java 的手机。目前的最新版本是 JDK 1.6.0_17，可以到 Sun 公司的官方网站 http://www.java.com/zh_CN/下载。

1.1.2　Java 技术体系

Java 不仅是编程语言，还是一个技术体系。Java 技术给程序员提供了许多工具：编译器、解释器、文档生成器和文件打包工具等。同时 Java 还是一个程序发布平台，有两种主要的“发布环境”，首先是 Java 运行时环境(Java Runtime Environment，JRE)包含了完整的类文件包，其次许多主要的浏览器都提供了 Java 解释器和运行时环境。为了更好地适应开发的需要，目前 Sun 公司把 Java 平台划分成 J2EE、J2SE、J2ME 3 个版本的平台，每一种版本都提供了丰富的开发工具以适应不同的开发需要。

- Java 2 Platform Micro Edition——J2ME
- Java 2 Platform Standard Edition——J2SE
- Java 2 Platform Enterprise Edition——J2EE

1. J2ME

J2ME 是 Java 2 的一个组成部分，是一种高度优化的 Java 运行环境，主要针对消费类电子设备，例如蜂窝电话和可视电话、数字机顶盒、汽车导航系统等。J2ME 技术在 1999 年的 JavaOne Developer Conference 大会上正式推出，它将 Java 语言的与平台无关的特性移植到小型电子设备上，允许移动无线设备之间共享应用程序。

2. J2SE

J2SE 的主要目的是为台式机和工作站提供一个开发和运行的平台。在本书介绍 Java 的过程中，主要是采用 J2SE 来进行开发。J2SE 提供了编写与运行 Java Applet 和 Java Application 的编译器、开发工具、运行环境与 Java API。

3. J2EE

J2EE 的主要目的是为企业计算提供一个应用服务器的运行和开发平台，包含许多组件，主要可简化且规范应用系统的开发与部署，进而提高可移植性、安全性与再用价值。J2EE 的核心是一组技术规范与指南，其中所包含的各类组件、服务架构及技术层次均有通用的标准及规格，让各种依循 J2EE 架构的不同平台之间存在良好的兼容性，解决过去企业后端使用的信息产品彼此之间无法兼容，导致企业内部或外部难以互通的窘境。

J2EE 本身是一个开放的标准，任何软件厂商都可以推出自己的符合 J2EE 标准的产品，使用户可以有多种选择。IBM、Oracle、BEA、HP 等 29 家公司已经推出了自己的产品，其中尤以 BEA 公司的 Weglogic 产品和 IBM 公司的 Websphare 最为著名。J2EE 将逐步发展成为可以与微软的.NET 战略相对抗的网络计算平台。

1.1.3 Java 平台

Java 平台完全由软件构成并运行在其他硬件平台之上，支持 Java 程序的运行，由 Java 虚拟机(Java Virtual Machine，JVM)和 Java 应用程序接口(Java API)所构成。它为纯 Java 程序提供了统一的编程接口，而不考虑下层操作系统是什么。这两种工具整合在一起处于计算机之上，通过这两种软件，Java 平台把一个 Java 应用程序从硬件系统分离开，从而很好地保证了程序的独立性。

1. Java 虚拟机

JVM 是一个虚构出来的计算机，是通过在实际的计算机上仿真模拟各种计算机功能来实现的。Java 虚拟机有自己完善的硬件架构，如处理器、堆栈、寄存器等，还具有相应的指令系统。

Java 虚拟机的“机器码”保存在.class 文件中，有时也可以称之为字节码文件。Java 语言最重要的特点就是可以在任何操作系统中运行。使用 Java 虚拟机就是为了支持与操作系统无关、在任何系统中都可以运行安全并且兼容的保存在.class 文件中的字节码。Java 虚拟机中的 Java 解释器负责将字节码解释成为特定的机器码进行运行。Java 虚拟机屏蔽了与具体操作系统平台相关的信息，使得 Java 语言编译程序只需生成在 Java 虚拟机上运行的目标代码(字节码)，就可以在多种平台上不加修改地运行。Java 虚拟机在执行字节码时，实际上最终还是把字节码解释成具体平台上的机器指令执行。

2. Java 应用程序接口

Java API 是一个很大的 Java 类库的集合，这些类以包(package)的形式组织，它们提供了丰富的功能，如图形化用户界面、输入/输出等。Java API 既能使应用系统访问底层平台服务，又能保证 Java 应用系统不依赖于具体的底层平台。因此，Java API 能在支持和简化应用系统开发的同时，使应用程序具有可移植性。

1.1.4 Java 的特点

1. 面向对象

Java 语言提供类、接口和继承等原语，Java 提供给用户一系列类(class)，Java 的类有层次结构，子类可以继承父类的属性和方法。为了简单起见，只支持类之间的单继承，但是支持接口之间的多继承，并支持类与接口之间的实现机制(关键字为 implements)，Java 语言是一个纯面向对象程序设计语言。

2. 简单性

Java 语言的语法和语义都比较简单，容易学习和使用。和所有的新一代的程序设计语言一样，Java 也采用了面向对象技术并更加彻底，所有的 Java 程序和 Applet 程序均是对象，

封装性实现了模块化和信息隐藏，继承性实现了代码的复用，用户可以建立自己的类库。而且 Java 采用的是相对简单的面向对象技术，去掉了运算符重载、多继承的复杂概念，而采用了单一继承、类强制转换、多线程、引用(非指针)等方式。无用内存自动回收机制也使得程序员不必费心管理内存，使程序设计更加简单，同时大大减少了出错的可能。

3. 安全性

Java 程序在编译及运行时，都要进行严格的语法检查。作为一种强制类型语言，Java 在编译和连接时都进行大量的类型检查，防止不匹配问题的发生。如果引用一个非法类型或执行一个非法类型操作，Java 将在解释时指出该错误。在 Java 程序中不能采用地址计算的方法通过指针访问内存单元，大大减少了错误发生的可能性，而且 Java 的数组并非用指针实现，这样就可以在程序中避免数组越界的发生。

作为网络语言，Java 必须提供足够的安全保障，并且要防止病毒的侵袭。Java 应用程序在运行时，严格检查其访问数据的权限，如不允许网络上的应用程序修改本地的数据。下载到用户计算机中的字节代码在其被执行前要经过一个核实过程，一旦字节代码被核实，便由 Java 解释器来执行，该解释器通过阻止对内存的直接访问来进一步提高 Java 的安全性。

4. 可移植性

网络上充满了各种不同类型的机器和操作系统，为使 Java 程序能在网络的任何地方运行，Java 编译器编译生成了与体系结构无关的字节码文件。任何种类的计算机，只有在其处理器和操作系统上有 Java 运行时环境，字节码文件才可以在该计算机上运行。即使是在单一系统的计算机上，结构中立也有非常大的作用。随着处理器结构的不断发展变化，程序员不得不编写各种版本的程序以在不同的处理器上运行，这使得开发出能够在所有平台上工作的软件是不可能的，而使用 Java 将使同一版本的应用程序可以运行在所有的平台上。

5. 高效性

虽然 Java 是解释执行的，但它仍然具有非常高的性能，在一些特定的 CPU 上，Java 字节码可以快速地转换成为机器码进行执行。而且 Java 字节码格式的设计就是针对机器码的转换，实际转换时相当简便，自动的寄存器分配与编译器对字节码的一些优化可使之生成高质量的代码。

6. 多线程

多线程是 Java 的一大特点，能够在程序中实现多任务操作。传统的程序设计语言的程序只能单任务操作，效率非常低，例如程序往往在接收数据输入时被阻塞，只有等到程序获得数据后才能够继续运行。而多线程程序可以创建一个线程来进行输入/输出操作，创建另一个线程在后台进行数据处理，输入/输出的线程在接收数据时阻塞，而另一个线程仍然在运行。这样，多线程程序大大提高了运行效率和处理能力。

Java 提供了有关线程的操作，如线程的创建、线程的管理、线程的废弃等处理。Java 虚拟机也是一个多线程程序，虚拟机启动后，时刻在运行一个线程，该线程的优先级最低，在后台负责不用对象的垃圾处理工作。多线程使程序能够处理多任务，具有非常广阔的发展前景。

7. 无用内存自动回收机制

在程序的执行过程中，部分内存在使用过后就处于废弃状态，如果不及时进行回收，很有可能会导致内存泄漏，进而引发系统崩溃。在C++语言中无用内存是由程序员进行内存回收的，程序员需要在编写程序时把不再使用的对象内存释放掉，这种人为管理内存释放的方法往往由于程序员的疏忽而致使内存无法回收，同时也增加了程序员的工作量。而在Java运行环境中，始终存在着一个系统级的线程，专门跟踪内存的使用情况，定期检测出不再使用的内存，并自动进行回收，避免了内存的泄露，也减轻了程序员的工作量。

1.1.5 本节小结

本节主要介绍了Java的发展历史，Java的3个技术体系：J2ME、J2SE和J2EE，最后简要介绍了Java的特点，使读者对Java语言的历史背景有一个基本的了解。

1.1.6 自测练习

一、选择题

1. ________年，Sun发布了第一个Java开发工具包JDK 1.0。
   A．1994　B．1995　C．1996　D．1999
2. 1999年6月，Sun公司发布Java的3个版本：________、企业版和微型版。
   A．个人版　B．专业版　C．用户版　D．标准版

二、问答题

1. Java的技术体系包含哪3个内容？分别应用于哪些领域？
2. 简要介绍Java的特点。

1.2 Java环境的建立与使用

Sun公司最早推出的Java开发环境称为Java开发工具包(Java Development Kit，JDK)，主要用于构建在Java平台上运行的应用程序、小应用程序和组件等。这个软件开发工具包通常是为了开发某一个方面的程序软件而设计的，本书的所有程序都使用JDK 1.6编译运行。

1.2.1 JDK概述

JDK是Java开发工具包(Java Development Kit)的缩写，是Sun Microsystems针对Java开发的产品。它是一种用于构建在Java平台上发布的应用程序、Applet和组件的开发环境。JDK是一切Java应用程序的基础，所有的Java应用程序都是构建在其之上的。它是一组API，也可以说是一些Java Class。

JDK是整个Java的核心，包括了Java运行环境(Java Runtime Environment)、若干Java工具和Java基础的类库(rt.jar)。不论何种Java应用服务器，实质都是内置了某个版本的JDK。因此掌握JDK是学好Java的第一步。最主流的JDK是Sun公司发布的JDK，除了Sun之外，还有很多公司和组织都开发了自己的JDK，例如IBM公司开发的JDK，BEA公司的Jrocket，还有GNU组织开发的JDK等。

从 Sun 的 JDK 5.0 开始，提供了泛型等非常实用的功能，其版本信息也不再延续以前的 1.2、1.3、1.4，而是变成了 5.0、6.0 了。从 6.0 开始，其运行效率得到了非常大的提高，尤其是在桌面应用方面。JDK 本身使用了 Java 语言编写，在下面下载的安装包里，有一个 src.zip，里面就是 JDK 的源代码。

1.2.2　JDK 的下载和安装

JDK 可以到 Sun 公司的网站上下载并安装，本小节详细介绍 JDK 的下载和安装。

(1) 进入 http://java.sun.com/，如图 1.1 所示。

图 1.1　Sun 公司网站

(2) 选择导航栏的 Downloads 菜单中的 Java SE 命令，进入下载页面，如图 1.2 所示。

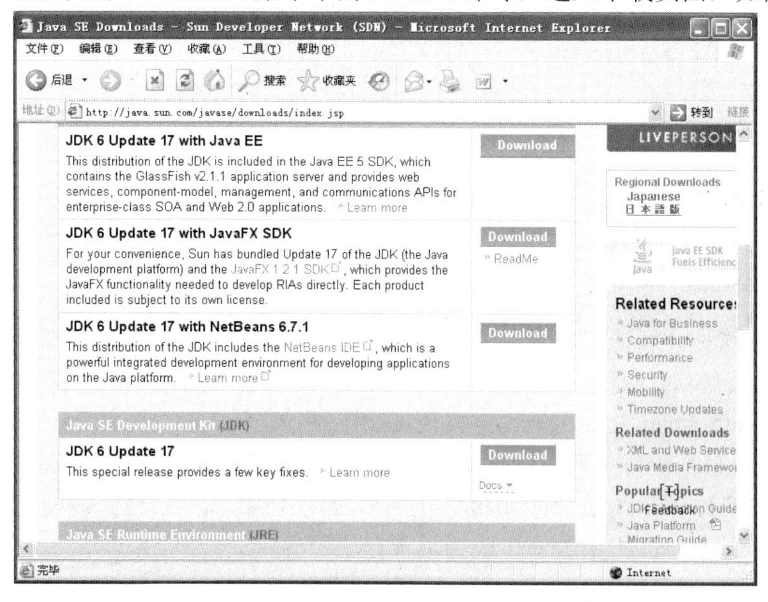

图 1.2　下载 Java SE 页面 1

(3) 单击 JDK 6 Update 17 with JavaFX SDK 后的 Download 按钮，接受 Sun 协议，进入图 1.3 所示的页面。

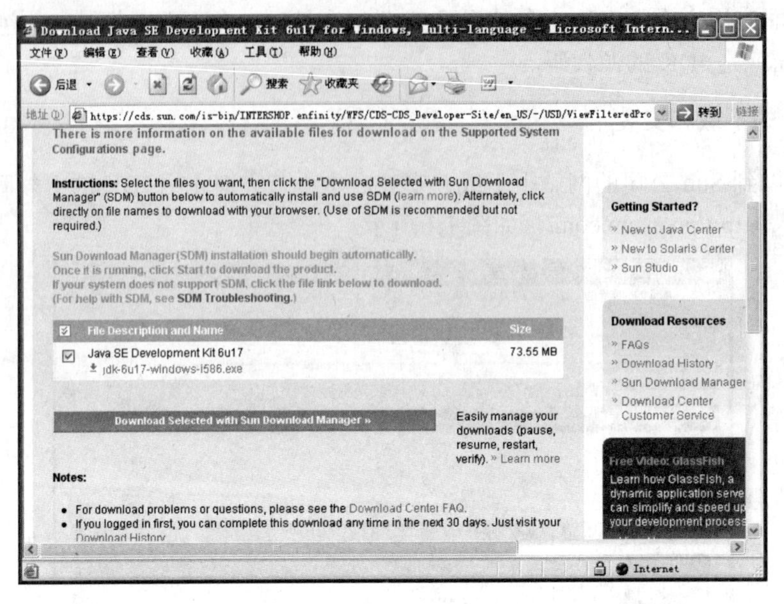

图 1.3 下载 Java SE 页面 2

(4) 单击下载链接 jdk-6u17-windows-i586.exe，选择保存位置，即可完成 JDK 的下载。

(5) JDK 的安装方法很简单，双击下载的软件压缩包即可。

1.2.3 用 JDK 管理 Java 的应用

管理 Java 应用是指创建 Java 应用的目录结构，编译、运行及发布 Java 应用的操作。JDK 安装后在安装路径下有两个工具包：jdk1.6.0_17 和 jre6。

1. JDK 的操作命令

jdk1.6.0_17 目录下的 bin 子目录下提供了编译和运行 java 程序的常用工具，这些工具都是可执行程序，命令可以分为 6 类：基本命令、RMI 命令、国际化命令、安全控制命令、Java IDL 和 RMI-IIOP 命令、Java Plug-in 命令。对于初学者来说需要掌握的是基本命令，它们分别如下。

(1) javac——编译器，将源程序转成字节码。执行格式为：

```
Javac [选项]一个或多个需要编译的源文件名
```

常用的选项有以下两种。

① –classpath <path>： 用于设定路径，在该路径上 javac 寻找需要被调用的类，该路径是一个用分号分开的目录列表，它将覆盖默认的 CLASSPATH 环境变量的设置。若既未指定 CLASSPATH、又未指定-classpath，则用户类路径由当前目录构成。

② –d <directory>：指定编译生成的类所存放的根目录。例如：

```
javac -d <ch1> MyJava.java
```

将 MyJava.java 程序生成的.class 文件存放在 ch1 目录里。

若未指定-d 选项，则 javac 将把类文件放到与源文件相同的目录中。注意：-d 选项指定的目录不会被自动添加到用户类路径中。

(2) java——Java 语言的解释器，解释运行编译后的 Java 程序(.class 后缀的)。命令的一般格式是：

```
java [选项] class [命令行参数…]
```

例如：java MyClass

这个命令将解释执行 MyClass.class 字节码文件。

(3) appletviewer——小程序浏览器，一种执行 HTML 文件上的 Java 小程序的 Java 浏览器，该命令可使 Applet 脱离 Web 浏览器环境进行运行、调试。

(4) jar——打包工具，将相关的类文件打包成一个文件。jar 是个多用途的存档及压缩工具，它基于 zip 和 zlib 压缩格式。jar 命令的主要目的是便于将 Applet 或 Application 打包成单个归档文件。

(5) javadoc——Java API 文档生成器。解析 Java 源文件中类的定义和文档注释，并生成相应的 HTML 格式的文档，描述公有类、保护类、内部类、接口、构造函数、方法和成员变量等。

(6) jdb——Java 程序的调试器。

(7) javah——产生可以调用 Java 过程的 C 过程，或建立能被 Java 程序调用的 C 过程的头文件。

(8) javap——Java 反汇编器，显示编译类文件中的可访问功能和数据，同时显示字节代码含义。

为了便于在 DOS 命令行下直接运行这些工具，可以把 bin 目录添加到操作系统的系统环境变量 Path 中。

2. JRE

JRE(Java Runtime Environment，Java 运行环境)包括了运行 Java 程序所必需的环境的集合，包含 JVM 标准实现及 Java 核心类库。它不包含开发工具——编译器、调试器和其他工具。JRE 需要辅助软件(Java Plug-in)以便在浏览器中运行 Applet。

JRE 中由 ClassLoader 负责查找和加载程序引用到的类库，基础类库 ClassLoader 会到 rt.jar 中自动加载，对于其他的类库，ClassLoader 在环境变量 CLASSPATH 指定的路径中搜索，按照先来先到的原则，放在 CLASSPATH 前面的类库先被搜到，Java 程序启动之前建议先把 Path 和 CLASSPATH 环境变量设好，操作系统通过 Path 来找 JRE，确定基础类库 rt.jar 的位置，JRE 的 ClassLoader 通过 CLASSPATH 找其他类库。当在控制台执行 java.exe 时，操作系统寻找 JRE 的方式是先在当前目录下找 JRE，再在父目录下找 JRE，接着在 Path 路径中找 JRE。

1.2.4　设置运行环境参数

JDK 安装完成后可进行环境变量的设置，本小节详细介绍环境变量的设置过程。

(1) 打开“我的电脑”窗口，找到 Java 的安装目录 jdk1.6.0_17 并打开 bin 子目录，在地址栏将全部路径复制，如图 1.4 所示。

(2) 在桌面上右击“我的电脑”图标，从弹出的快捷菜单中选择“属性”命令，打开“系统属性”对话框，选择“高级”选项卡，单击“环境变量”按钮，打开“环境变量”对话框，如图 1.5 所示。

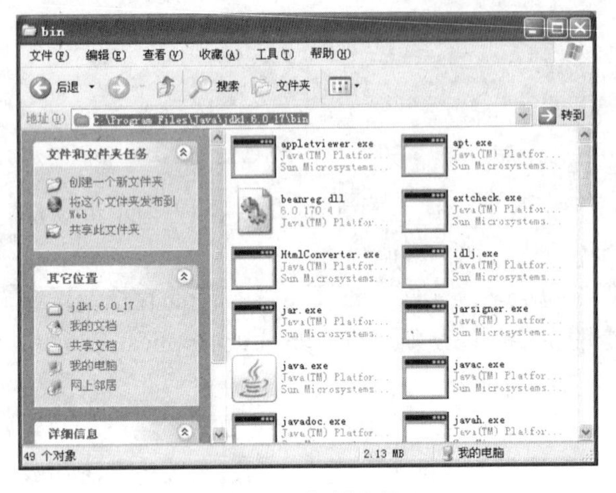

图 1.4　复制路径

图 1.5　“环境变量”对话框

(3) 在“系统变量”栏中选择 Path 变量，并单击“编辑”按钮，打开“编辑系统变量”对话框，如图 1.6 所示。

(4) 在原来变量值后面输入“;”，并将步骤 1 中复制的路径粘贴上去就完成了 Path 的设置，如图 1.7 所示。

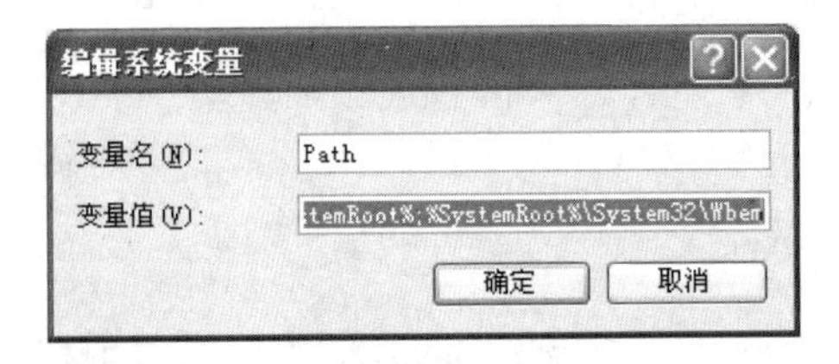

图 1.6　“编辑系统变量”对话框

图 1.7　粘贴路径

(5) 打开“开始”菜单，选择“运行”命令，打开“运行”对话框，在“打开”文本框中输入 cmd，单击“确定”按钮，进入“命令提示符”环境下，输入 javac 命令并按回车键，则输出图 1.8 所示的结果，表示环境变量设置正确。

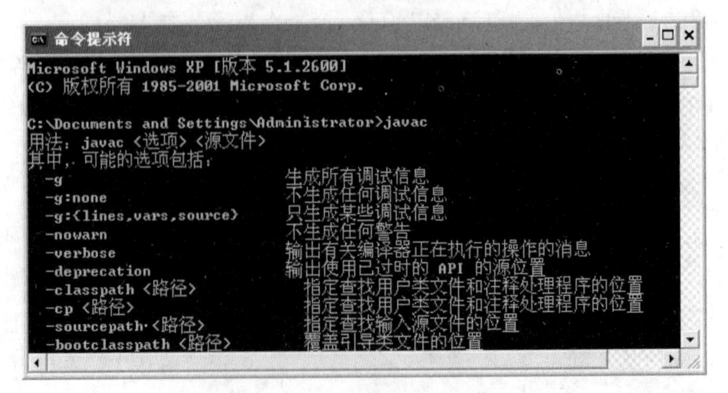

图 1.8　环境变量设置正确结果

若结果显示如图 1.9 所示，则表明环境变量设置有问题，应关闭“命令提示符”环境并重新设置 Path 变量。

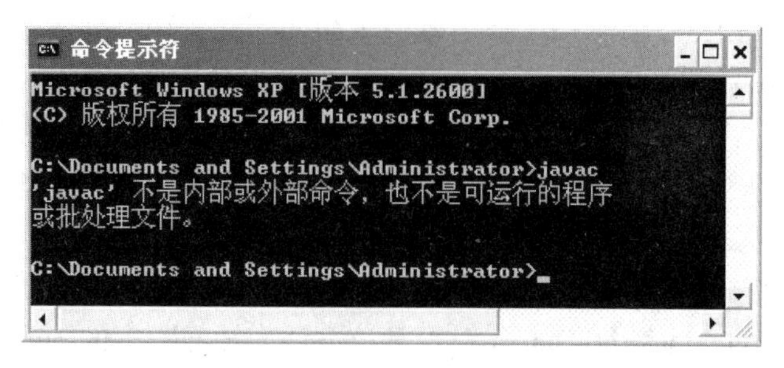

图 1.9　环境变量设置错误结果

1.2.5　Java 程序开发过程

根据结构组成和运行环境的不同，Java 程序可以分为两类：Java 应用程序(Java Application)和 Java 小应用程序(Java Applet)。简单地说，Java Application 是完整的程序，需要独立的解释器来解释运行；而 Java Applet 则是嵌入在用 HTML 编写的 Web 页面中的非独立程序，由 Web 浏览器内部包含的 Java 解释器来解释运行。Java Application 和 Java Applet 各自使用的场合也不相同。

本节将以一个最简单的 Java Application 来讲解 Java 程序的编写、编译过程及常用的 JDK 的操作命令。Java 程序的开发过程分为如下 3 个步骤。

1. 编写 Java 源文件

可使用任何文本编辑器(如 Windows 记事本、UltrEdit、EditPlus、FrontPage 以及 Dreamweaver 等)编写 Java 源文件，但是要注意，因 Word 编辑器含有不可见字符，所以不可使用。编写完成后的源文件应以.java 为扩展名保存起来。

例 1-1 编程实现在屏幕上打印输出 Hello World!的功能。

(1) 打开 Windows 记事本程序，输入程序代码如下：

```
import java.io.*;                    //导入 java.io 包中所有的类
public class HelloWorld{             //主类
   public static void main(String[] args){
      System.out.ptintln("Hello World!");
   }
}
```

(2) 将上述程序保存为 HelloWorld .java。

(3) 由上述程序可以看出 Java 源程序包括 3 个方面的内容，结构如下。

```
package  语句;          //包声明语句，定义了该源程序中的类存放的包。一个源程序
                        //只能有一个，或没有
import  语句;     }     //引入类的声明语句，引入已定义好的 JDK 中的标准类或其他
…                       //已有类或包在本程序中使用，程序中该语句可以没有或多条
public class 定义 ┐
…                 │
class 定义        ├     //类和接口的定义。一个源程序只能有一个 public class
…                 │     //可以有任意数目(0 个或多个)的 class 和 interface
interface 定义    ┘
```

(4) 程序说明如下。

① 源程序中的 3 部分要素必须以包声明、引入类声明、类和接口的定义的顺序出现。如果源程序中有包语句，只能是源文件中除空语句和注释语句之外的第一个语句。

② 关键字 class 说明一个类定义的开始。类定义由类头部分和类体部分组成，类体部分在一对大括号内。任何一个 Java 程序都是由若干个这样的类定义组成的。需要指出的是，Java 是区分大小写的语言，例如 class、Class 和 CLASS 都代表不同的含义，定义类必须使用关键字 class 作为标志。在上面的 Java 源程序中只定义了一个类，其类名为 HelloWorld。

③ main 方法是一个特殊的方法，它是 Java Application 程序执行的入口点，其声明必须是 public static void main(String[] args){}，且该方法应放在程序的 public class 中。当执行 Java Application 时，整个程序将从这个 main 方法的方法体的第一条语句开始执行。

④ 一个源文件只能有一个 public class 类的定义，且源文件的名字与包含 main()方法的该 public class 的类名相同(包括大小写也要一致)，扩展名必须是.java。

⑤ 在这个程序里使用了多处行注释。在 Java 程序中，两道斜线(//)代表行注释的开始，跟在它后面的所有内容都将被编译器和解释器忽略，使用它可提高程序的可读性。

2. 编译 Java 源程序

使用 Java 编译器(javac.exe)编译源文件，可得到字节码文件(.class 文件)。字节码文件是与平台无关的二进制码，执行时由解释器解释成本地机器码，解释一句，执行一句。

(1) 打开“开始”菜单，进入“命令提示符”环境下，切换到 HelloWorld.java 所在目录，在命令行中输入下列命令：

```
javac HelloWorld.java
```

(2) 如果源程序没有错误，将出现图 1.10 所示界面，并在当前目录下生成 HelloWorld.class 文件。

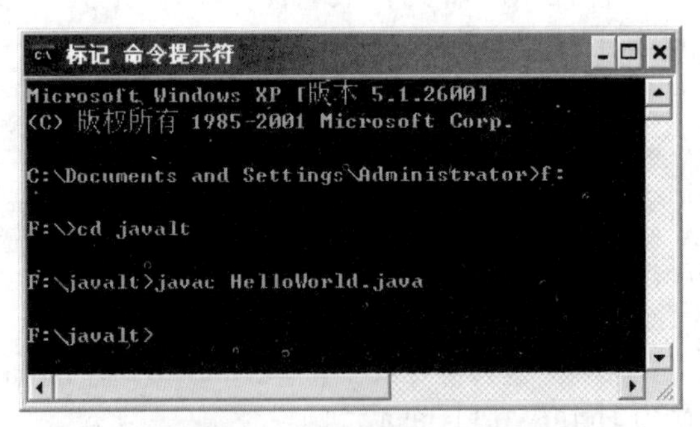

图 1.10 编译 Java 源程序

3. 运行 Java 程序

Java 程序分为两类——Java 应用程序 Application 和 Java 小应用程序 Applet。Java 应用程序必须通过 Java 解释器(java.exe)来解释执行其字节码文件；Java 小应用程序必须通过支持 Java 标准的浏览器来解释执行。

(1) 在命令行中输入下列命令进行程序的运行：

```
java HelloWorld
```

(2) 运行结果如图 1.11 所示。

图 1.11　运行 Java 程序

在上例的 Java 源程序中，main 方法只有一条语句：

```
System.out.ptintln("Hello World!");。
```

这个语句将字符串 Hello World！输出到系统标准输出上，如显示器。其中 System 是系统内部定义的一个系统类；out 是 System 类中的一个域，也是一个对象；println 是 out 对象的一个方法，其作用是向系统标准输出其形参指定的字符串，并按回车键换行。

1.2.6　本节小结

本节详细介绍了 JDK 的下载和安装，重点学习 JDK 的操作命令，突出介绍了环境变量的设置。通过实例介绍 Java Application 的编写、编译和运行过程。先介绍 Java Application 源程序的编写，以及在“命令提示符”环境下编译、运行应用程序的命令与用法。在知识点部分具体介绍了 Java Application 的组成，在案例分析部分介绍了如何实现程序的简单输出等知识点。

1.2.7　自测练习

一、选择题

1. Java 源程序文件的后缀是_______。
   A. .java　　B. .doc　　C. .class　　D. .xls
2. Java 语言的编译命令是_______。
   A. javadoc　　B. java　　C. javac　　D. javap
3. Java 源文件经过编译后生成的字节码文件的扩展名是_______。
   A. .java　　B. .doc　　C. .class　　D. .xls

二、问答题

1. Java 语言的开发过程是什么？
2. Java 程序分为哪两类？
3. 编译和运行 Java 应用程序的命令是什么？

1.3 Java开发工具

“工欲善其事，必先利其器”，各种开发工具在程序开发中的地位显得十分重要。在整个软件开发过程中，编码所占的比重越来越少，这一方面是因为经过多年的积累，可复用的资源越来越多；另一方面，开发工具的功能、易用等方面发展很快，使编码速度产生了飞跃。

1.3.1 开发工具简介

目前有很多Java程序的开发工具，应该根据不同目的进行选择。Java的开发工具分成3大类，即文本编辑器、Web开发工具和集成开发工具。

1. 普通文本编辑器

这类工具只提供了文本编辑功能，如记事本、UltraEdit和EditPlus等，这类工具可以进行多种编程语言的开发，如C、C++和Java等。在编辑器中将Java程序编写好后，采用命令行方式对Java程序进行编译、调试、运行，如第1.2.5节所示。

2. Web开发工具

这类工具提供了Web页面的编辑功能，具体到Java主要就是Java Server Pages(JSP)页面的开发，主要推荐HomeSite。

3. 集成开发工具

这类工具提供了Java的集成开发环境，为需要集成Java与J2EE的开发者和开发团队提供对Web applications、Servlets、JSPs、EJBs、数据访问和企业级应用的强大支持。现在的很多工具属于这种类型，也是Java开发工具的发展趋势。在这类工具中，主要推荐NetBeans、JCreator、JBuilder和Eclipse等。

(1) NetBeans是Sun公司最新发布的商用全功能的Java集成开发环境(IDE)，适用于各种客户机和Web应用，支持Solaris、Linux和Windows平台，适合创建和部署两层Java Web应用和n层J2EE应用的企业开发人员使用。同时，它也是业界第一款支持创新型Java开发的开放源代码IDE。开发人员可以利用强大的开发工具来构建桌面、Web或移动应用，同时，通过NetBeans和开放的API的模块化结构，第三方能够非常轻松地扩展或集成NetBeans平台。NetBeans主要针对一般Java软件的开发者，与其他开发工具相比，最大区别在于不仅能够开发各种台式机上的应用程序，而且可以用来开发网络服务方面的应用程序和基于J2ME的移动设备上的应用程序等。在NetBeans基础上，Sun开发出了Java One Studio 5，为用户提供了一个更加先进的企业编程环境。在新的Java One Studio 5里有一个应用框架，开发者可以利用这些模块快速开发自己在网络服务方面的各种应用程序。

(2) JCreator是一款适合于各个Java语言编程开发人员的IDE工具。它为使用者提供了大量强劲的功能，例如：项目管理、工程模板、代码完成、调试接口、高亮语法编辑、使用向导以及完全可自定义的用户界面。

(3) JBuilder是Borland公司开发的针对Java的开发工具，使用JBuilder将可以快速、有效地开发各类 Java 应用，它使用的 JDK 与 Sun 公司标准的 JDK 不同，经过了较多的修改，以便开发人员能够像开发 Delphi 应用那样开发 Java 应用。JBuilde 简化了团队合作，它采用的互联网工作室技术使不同地区甚至不同国家的人联合开发一个项目成为了可能。

(4) Eclipse 是一个开放源代码的软件开发项目，专注于为高度集成的工具开发提供一个全功能的、具有商业品质的工业平台。它主要由 Eclipse 项目、Eclipse 工具项目和 Eclipse 技术项目 3 个项目组成，具体包括 4 个部分组成——Eclipse Platform、JDT、CDT 和 PDE。JDT 支持 Java 开发、CDT 支持 C 开发、PDE 用来支持插件开发，Eclipse Platform 则是一个开放的可扩展 IDE，提供了一个通用的开发平台。它提供建造块和构造并运行集成软件开发工具的基础。Eclipse Platform 允许工具建造者独立开发与他人工具无缝集成的工具，从而无须分辨一个工具功能在哪里结束，而另一个工具功能在哪里开始。

通过介绍，读者应该对各种开发工具有了一个初步的认识。在本书中，所有示例都采用 Eclipse 进行开发。

1.3.2　Eclipse 的下载安装

Eclipse 是开放源代码的项目，可以到 http://www.eclipse.org 免费下载 Eclipse 的最新版本。Eclipse DownLoads 页面如图 1.12 所示。

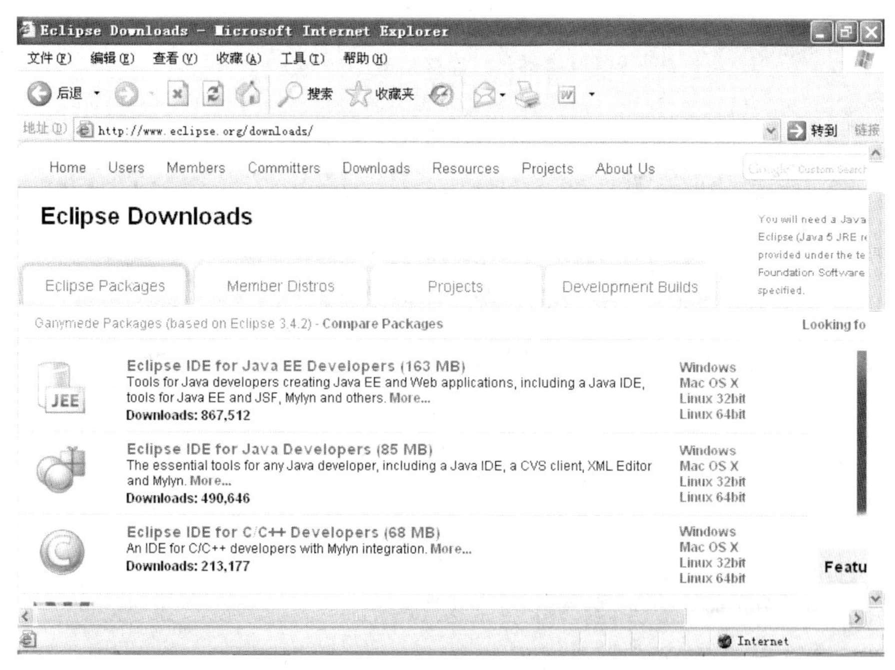

图 1.12　Eclipse Downloads 页面

根据自己的操作系统单击 Eclipse IDE for Java Developers (85 MB)后的下载链接，打开下载页面并保存下载程序。Eclipse 本身是用 Java 语言编写，但下载的压缩包中并不包含 Java 开发环境，需要用户自己另行安装 JDK。

安装 Eclipse 的步骤非常简单：只需将下载的压缩包按原路径直接解压即可。需注意如果有了更新的版本，要先删除老的版本重新安装，不能直接解压到原来的路径覆盖老版本。

1.3.3 Eclipse 的设置

解压缩之后可到相应安装路径找 Eclipse.exe 文件，双击该文件即可运行 Eclipse。具体过程如下。

(1) 运行 Eclipse 时在闪现一个月蚀图片后，Eclipse 会显示 Select a Workspace(选择工作空间)界面，如图 1.13 所示，每当在 Eclipse 中新生成一个项目，默认情况下都会在 Workspace 中产生和项目同名的文件夹以存放该项目所用到的全部文件。可以用 Windows 资源管理器直接访问或维护这些文件。单击 Browse 按钮选择项目文件保存位置，如 F:\javalt，如果该工作空间不存在，则会自动创建一个与此工作空间一致的文件夹。

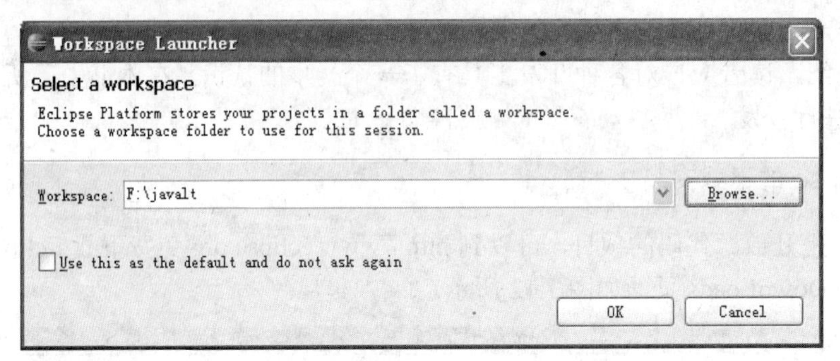

图 1.13 选择工作空间

(2) 首次设置工作空间后单击 OK 按钮，进入欢迎界面，如图 1.14 所示。

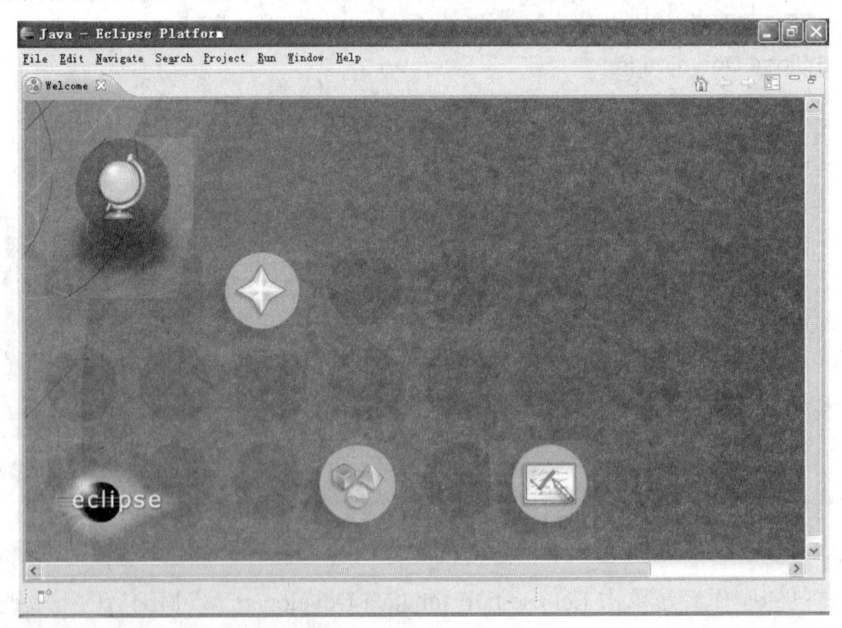

图 1.14 Eclipse 欢迎界面

(3) 选择菜单 File→New→Java Project 命令，进入 New Java Project(新建项目)对话框，如图 1.15 所示。在 Project name 文本框中输入项目名 ch1，单击 Finish 按钮进入 Eclipse 工作台，如图 1.16 所示。

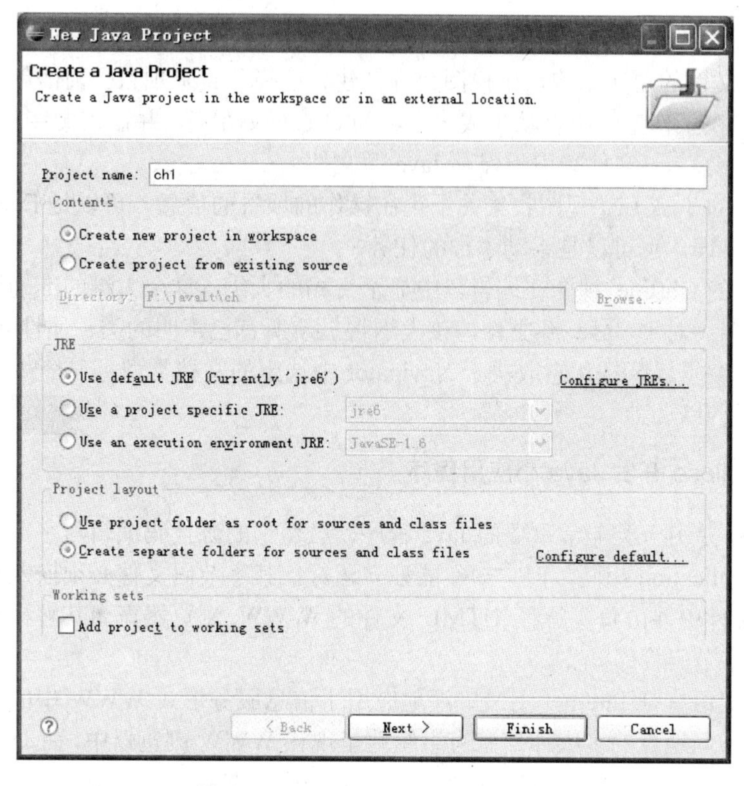

图 1.15　New Java Project 对话框

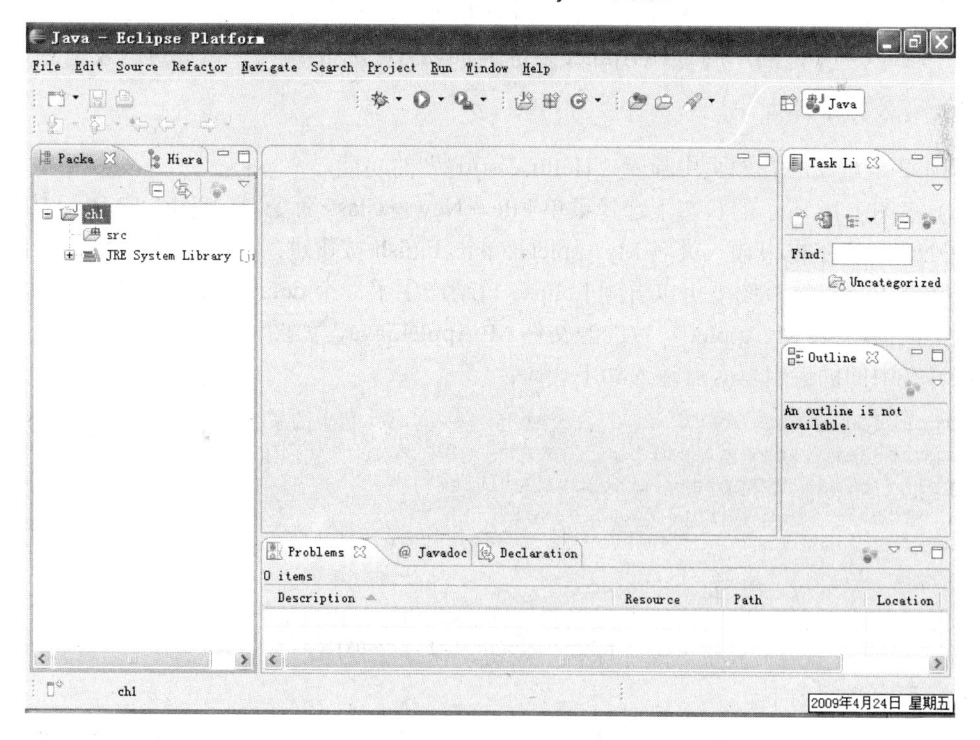

图 1.16　Eclipse 工作台

Eclipse 工作台由以下几个称为视图(View)的窗格组成。

① 左侧的 Package Explorer 视图展示了一些文件组织结构，它是一个包含各种 Java 包、类、jar 和其他文件的层次结构，该视图允许创建、选择和删除项目。前面创建了一个名为 ch1 的项目，则在工作空间中自动生成一个名为 ch1 的文件夹，并在该文件夹下生成 src 和 bin 两个子文件夹，src 文件夹用于保存 Java 源文件。

② 右上角的 Task List 视图收集关于正在操作的项目的信息，可以是 Eclipse 生成的信息，比如编译错误，也可以是手动添加的任务。

③ 右下角的 Outline 视图在编辑器中显示文档的大纲；这个大纲的准确性取决于编辑器和文档的类型；对于 Java 源文件，该大纲将显示所有已声明的类、属性和方法。

④ 中间是编辑器区域，它取决于 Navigator 中选定的文档类型，一个适当的编辑器窗口将在这里打开。

1.3.4 使用 Eclipse 开发 Java 小应用程序

Java Applet 是另一类非常重要的 Java 程序，虽然它的源代码编辑与字节码的编译生成过程与 Java Application 相同，但它却不能独立运行，其字节码文件必须嵌入到超文本标记语言(HTML)文件中并由负责解释 HTML 文件的 WWW 浏览器充当其解释器来解释执行 Java Applet 的字节码程序。

超文本标记语言是 Internet 上最广泛地应用于信息服务形式 WWW 中的通用语言，它可以将网络上不同地点的多媒体信息有组织地呈现在 WWW 浏览器中，而 Java Applet 可以在 WWW 中引入动态交互的内容，使得它不仅能提供静态的信息，而且可以提供可靠的服务，从而使网络更广泛地渗入到社会生活的方方面面。

本节将以一个最简单的 Java Applet 来讲解 Java 小程序的编写、编译过程及运行过程。

1. 编写 Java 源文件

例 1-2 编程实现在网页中显示“Hello World！”的功能。

(1) 在图 1.16 所示的状态下选择菜单 File→New→Class 命令，打开图 1.17 所示对话框。

在 Name 文本框中输入类名 MyApplet，单击 Finish 按钮进入源代码编辑状态，在左侧的 Package Explorer 视图下可以看到 Eclipse 自动产生了一个 default package 的包，并在该包下有一个与类名 MyApplet 一致的源文件 MyApplet.java，如图 1.18 所示。

(2) 在中间的编辑器区域输入如下代码：

```
import java.awt.Graphics;       //将java.awt 包中的系统类 Graphics 引入本程序
import java.applet.Applet;      //将java.applet 包中的系统类 Applet 引入本程序
public class MyApplet  extends  Applet{
    public void paint(Graphics g){
        g.drawString("Hello, Java AppletWorld! ",10,20);
    }
}
```

输入完毕后单击工具栏上的“保存”按钮，保存源程序。

(3) 程序说明如下。

在小程序的开始部分用 import 关键字引入程序需要用到的两个系统类 Applet 和 Graphics。这两个类分别位于不同的系统包中，所以引用时需要指明它们所在的系统包名称。

图 1.17　New Java Class 对话框

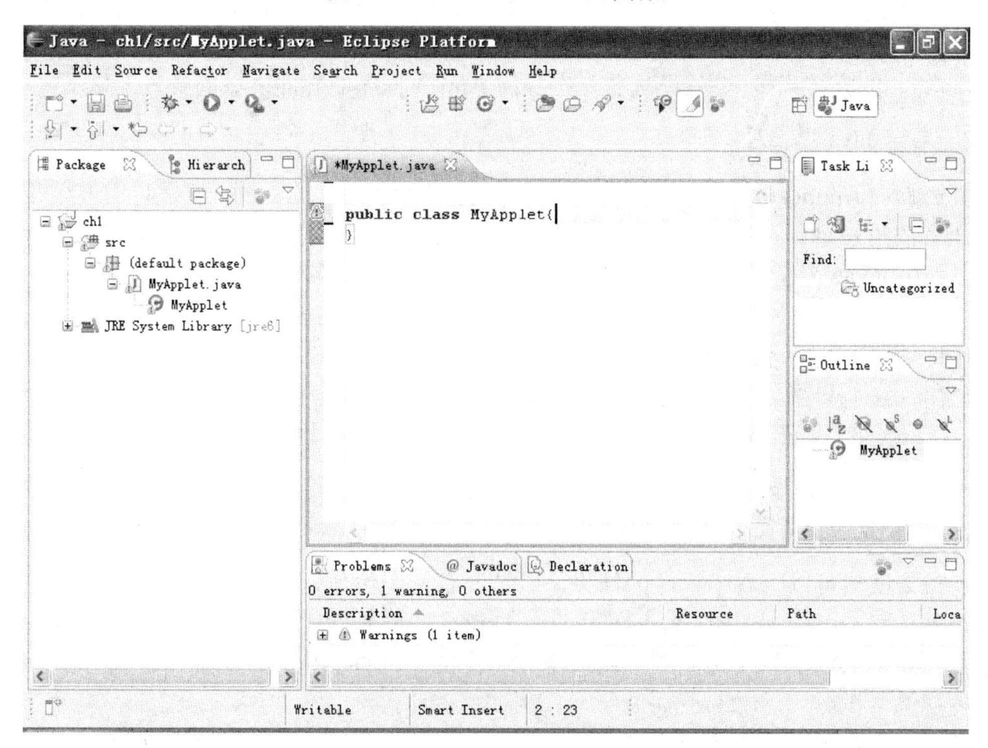

图 1.18　新建 Java 源文件

与 Java Application 相同，Java Applet 程序也是由若干个类定义组成的，而且这些类定

义也都是由 class 关键字标志的。但是 Java Applet 中不需要有 main 方法，它的要求是程序中有且必须有一个类是系统类 Applet 的子类，也就是必须有一个类的类头部分以 extends Applet 结尾，其中 extends 是关键字，代表新定义的类是后面类的子类。Applet 是父类名，它可以是系统类，或者是其他已存在的用户自定义的直接或间接继承自 Applet 的类。因为系统类 Applet 中已经定义了很多的成员域和成员方法，它们规定了 Applet 如何与执行它的解释器——WWW 浏览器配合工作，所以当用户程序使用 Applet 的子类时，因为继承的功能，这个子类将自动拥有父类的有关成员，从而使 WWW 浏览器顺利地执行并实现用户程序定义的功能。

在 MyApplet 的类体部分，只定义了一个方法 paint。paint 方法是系统类 Applet 中已经定义好的成员方法，它与其他 Applet 一样，能够被 WWW 浏览器识别和在恰当的时刻自动调用，所以用户程序定义的 Applet 子类只需继承这些方法并按具体需要改写其内容(这个过程称为“重写”或“覆盖”，将在后面的章节介绍)，就可以使 WWW 浏览器在解释 Java Applet 程序时自动执行用户改写过的成员方法，如这里的 paint 方法。paint 方法在 WWW 所显示的 Web 页面需要重画时(例如浏览器窗口在屏幕上移动或放大、缩小等)被浏览器自动调用并执行，其作用是在浏览器中画出 Java Applet 程序的外观。paint 方法只有一条语句：

```
g.drawString("Hello, Java AppletWorld! ",10,20);
```

其功能是在屏幕的特定位置输出一个字符串“Hello，Java AppletWorld!”。这条语句实际上调用了图形对象 g 的一个成员方法 drawString 来完成上述功能。g 是系统类 Graphics 的一个对象(g 是 Graphics 类的一个对象，类似于 a 是整形数据类型 int 的一个变量，其详细概念将在面向对象的章节中具体介绍)。它代表了 Web 页面上 Applet 程序的界面区域的背景，调用 g 的方法来显示字符串，就是在当前 Applet 程序的界面区域的背景上显示字符串。

2. 编译 Java 源程序

虽然 Java Application 和 Java Applet 在运行方式上有很大的不同，但是它们遵循相同的 Java 语言的语法规则，所以编译时也使用完全相同的编译工具，在操作系统的命令行方式下可以使用 javac 来编译源程序。

在 Eclipse 中则选择菜单 Run→Run 命令，Eclipse 将自动编译源程序，如果程序正确将在工作目录 F:\javalt\ch1 下的 bin 子目录下生成 MyApplet.class 的字节码文件，同时打开小程序查看器运行程序结果，如图 1.19 所示，并同时在工作目录的 bin 子目录下自动生成一个与类名一样后面带有若干数字的网页文件，如图 1.20 所示。当小程序关闭时，此文件自动消失。

3. 运行 Java 程序

1) 代码嵌入 HTML 文件

步骤 2 虽然可以查看小程序的结果，但是没有使用价值，并且由图 1.20 可以看出小程序与网页是密不可分的，所以真正使用 Java Applet 时必须将其字节码文件嵌入到 HTML 文件中。打开“记事本”或其他文本编辑器，新建文件，将下列源代码输入：

```
<html>
  <body  bgcolor=yellow>
    <applet code=MyApplet  width=300 height=200>
    </applet>
  </body>
</html>
```

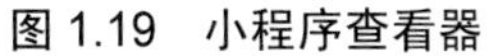
图 1.19 小程序查看器

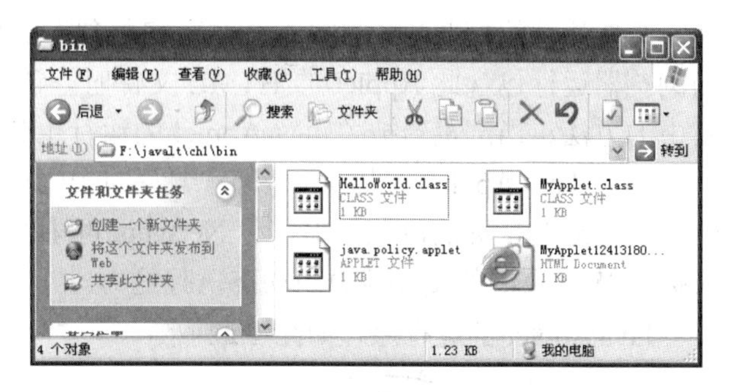

图 1.20 生成网页文件

将上述内容保存在与编译后的字节码文件 MyApplet.class 同样的目录下，即工作目录 F:\javalt\ch1 的 bin 子目录下，命名为 MyApplet.html(文件名可以随意，后缀必须是 html)。

WWW 浏览器可以显示 HTML 文件规定的 Web 页面，当把一个 Java Applet 程序嵌入 HTML 文件时，通过使用一组约定好的特殊标记<applet>和</applet>，其中<applet>标记必须包含以下 3 个参数。

(1) code：指明嵌入 HTML 文件中的 Java Applet 字节码文件的文件名。

(2) height：指明 Java Applet 程序在 HTML 文档对应的 Web 页面中占用区域的高度。

(3) width：指明 Java Applet 程序在 HTML 文档所对应 Web 页面中占用区域的宽度。

HTML 文件会在其 Web 页面中按 height 和 width 的设置划定一块区域作为此 Applet 程序的显示界面，为了能够清晰地看到这块区域，可以给<body>标记添加一个 bgcolor 属性设置网页背景色。当 Java Applet 程序希望在这块区域中显示图形、文字或其他程序需要的信息时，把用来完成这些显示功能的具体语句放在 paint 方法里即可。

可以看出，把 Java Applet 字节码嵌入 HTML 文件，实际上只是把字节码文件的文件名嵌入 HTML 文件。而真正的字节码文件本身则通常独立地保存在与 HTML 文件相同的路径中，由 WWW 浏览器根据 HTML 文件中嵌入的名字自动去查找和执行这个字节码文件。

2) 运行 Applet 小程序

要运行 Java Applet，只需在操作系统下打开包含 Applet 网页文件 MyApplet.html 即可。运行结果如图 1.21 所示。

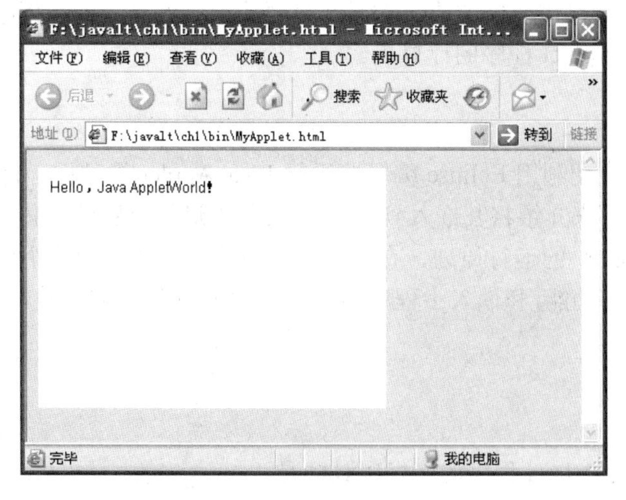

图 1.21 运行 Applet 小程序

需要注意的是Java Applet不是一个完整独立的程序，它需要与WWW浏览器配合工作。当浏览器运行包含此Applet的HTML文件时，该Applet被载入内存并由浏览器自动调用其中的方法，当浏览器被关闭时Applet的运行也就终止了。

由于Java Applet是用Java语言编写的一些小应用程序，这些程序是直接嵌入到页面中的，由支持Java的浏览器(IE或Netscape)解释执行能够产生特殊效果的程序，它可以大大提高Web页面的交互能力和动态执行能力。

Java Applet的运行原理如图1.22所示。

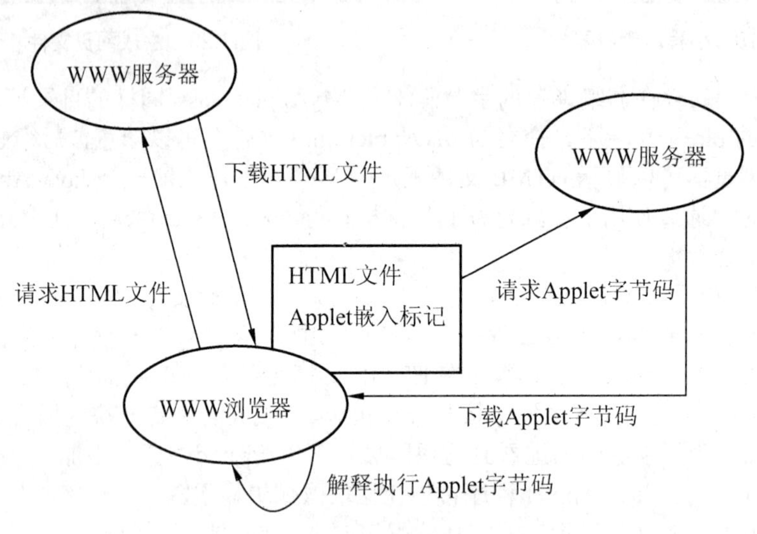

图1.22 Java Applet的运行原理

首先将编译好的字节码文件和编写好的HTML文件(其中包含了字节码文件名)保存在Web服务器的合适路径下。当WWW浏览器下载此HTML文件并显示时，它会自动下载此HTML中指定的Java Applet字节码，然后调用内置在浏览器中的Java解释器来解释执行下载到本机的字节码程序。Java Applet的字节码程序是保存在Web服务器上的，而它的运行过程则是在下载到本地后，在本地计算机上完成的，这实际上就是网络应用程序的发布过程。当Applet程序需要修改或维护时，只要改动服务器一处的程序即可，而不必修改每一台将要运行此Applet程序的计算机。

1.3.5 本节小结

本节通过实例介绍利用Eclipse编写并运行Java Applet的过程。首先介绍Java Applet源程序的编写，接下来介绍将其嵌入到HTML文件中进行查看的具体编码过程。在知识点部分介绍Java Applet的运行原理，在案例分析部分具体介绍创建小程序的类的主要方法(paint方法)的参数与功能，和嵌入小程序的HTML文件的标记的参数与功能构成等知识点。

1.3.6 自测练习

一、选择题

1．下列不能当做Java程序的开发工具的是________。

A．Jcreator B．Jbuilder C．Word D．Eclipse

2．把一个 Java Applet 程序嵌入 HTML 文件时，通过使用_______标记。

A．applet　　B．bgcolor　　C．width　　D．html

二、问答题

1．常用的 Java 的集成开发工具有哪些？

2．Java 小程序可以直接运行吗？为什么？

3．Java 小程序有什么特殊要求？

1.4　本章小结

本章首先介绍了 Java 的发展历史、Java 的特点，通过具体实例介绍了安装 JDK 的过程，以及使用 JDK 进行应用程序开发的过程。接下来又简要介绍了 Java 开发的常用工具，最后通过具体实例详细讲解了如何安装并利用 Eclipse 进行小程序的开发，并分析了其中涉及的知识点。

1.5　本章习题

简单程序设计。

1．下载并安装 JDK 软件包，设置环境变量。

2．写一个 Java Application 应用程序，利用 JDK 软件包中的工具编译并运行这个程序，在屏幕上输出“Welcome to China！”。

1.6　综合实验项目 1

实验项目：在浏览器中显示字符串“Welcome to Beijing！”。

实验要求：编写一个 Java Applet 程序，使之能够在浏览器中显示“Welcome to Beijing！”的字符串信息，编译生成字节码文件。再写一个 HTML 文件，将该 Applet 字节码嵌入其中，并用 WWW 浏览器查看这个 HTML 文件规定的 Web 页面。

Java 语言的编程基础

教学目标

在本章中，读者将学到以下内容：

- Java 语言的基本语法成分
- Java 控制语句
- Java 语言的数组
- Java 语言的字符串

章节综述

通过本章的学习，要求能够掌握 Java 的运算符与表达式，掌握 Java 程序基本语句，掌握数组的定义与使用，初步掌握字符串及相关函数的使用，最终达到能够设计出简单的 Java 应用程序的目的。

2.1　Java 语言基础知识

编写 Java 程序必须了解若干语言基础知识，包括变量和数据类型、运算符、表达式，以及相关的基础知识。掌握这些基础知识，是书写正确的 Java 程序的前提条件。

2.1.1　标识符

Java 中的包、类、方法、常量和变量都需要有一个名字标志它的存在，这个名字就是标识符。标识符可以由编程者自由指定，但是需要遵循一定的语法规定。

1. 标识符

Java 对于标识符的定义有如下的规定。

(1) 标识符可由任意顺序的大小字母(A～Z)、小写字母(a～z)、数字(0～9)、下划线(_)和美元符号($)组成。

(2) 标识符必须以字母、下划线(_)或美元符号($)开头。

(3) 英文字母区分大小写，比如 Car 和 car 分别代表不同的标识符。

(4) 不能把 Java 中的关键字作为标识符。

(5) 标识符没有长度的限制。

下面是合法的标识符：Student、userNo、User_name、_UserName、$Baby。

下面是非法的标识符：Class、5ac、s#ab、$ab-c、2two、@tw。

变量名的使用是很关键的，变量名使用得好，可以增强源程序的可读性，使程序显得规范。下面是一些约定俗成的准则。

1) 变量名

采用名词，首字母小写，如果变量名包含了多个单词，则第一个单词后的每个单词的第一个字母使用大写。如：isVisible。

2) 类名、接口名

采用名词，首字母大写，内含的单词首字母大写。如：AppletInOut。

3) 方法名

采用动词，首字母小写，内含的单词首字母大写。如：play、connectNumber。

4) 常量名

全部大写，单词间用下划线分开。如：PI、TOTAL_COUNT。

2. 关键字

和其他语言一样，Java 中也有许多关键字，如 public，break 等，这些关键字不能当作标识符使用。如果不小心把某个关键字用作标识符了，编译器就会报错。下面是 Java 的常用关键字。

- 数据类型——byte、boolean、char、double、float、int、short、long。
- 用于类和接口的声明——class、extends、implements、interface。
- 包引入和包声明——import、package。

- 某些数据类型的可选值——false、true、null。
- 流程控制——break、while、case、continue、default、do、else、for、if、return、switch。
- 异常处理——try 、catch、finally、throw、throws。
- 修饰符——abstract、transient、volatile、final、native、private、protected、public、static、synchronized。
- 操作符——instanceof。
- 创建对象——new。
- 引用——this、super。
- 方法返回类型——void。

2.1.2 变量

程序引用一个变量的数值是通过它的变量名。例如，当字符统计程序要引用变量 nCount 的数据时，只需要简单使用变量名 nCount 即可得到。定义变量的标记符就是变量名，内存单元中所装载的数据就是变量值。用变量定义一块内存以后，程序就可以使用变量名所代表的这块内存中的数据。

1. 变量声明

变量的声明是通过声明语句完成的，格式如下所示：

```
类型名  变量名1[,变量名2,变量名3,…];
```

根据所存储数据类型的不同，有各种不同类型的变量，变量在定义的同时可以初始化。

例如：int a,b=6;　　　　　　//代码分配了两块内存用于存储整数
　　　a = b+5 ;　　　　　　//取出 b 代表的那块内存单元中的数，加上 5;
　　　　　　　　　　　　　//然后把结果放到 a 所在的那块内存单元

2. 变量的作用域

当声明一个变量的时候，根据声明所在的位置的不同，该变量就具有不同的作用域。所谓作用域，指的是一个变量只在程序的某一部分有效，即从该变量声明之处开始，到它所在块结束处为止，只有在这个范围内，程序代码才能访问它。按照作用域的不同，变量可分为以下类型。

(1) 成员变量：在类中声明，它的作用域是整个类。

(2) 局部变量：在一个方法的内部或方法的一个代码块的内部声明。如果在一个方法内部声明，它的作用域是整个方法：如果在一个方法的某个代码块的内部声明，它的作用域是这个代码块。代码块是指位于一对大括号“{}”内的一段代码。

(3) 方法参数：方法或者构造方法的参数，它的作用域是整个方法或者构造方法。

(4) 异常处理参数：异常处理参数和方法参数很相似，差别在于前者是传递参数给异常处理代码块，而后者是传递参数给方法或者构造方法。异常处理参数是指 catch (Exception e)语句中的异常参数 e，它的作用域是紧跟着 catch(Exception e)语句后的代码块。

2.1.3　常量

在程序中常量(Constant)用于代表某个不变动的数据，Java 中的常量包含整型常量、浮点常量、布尔常量、字符常量和字符串常量。

1. 整型常量

整型常量可以用来给整型变量赋值，整型常量可以采用十进制、十六进制和八进制表示。十进制的整型常量用非 0 开头的数值表示，如 50、-130；十六进制的整型常量用 0x 或 0X 开头，如 0x8a、0xff、0X9A、0xl2 等；八进制的整型常量用 0 开头，如 026、052。

long 类型的尾部有一个大写的 L 或小写的 l，如-385L、01752l。

2. 浮点数常量

浮点常量表示的是可以含有小数部分的数值常量。根据占用内存长度的不同，可以分为一般浮点常量 float (32 位)和双精度浮点 double (64 位)常量两种。表示浮点常量时，要在后面加上 f(或 F)或者 d(D)。浮点常量也可以用科学计数法表达，用 E 或 e，如-2.356e6(或-2.356E6)相当于-2.35×10^{6}，17.85e-3(或 17.85E-3)相当于 17.85×10^{-3}。

由于浮点常量的默认类型为 double 型，所以 float 类型的后面一定要加 f(F)用以区分。如-2.5e3f、3.6F、4.5E-2、3.6E-5D 都是合法的。

3. 布尔常量

布尔常量用于区分一个事物的正反两面，不是“真”就是“假”，其值只有两种：true 和 false。

4. 字符常量

字符常量是由一对单引号括起来的单个字符，这个字符可以是字母表中的字符，如'a'、'#'、'8'、'Z'，也可以是转义字符，还可以是要表示的字符所对应的八进制数或 Unicode 码。

5. 字符串常量

字符串常量和字符型常量的区别就是，前者是用双引号括起来的常量，用于表示一连串的字符。而后者是用单引号括起来的，用于表示单个字符。下面是一些字符串常量：" Hello World"、"123 "、"a"，连续两个双引号""表示空串。

注意：字符串所用的双引号和字符所用的单引号，都是英文的，不要写成中文的引号。

2.1.4　本节小结

本节首先介绍了 Java 语言中关于标识符的规定，又介绍了变量的声明、引用以及变量的作用域，最后详细说明了常量的分类以及各种常量的表示方式，通过本节的学习，读者可初步掌握 Java 语言变量与常量的使用。

2.1.5 自测练习

一、选择题

1．下列是合法的 Java 标识符的是________。

A．23ab　　B．Student1　　C．name-1　　D．rose#ma

2．下面________是错误的常量表达式。

A．0219　　B．0x19C　　C．125　　D．0．6e-2

3．下面________不是字符常量。

A．'a'　　B．'*'　　C．'m8'　　D．'+'

4．下面________是关键字。

A．else　　B．Exception　　C．Public　　D．constant

二、问答题

1．Java 语言标识符有哪些规定？

2．Java 中的常量包含哪些类型？

2.2 基本数据类型

Java 语言中所有变量必须有一个数据类型。变量的类型决定了变量能存储值的种类、长度以及可能进行的操作方式。Java 的语言规范提供了两种数据类型：一种是基本类型，另一种是引用数据类型。Java 有 8 种不同的基本数据类型，它们是 byte、short、int、long、float、double、char、boolean。表 2-1 列举了它们的取值范围、占用的内存大小及默认值。

表 2-1　基本数据类型的取值范围、占用的内存大小及默认值

数据类型	关键字	占用字节	取值范围	默认数值
布尔型	boolean	1 个字节	true，flase	false
字节型	byte	1 个字节	-2^{7}～$2^{7}-1$	0
字符型	char	2 个字节	'\u0000'～'\uffff '	'\u0000'
短整型	short	2 个字节	-2^{15}～$2^{15}-1$	0
整型	int	4 个字节	-2^{31}～$2^{31}-1$	0
长整型	long	8 个字节	-2^{63}～$2^{63}-1$	0
单精度浮点型	float	4 个字节	1.4013E-45～3.4028E+38	0.0F
双精度浮点型	double	8 个字节	4.9E-324～1.8E+308	0.0D

2.2.1 整数类型

byte、short、int、long 用于表达整型数据，并可表达正负数，比如：32，-23。下面的语句为整型变量的定义和变量值的设置：

```
byte b=127;
int i=1111;
short s=234;
long a=323;
```

```
long b=3322112L;           //指定为长整型值
long c=0x0a4d;             //十六进制值的设置
```

2.2.2　浮点类型

在 Java 中，float 与 double 这两种数据类型用于表达具有小数点的数值数据，并可表达正负数，如：-200.23。Java 中具有小数的数值，默认为 double 类型，若强制指定某数值为 float 类型时，必须在该数值后加上一个 f，如：2.32f。

2.2.3　字符类型

使用 char 类型可表示单个字符。一个 char 代表一个 16 位的无符号的(不分正负的)Unicode 字符。一个 char 字符必须包含在一对单引号内(' ')，比如：'a'。

在 Java 中，字符串类型不是基本数据类型，而是一个类(class)类型，用 String 定义，它被用来表示字符序列。字符串类型的数据应用一对双引号("")封闭，如："The quick brown fox jumped over the lazy dog. "。

char 和 String 类型变量的声明和初始化如下所示：

```
char ch = 'B';                                  // 定义并初始化一个字符变量
char ch1,ch2 ;                                  // 定义两个字符变量
String greeting = "This is a String! ";        //定义字符串变量并初始化
```

2.2.4　布尔类型

在现实生活中，人们经常使用的“真”和“假”或“是”和“否”，这样的值在 Java 中是用 boolean 即布尔类型来表示的。boolean 类型有两个值，即 true 和 false。以下是 boolean 类型变量的声明和初始化：

```
boolean isRed = true;                    //定义 isRed 为布尔变量并赋值为 true
```

在整数类型和 boolean 类型之间无转换计算。就是说 boolean 类型只允许使用 boolean 值 true 和 false，不允许使用任何整数值，如 0 和 1。

例 2-1 计算圆的周长与面积。

本小节将以一个简单的 Java Application 来讲解使用 Java 的基本数据类型。运行 Eclipse，输入如下代码：

```
public class Circle {
       public static void main(String[] args) {
           double r,area,circum;
           r=10.8;
          circum=2*Math.PI*r;
           area=Math.PI*r*r;
           System.out.println("圆的面积是: "+area+",周长是:"+circum);
       }
}
```

程序运行结果如图 2.1 所示。

```
Javadoc 声明 属性 控制台
<已终止> Circle [Java 应用程序] C:\Program Files\Java\jre1.6.0_02\bin\javaw.exe
圆的面积是：366.4353671147135,    周长是:67.85840131753953
```

图 2.1 例 2-1 运行结果

Math 是 Java 系统类库 java.lang 中的数学类，是一个工具类。Math 类有两个静态属性：E 和 PI，E 代表数学中的 e，即 2.7182818，而 PI 代表π，3.1415926。引用时，用法如：Math.E 和 Math.PI。另外，Math 类还包含了许多数学函数，如 sin、cos、exp、abs 等。

2.2.5 本节小结

本节详细介绍了 Java 中的各种基本数据类型以及每种类型的取值范围、字节数和默认值，并通过一个实例演示了 Java 基本数据类型的使用。

2.2.6 自测练习

一、选择题

1．boolean 类型可以取值的范围是_______。

A．true 和 false B．0 和 1 C．1 和-1 D．任意整数

2．下列给 String 类型变量赋值语句中正确的是_______。

A．char ch1="This" ; B．String str="Hello World";

C．String s ='B'; D．String s ='happy';

3．下列给 byte 类型变量赋值语句中错误的是_______。

A．byte b1= -26 ; B．byte b2= 29;

C．byte b1= 135; D．byte b1= 0;

二、问答题

1．Java 的语言规范提供哪两种类型？

2．Java 的基本数据类型都有哪些？

2.3 运算符与表达式

运算符是一种特殊符号，用以表示数据的运算、赋值和比较。运算符共分以下几种：算术运算符、赋值运算符、比较运算符、逻辑运算符和移位运算符。

2.3.1 二元算术运算符

算术运算符作用于整型或浮点型数据，完成算术运算。二元算术运算符作用于两个数据，其使用方法见表 2-2。

表 2-2　二元算术运算符的使用方法

运　算　符	运　　算	示　　例	结　　果
+	相加	3+2	5
-	相减	6-1	5
*	相乘	2*3	6
/	相除	9/3	3
%	取余数	5%2	1

此外，+运算符可用于字符串的连接，如下所示：

```
str = "Hello "+"World";      //表达式的结果为"Hello World"。
```

如果要使字符串和数值连接，也可以使用+运算符，如下所示：

```
str = "ABC" + 123;           //表达式的结果为"ABC123"。
```

对取模运算符(%)来说，其操作数可以为浮点数，如52.3%10，结果为2.3。

2.3.2　单目算术运算符

单目(一元)算术运算符作用于一个数据，其使用方法见表2-3。

表 2-3　二元算术运算符的使用方法

运　算　符	运　　算	示　　例	结　　果
++	自加	a=2; b=a++; i=2; j=++i;	a=2; b=2; i=2; j=3;
--	自减	a=2;b=a--; i=2;j=--i;	a=2;b=2; i=2;j=1;
-	负号	a=5;b=-a;	a=5;b=-5;

++和--是Java的递增和递减运算符，其运算对象是整型类型。递增运算符对其运算数加1，递减运算符对其运算数减1，因此

x=x+1;

运用递增运算符可以重写为：x++;

同样，语句

x = x-1;

与下面一句相同：x--;

如果递增或递减运算符放在其运算数前面，Java就会在获得该运算数的值之前执行相应的操作，并将其用于表达式的其他部分。如果运算符放在其运算数后面，Java就会先获得该操作数的值再执行递增或递减运算。例如，++a是变量a在参与其他运算之前先将自己加1后，再用新的值参与其他运算，而a++是先用原来的值参与其他运算后，再将自己加1。如：b = ++a是a先自增，a自己变了后才赋值给b，而b = a++是先赋值给b，a后自增。

2.3.3　关系运算符

关系运算符的作用是比较两边的操作数，结果都是boolean型的，即或者是true，或

者是 false，见表 2-4。

表 2-4　关系运算符

运　算　符	运　　算	示　　例	结　　果
= =	等于	4= =3	false
! =	不等于	4!=3	true
<	小于	4<3	false
>	大于	4>3	true
<=	小于等于	4<=3	false
>=	大于等于	4>=3	true

在 Java 中，任何数据类型的数据(包括基本类型和组合类型)都可以通过==或！=来比较是否相等，返回结果是 true 或 false。在表达式中要注意区分等号和赋值号的区别，关系运算符= =不能误写成=。

2.3.4　逻辑运算符

逻辑运算符用于执行布尔值的逻辑运算，运算的结果也是 boolean 型，见表 2-5。

表 2-5　逻辑运算符

<table>
<tr><th>运　算　符</th><th>运　　算</th><th>示　　例</th><th>结　　果</th></tr>
<tr><td>&&</td><td>短路与</td><td>true && false</td><td>false</td></tr>
<tr><td>&</td><td>非短路与</td><td>true & false</td><td>false</td></tr>
<tr><td>||</td><td>短路或</td><td>true || true</td><td>true</td></tr>
<tr><td>|</td><td>非短路或</td><td>true | true</td><td>true</td></tr>
<tr><td>!</td><td>非</td><td>!true</td><td>false</td></tr>
<tr><td>^</td><td>异或</td><td>true ^ false</td><td>true</td></tr>
</table>

&&和||的运算结果和&及|逻辑运算符相同，区别在于，当&&运算符判断左边运算条件不成立后，就不会继续判断右边的运算条件，直接将结果看作不成立；反之，||运算符判断左边运算条件成立后，就不会继续判断右边条件，直接将结果看作成立。

2.3.5　位运算符

任何信息在计算机中都是以二进制的形式保存的，～、&、|和^除了可以作为逻辑运算符，也可以作为位运算符，它们对操作数中的每一个二进制位都进行运算。

～是单目运算符，对参加运算的数按二进制位取反，原来为 1 的变为 0，原来为 0 的变为 1。

只有参加运算的两位都为 1，＆运算的结果才为 1，否则就为 0。

只有参加运算的两位都为 0，|运算的结果才为 0，否则就为 1。

只有参加运算的两位不同，^运算的结果才为 1，否则就为 0。

除了这些位运算操作外，还可对数据按位进行移位操作，Java 的移位运算符有 3 种：<<左移、>>右移、>>>无符号右移。

左移很简单，就是将左边操作数在内存中的二进制数据左移右边操作数指定的位数，右边移空的部分补 0。对 Java 来说，有符号的数据(Java 语言中没有无符号的数据类型)用

>>移位时，如果最高位是0，左边移空的高位就填入0，如果最高位是1，左边移空的高位就填入1。同时，Java 也提供了一个新的移位运算符>>>，不管通过>>>移位的整数最高位是0还是1，左边移空的高位都填入0。

2.3.6　条件运算符

Java提供了一个特别的三目(三元)运算符用于取代if-else语句，这个运算符就是“？”，该运算符的通用格式如下：

```
表达式1 ? 表达式2 : 表达式3
```

其中，表达式1是一个布尔表达式，如表达式1为真，那么表达式2被求值；否则，表达式3被求值。整个表达式的值就是被求值表达式(表达式2或表达式3)的值。表达式2和表达式3可以是任何类型的表达式，且它们的类型必须相同。

2.3.7　赋值运算符

赋值运算符的作用是将一个值赋给一个变量，最常用的赋值运算符是=，并由=赋值运算符和其他一些运算符组合产生一些新的赋值运算符，如：+=、*=等，+=是将变量与所赋的值相加后的结果再赋给该变量，如 x+=3 相当于 x=x+3。所有运算符都可依此类推，见表2-6。

表2-6　赋值运算符

运算符	运算	示例	结果
=	赋值	i=2;j=3;	i=2;j=3;
+=	加等于	i=2;j=3;i+=j	i=5;j=3;
-=	减等于	i=2;j=3;i-=j	i=-1;j=3;
*=	乘等于	i=2;j=3;i*=j	i=6;j=3;
/=	除等于	i=2;j=3;i/=j	i=0;j=3;
%=	模等于	i=4;j=3;i%=j	i=1;j=3;

在Java里可以把赋值语句连在一起，例如：x =y=z=5;

在这个语句中，所有3个变量都得到同样的值5。

2.3.8　运算符的优先级和结合规则

运算符运算都是有不同优先级的，优先级就是在表达式运算中的运算顺序，表2-7列出了包括分隔符在内的所有运算符优先级顺序，上一行中的运算符总是优先于下一行的。

表2-7　运算符的优先级

优先级	运算符	操作符分类	
1	.、[]、()、{}	分隔符	
2	!、++、--、-、~	一元运算符	
3	*、/、%	数学运算符	二元运算符
4	+、-		
5	<<、>>、>>>	移位运算符	

续表

<table>
<tr><th>优 先 级</th><th>运 算 符</th><th colspan="2">操作符分类</th></tr>
<tr><td>6</td><td><、>、<=、>=</td><td>移位运算符</td><td rowspan="3">二元运算符</td></tr>
<tr><td>7</td><td>= =、!=</td><td>关系运算符</td></tr>
<tr><td>8</td><td>&、|、&&、||</td><td>逻辑运算符</td></tr>
<tr><td>9</td><td>?=</td><td>条件运算符</td><td>三元运算符</td></tr>
<tr><td>10</td><td>=、+=、－=、*=、/=</td><td>赋值运算符</td><td>二元运算符</td></tr>
</table>

对于这些优先级的顺序，不用刻意去记，有个印象就行。如果实在弄不清这些运算先后关系的话，就用括号或是分成多条语句来完成想要的功能，因为括号的优先级是最高的。

2.3.9 本节小结

本节介绍了 Java 语言的算术运算符、关系运算符、逻辑运算符和位运算符以及它们的优先级，通过本节学习，读者可以使用各种运算符书写相关的数学公式，并进行运算。

2.3.10 自测练习

一、选择题

1．已知 a=3,b=5,当执行了表达式 a=b，b=a 之后，a 和 b 的值为_______。

A．3 和 5　　B．5 和 3　　C．3 和 3　　D．5 和 5

2．下列表达式的值为 true 的是_______。

A．true || false;　　B．true && false;

C．true | false;　　D．true & false;

3．表达式 3+4.5%2 的结果是_______。

A．3.5　　B．5　　C．5.5　　D．3

4．已知 i=8，j=9，则表达式(i>=j||j<5&&i>8)的结果是_______。

A．true　　B．false　　C．编译错误　　D．死循环

二、填空题

1．若有 int k=11；则运算 k++后表达式的值为____________，变量 k 的值为____________。

2．若有 double i=4.8；则运算++i 后表达式的值为____________，变量 i 的值为____________。

3．在 Java 中，用关键字____________表示字符型变量，用关键字____________表示长整型变量。

4．已知 x=5，y=6，则计算表达式 z=(x>y?x++:y)后，z 的值为____________。

5．表达式 3.5+1/2 的计算结果是____________。

2.4 控 制 语 句

流程控制语句是用来控制程序中各语句执行顺序的语句。结构化程序设计的最基本的

原则是：任何程序都可以且只能由 3 种基本流程结构构成，即顺序结构、选择结构和循环结构。Java 语言虽然是面向对象的语言，但是在局部的语句块内部，仍然需要借助结构化程序设计的基本流程结构来组织语句，完成相应的逻辑功能。

2.4.1 顺序结构程序设计

顺序结构就是程序从上到下一句一句地向下执行，中间没有跳转和循环，直到程序结束，是 3 种控制结构中最简单的一种。

例如：

```
int a,b;
a=5;
b=8;
a=a+b;
…
```

2.4.2 选择结构程序设计

选择语句使部分程序代码在满足特定条件的情况下才会被执行。Java 语言支持两种选择语句：if…else 语句和 switch 语句。

1. if 语句

if 语句是 Java 中的选择语句，也称为条件分支语句，它能将程序的执行路径分为两条。if 语句的完整格式如下：

```
if(条件式)
{  程序语句1  }
else
{  程序语句2  }
```

如果条件式为 true，则执行程序语句 1，否则执行程序语句 2。

例 2-2 使用 if 语句判断某一年是否为闰年。

```
import java.io.IOException;
import java.io.BufferedReader;
import java.io.InputStreamReader;
public class LeapYear {
    public static void main(String[] args)throws IOException  {
        int y;
        String s,leap;
        System.out.print("请输入一个年份值：");
        BufferedReader br = new BufferedReader(new InputStreamReader(System.
in));
        s=br.readLine();
        y=Integer.parseInt(s);
            if((y%4==0)&&(y%100!=0)||(y%400==0))
          leap="是";
        else leap="不是";
        System.out.println(y+"年"+leap+"闰年。");
    }
}
```

程序运行结果如图 2.2、图 2.3 所示。

图 2.2　例 2-2 运行结果 1

图 2.3　例 2-2 运行结果 2

Java 语言的输入/输出功能必须借助于输入/输出类库 java.io 包来实现，还用到了关于输入/输出的类 BufferedReader 和 InputStreamReader，后续课程将详细介绍学习。程序中 System.in 代表了系统默认的标准输入(即键盘)，首先把它转换成 InputStreamReader 类的对象，然后转换成 BufferedReader 类的对象 br，使原来的比特输入变成缓冲字符输入，接着使用 readLine()方法读取用户从键盘输入的一行字符并赋值给字符串对象 s，最后利用系统类 Integer 或 Double 的 parseInt()或 parseDouble()方法将该字符串转换成对应的基本数据类型的数据值。使用该方法还可以完成从键盘上读取其他基本数据类型的功能。

由于在使用 readLine()方法时会抛出异常，因此应该使用 try…catch 进行捕获，该部分内容也将在后面章节详细讲解。

2. 嵌套的 if 语句

嵌套的 if 语句是指该 if 语句为另一个 if 语句或者 else 语句的子句，在编程时经常要用到嵌套的 if 语句，格式如下：

```
if(条件式 1)
{    程序语句 1    }
else if(条件式 2)
{      程序语句 2     }
else if(条件式 3)
{    程序语句 3    }
…
…
else
{       程序语句 n    }
```

在这种情况下，每部分的条件表达式依次被计算，如果某表达式为真，则执行相应的语句，否则执行最后一条程序语句 n。

需要注意的是，除非使用大括号，否则 else 语句将和最近的 if 语句相匹配。

例 2-3 输入月份值，输出所对应的季节。

```
import java.io.*;
public class SeasonTest1 {
    public static void main(String[] args)throws IOException{
        int i ;
        String s,season;
        System.out.print("请输入一个月份：");
       BufferedReader br = new BufferedReader(new InputStreamReader(System.
in));
        s=br.readLine();
        i=Integer.parseInt(s);
        if(i= =12||i= =1||i= =2) season="冬季";
        else if(i= =3||i= =4||i= =5) season="春季";
```

```
            else if(i==6||i==7||i==8) season="夏季";
            else if(i==9||i==10||i==11) season="秋季";
            else season="错误的月份";
            System.out.println(i+"月份是"+ season);
        }
    }
```

程序执行结果如图 2.4 所示。

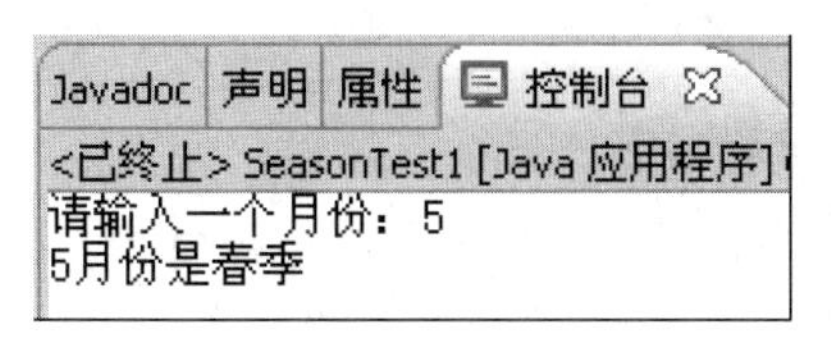

图 2.4　例 2-3 运行结果

3. switch 语句

switch 语句是 Java 的多路分支语句。它提供根据表达式的值来选择执行程序的不同分支。switch 语句的通用形式如下：

```
switch(表达式){
case 常量1: 语句块1;break;
case 常量2: 语句块2;break;
case 常量3: 语句块3;break;
…
default:    语句块1;break;
}
```

表达式必须是 byte、short、int 或 char 类型。每个 case 语句后的常量必须是与表达式类型兼容的特定的一个常量，并且 case 后面的值是不允许重复的。

switch 语句执行过程：先计算表达式的值，再与每个 case 语句中的常量做比较，如果找到一个与之相匹配的值，则执行该 case 语句后的代码。如果没有一个 case 常量与表达式的值相匹配，则执行 default 语句。在 switch 语句中最多只能有一个 default 语句，当然，default 语句是可选的。如果没有相匹配的 case 语句，也没有 default 子句，则什么也不执行。

在 case 语句序列中的 break 语句将引起程序流程从整个 switch 语句退出。当遇到 break 语句时，程序将从整个 switch 语句后的第一行代码开始继续执行，达到“跳出”switch 语句的效果。break 语句是可选的，如果省略了 break 语句，程序会继续执行后面的 case 语句，有时需要在多个 case 语句之间没有 break 语句，例如下面的程序。

例 2-4 使用 switch 语句实现例 2-3 的功能。

```
import java.io.*;
public class SeasonTest2 {
    public static void main(String[] args) throws IOException{
        int i ;
        String s,season;
            System.out.print("请输入一个月份：");
        BufferedReader br = new BufferedReader(new InputStreamReader(System.
in));
        s=br.readLine();
        i=Integer.parseInt(s);
```

```
            switch(i){
            case 12:
            case 1:
            case 2:
                season="冬季";
                break;
            case 345:
            case 3:
            case 4:
            case 5:
                season="春季";
                break;
            case 678:
            case 6:
            case 7:
            case 8:
                season="夏季";
                break;
            case 91011:
            case 9:
            case 10:
            case 11:
                season="秋季";
                break;
            default:
                season="错误的";
        }
        System.out.println(i+"月份是"+ season);
    }
}
```

尝试一下把 break 语句去掉，分析得到的结果。

【案例 2-1】编程实现输入一个学生成绩值，将学生成绩按等级划分。100 分为满分，90～99 为优秀，80～89 为良好，70～79 为一般，60～69 为合格，60 分以下为不合格。

```
import java.io.*;
public class Grade {
    public static void main(String[] args) {
        int data=0;
        String s;
        System.out.println("请输入学生成绩:");
        try{
            BufferedReader br =
                    new BufferedReader(new InputStreamReader(System.in));
           s=br.readLine();
           data=Integer.parseInt(s);
        }catch(IOException e){}
        switch (data/10){
        case 10:s="满分";break;
        case 9 :s="优秀";break;
        case 8 :s="良好";break;
        case 7 :s="一般";break;
        case 6 :s="合格";break;
        default:s="不合格";break;
```

```
        }
        System.out.println(s);
    }
}
```

程序运行结果如图 2.5 所示。

```
Javadoc | 声明 | 属性 | 控制台
<已终止> Grade [Java 应用程序]
请输入学生成绩:
87
良好
```

图 2.5 案例 2-1 运行结果

由于等级是以 10 分为一档进行划分的，所以将成绩按 data/10(整除)处理，保证结果在 1～10 之间。当 switch 后的表达式与 case 后的值相匹配时，说明成绩在这一个等级内，给相应的等级变量 s 赋值，同时程序流程从 break 语句退出，结束 switch 语句。

2.4.3 循环结构程序设计

1. while 语句

while 语句重复执行循环体，直到条件表达式的布尔值为假为止。对于条件表达式的判断是在执行语句之前进行的，所以，如果第一次判断条件就不满足，那么这个循环体就一次也不执行。语法格式如下：

```
while(条件表达式)
{      程序语句    }
```

其中 Java 的条件表达式必须是布尔表达式。

例 2-5 计算 1+2+3+…+n 的值。

```
import java.io.*;
public class  AddTest {
    public static void main(String[] args)throws IOException{
        int n ;
        long sum=0;
        String s;
        System.out.print("请输入一个整数：");
        BufferedReader br = new BufferedReader(new InputStreamReader(System.
in));
        s=br.readLine();
        n=Integer.parseInt(s);
        if(n<=0)System.out.println("无效的整数。");
        else{ int i=1;
            while(i<=n)
            {  sum=sum+i;
               i++;
            }
        System.out.println("1+2+3+…+"+n+"="+sum );
        }
    }
}
```

程序运行结果如图 2.6、图 2.7 所示。

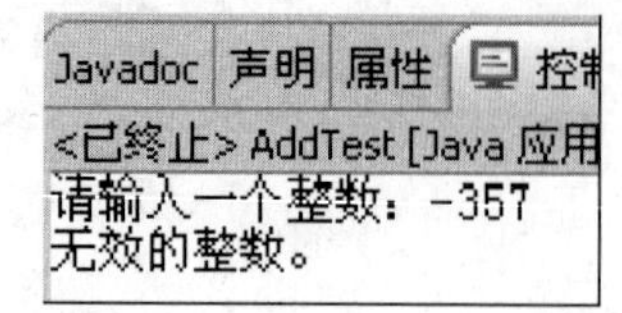

图 2.6 例 2-5 运行结果 1

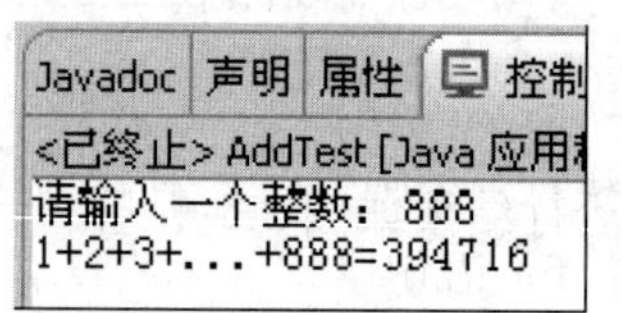

图 2.7 例 2-5 运行结果 2

2. do-while 语句

do-while 语句的作用类似于 while 语句，但 do-while 语句的循环是否终止的条件判断是在循环体后，即它总是先执行一次循环体语句，然后再判断条件表达式是否为真，如果为真，则继续执行，否则退出循环。语法格式如下：

```
do{
    程序语句
}while(条件表达式)
```

例 2-6 输入一个字符，输出它所对应的 Unicode 编码值。

```
import java.io.*;
public class DoWhileTest {
    public static void main(String[] args)throws IOException{
        int n ;
        char c;
        System.out.print("请输入一个字符，以'#'结束：");
        BufferedReader br = new BufferedReader(new InputStreamReader(System.
in));
        do{
            n=br.read();
            c=(char)n;
            System.out.println("字符“"+c+"”的编码是："+n);
        }while(c!='#');
    }
}
```

程序运行如图 2.8 所示。

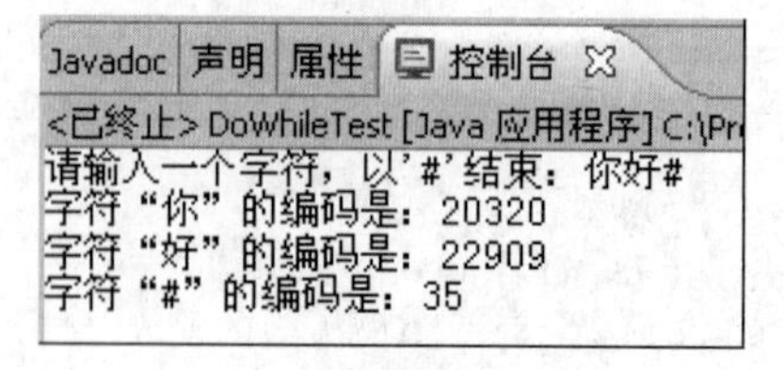

图 2.8 例 2-6 运行结果

3. for 循环语句

for 语句是最常用的循环语句，几乎所有的高级编程语言都提供了类似的循环语句，这种循环语句是功能最强的一种循环结构。语法格式如下：

```
for(表达式 1; 表达式 2; 表达式 3)
{
```

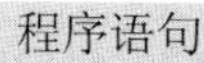

```
        程序语句
    }
```

其中，表达式1的作用是指定一个初始值；表达式2检查循环条件是否为真，如果为真则继续执行，否则退出循环；表达式3则用于每次循环后对循环控制变量做相应的修改。也就是说，for语句可以写成如下形式：

```
for(初值；终止条件；增、减量)
{
    程序语句
}
```

例如：连续显示1到100之间的自然数，就可以用for循环来实现。

```
for (int i=1; i<=100; i++)
{
    System.out.println(i);
}
```

例2-7 输入一个整数n，判断它是否是素数。

```
import java.io.*;
public class PrimeNum {
    public static void main(String[] args)throws IOException{
        int n ;
        String s;
        boolean b;
        System.out.print("请输入一个整数：");
        BufferedReader br = new BufferedReader(new InputStreamReader(System.
in));
        s=br.readLine();
        n=Integer.parseInt(s);
        b=true;
        for(int i=2;i<n;i++)
            if(n%i==0)b=false;
        if (b) System.out. println(n+"是素数");
            else System.out.println(n+"不是素数");
    }
}
```

程序运行结果如图2.9、图2.10所示。

图2.9　例2-7运行结果1

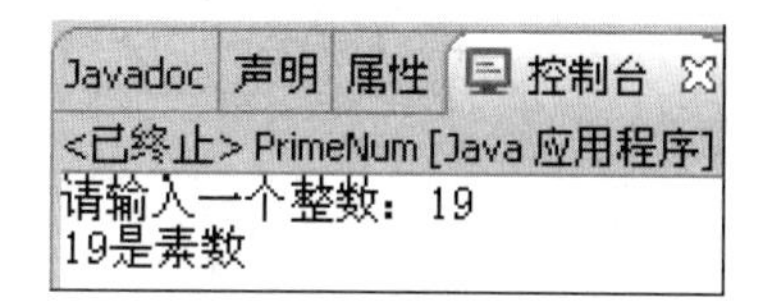

图2.10　例2-7运行结果2

程序中的b表示“是”或“不是”素数，初始状态下，认为任何一个数都是素数，所以b的初值为true，一旦找到一个数i使n%i= =0，则i是n的因子，因此使b变为false。事实上任何一个数的因子都是成对的，所以可以将for循环的控制条件改为i<Math.sqrt(n)，这样可大大减少循环次数，提高程序执行效率。

【案例2-2】计算房屋贷款利息。输入贷款金额和贷款年限，在等额还款情况下，计算

出每月应还的贷款金额以及每月所还款中本金和利息的明细。

```
    import java.io.*;
    public class Interest {
        public static void main(String[] args) {
            int i,year=0;
            double interest,rate=0,principal=0,money,balance,b1;
            String s="";
            try{
             System.out.print("请输入贷款金额(单位：万元)：");
             BufferedReader br =new BufferedReader(new InputStreamReader(System.
in));
            s=br.readLine();
             principal=Double.parseDouble(s);
            }catch(IOException e){}
            try{System.out.print("请输入贷款年限：");
                BufferedReader  br  =new  BufferedReader(new  InputStreamReader
(System. in));
               s=br.readLine();
               year=Integer.parseInt(s);
            }catch(IOException e){}
            try{System.out.print("请输入贷款利率：");
                BufferedReader  br  =new  BufferedReader(new  InputStreamReader
(System.in));
               s=br.readLine();
               rate=Double.parseDouble(s);
            }catch(IOException e){}
            interest=0;
            balance=principal;                                //应还款额
            for(i=1;i<=year*12;i++)
            {   interest=interest+balance*(rate/12);          //计算总利息
                balance=balance-balance/(year*12);            //计算每个月的还款余额
            }
            money=(principal+interest)/(year*12)*10000;
            System.out.println("每月应还款额为："+money);
            System.out.println(year+"年共还利息"+interest);
            balance=principal;
            for(i=1;i<=year*12;i++)
            {   interest=balance*(rate/12)*10000;             //每个月应还利息
                balance=balance-balance/(year*12);            //每个月本金的余额
                b1=money-interest;                            //每个月应还的本金
                System.out.println("第"+i+"个月本金"+b1+"利息"+interest);
                }
        }
    }
```

在贷款10万元，10年还款，年利率为3.76%的情况下，运行结果如图2.11所示。

第一个for循环计算总的还款利息interest和剩余的贷款金额balance。本案例采用的是等额还款也就是每月还款金额相等，因此在计算总利息后可计算出每月还款额money。

第二个for循环计算在等额还款情况下，每月的还款额money中本金与利息各是多少。由于在还款初期应还款金额较大，所以相对应的每月还款利息也大，利息在每月还款额money中所占比例较大，本金较少。随着还款月的变大而应还金额不断减少，对应的利息不断减少，在money不变的情况下本金不断变大。

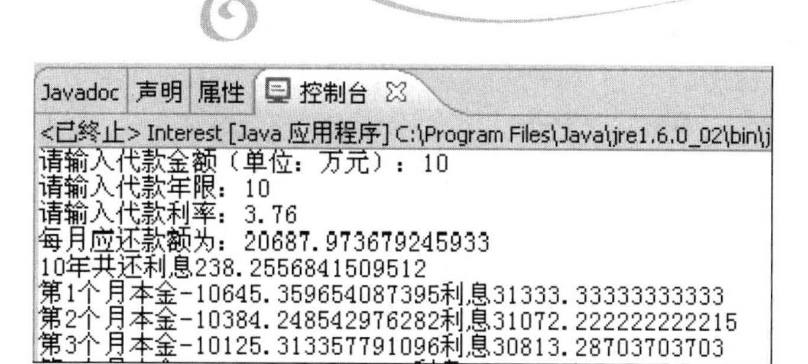

图 2.11　案例 2-2 运行结果

2.4.4　转向控制语句

Java 支持 3 种转向控制语句：break、continue 和 return。这些语句使控制流程转移到程序的其他部分。

1. break 语句

在 Java 中，break 语句有 3 种作用：①在 switch 语句中用来终止一个语句序列；②用来结束本层循环；③break 加上语句标号，用来作为一种 goto 语句来使用。第一种用法前面已经讨论过，下面重点介绍第 2 种用法。

可以使用 break 语句强行退出循环，忽略循环体中的任何其他语句和循环的条件测试。在循环中遇到 break 语句时，循环被终止，程序从循环后面的语句开始执行。下面是一个简单的例子。

例 2-8 使用 break 退出循环。

```
public class BreakLoop1 {
    public static void main(String[] args){
        for(int i=0;i<=50;i++){
         if(i==10)  break;
         System.out.print(i+"  ");
        }
        System.out.println("循环结束");
    }
}
```

程序执行结果如图 2.12 所示。

Javadoc 声明 属性 控制台
<已终止> BreakLoop1 [Java 应用程序] C:\Program Files\
0 1 2 3 4 5 6 7 8 9 循环结束

图 2.12　例 2-8 运行结果

尽管 for 循环被设计为从 0 执行到 50，但是当 i 等于 10 时，break 语句终止了程序。

brcak 语句能用于任何 Java 循环中，包括有意设置的无限循环。例如，将上一个程序用 while 循环改写如下。

例 2-9 使用 break 结束无限 while 循环。

```
public class BreakLoop2 {
    public static void main(String[] args)
    {   int i=0;
```

```
        while(true)
        {    if(i==10) break;
         System.out.print (i+"  ");
         i++;
        }
        System.out.println("循环结束");
    }
}
```

程序输出与上例输出一样。

尽管 while 循环被设计为死循环，但是当 i 等于 10 时，break 语句终止了程序。

需要注意的是，break 语句的作用是结束本层循环，所以在一系列嵌套循环中使用 break 语句时，它将仅仅终止它所在的那层循环。

2. continue 语句

如果想要继续执行循环，又要忽略这次循环剩余的循环体中的语句时，可以使用 continue 语句提前结束本次循环，continue 语句是 break 语句的补充。在 3 种循环结构中 continue 语句使程序流程直接跳转到控制循环的条件表达式，循环体内任何剩余的代码将被忽略，然后继续循环过程。

例 2-10 continue 语句的使用。

```
public class ContinueTest {
    public static void main(String[] args){
       for(int i=0;i<10;i++)     {
           System.out.print(i+"  ");
           if(i%2==0) continue;
           System.out.println();
       }
    }
}
```

程序运行结果如图 2.13 所示。

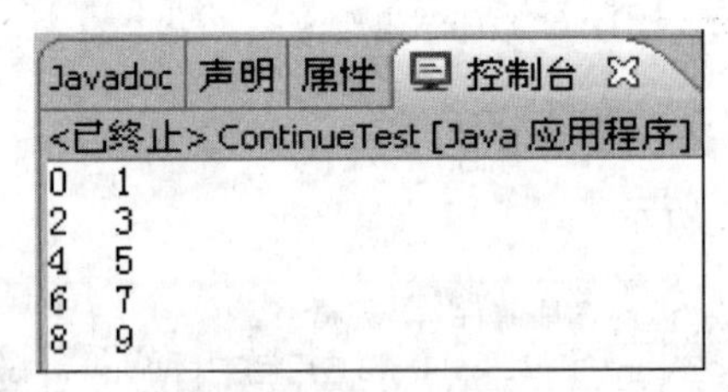

图 2.13 例 2-10 运行结果

该程序使用模(%)运算来检验变量 i 能否被 2 整除，如果能则换行，不能则结束本层循环，不再执行 println 语句，从而达到每行输出两个数的目的。

continue 语句也可以加上标号用来指明结束的是哪层循环。

3. return 语句

return 语句用来明确地使控制流程从一个方法返回，因此，将它归类为跳转语句。在一个方法的任何地方，return 语句可被用来使正在执行的分支程序返回到调用它的方法。

例 2-11 return 语句的使用。

```
public class ReturnTest {
    public static void main(String[] args){
        boolean b=true;
        System.out.println("这在 return 语句之前。");
        if(b)   return;                          //返回到调用它的方法中
        System.out.println("这在 return 语句之后。");
    }
}
```

程序结果如图 2.14 所示。

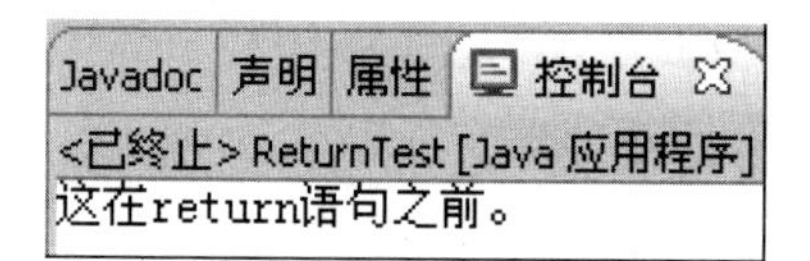

图 2.14 例 2-11 运行结果

由于是 Java 运行系统调用 main( )，因此，return 使程序执行返回到 Java 运行系统，第二条输出语句没有被执行。

2.4.5 本节小结

本小节介绍了 Java 语言的 3 种控制结构，然后通过实例介绍了如何利用 switch 语句、for 循环和 while 循环解决一些实际问题。在知识点部分介绍了在 Java 中如何实现数据的输入输出，在案例分析部分具体介绍了房屋贷款的计算方法。

2.4.6 自测练习

一、选择题

1．有以下程序段：

```
int k,j,s;
for(k=2;k<6;k++,k++)
{  s=1;
   for(j=k;j<6;j++)s=s+j;
}
```

运行后则 s 的值为________。

A．9　　B．1　　C．11　　D．10

2．有以下程序段：

```
int i,j,m;
for(i=2;i<=15;i+=4)
    for(j=3;j<=19;j+=4)m++;
```

运行后则 m 的值为________。

A．12　　B．15　　C．20　　D．25

3．下列语句序列执行后，r 的值是________。

```
char ch='8'; int r =10;
```

```
switch( ch+1 )
{   case '7': r=r+3;
    case '8': r=r+5;
    case '9': r=r+6; break;
    default: ;
}
```

A. 13　　B. 15　　C. 16　　D. 10

4. 下列语句序列执行后，k 的值是________。

```
int i=6, j=8, k=10, n=5, m=7;
if( i<j || m<n ) k++;
 else k--;
```

A. 9　　B. 10　　C. 11　　D. 12

二、问答题

1. Java 语言有哪几种控制结构？

2. 在 Java 程序中实现输入/输出要导入哪个包？

2.5 Java 语言的数组

数组是指一组数据的集合，数组中的每个数据称为元素，每个元素具有相同的数组名，用数组名和下标来唯一地确定数组中的元素。在 Java 中，数组也是 Java 对象。数组中的元素可以是任意类型(包括基本类型和引用类型)，但同一个数组中的元素类型是一样的。

2.5.1 一维数组

1. 一维数组的定义

```
类型 数组名[ ];
```

其中类型可以是 Java 中任意的数据类型，数组名应是一个合法的标识符，[]指明该变量是一个数组类型变量。

例如：int intArray[];

声明了一个整型数组，数组中的每个元素为整型数据。与 C、C++不同，Java 在数组的定义中并不为数组元素分配内存，因此[]中不用指出数组中元素的个数，即数组长度，而且对于如上定义的一个数组是不能访问它的任何元素的。必须为它分配内存空间，这时要用到运算符 new，其格式如下：

```
数组名=new 类型[长度];
```

例如：

```
intArray=new int[3];          //为一整型数组分配 3 个 int 型整数所占据的内存空间
```

通常，这两部分可以合在一起。

例如：

```
int intArray=new int[3];
```

2. 一维数组元素的引用

定义了一个数组，并用运算符 new 为它分配了内存空间后，就可以引用数组中的每一个元素了。数组元素的引用方式为：

```
数组名[下标]
```

其中下标为数组的下标值，它可以为整型常数或表达式。如 a[3]，b[i](i 为整型)，c[6*I]等。下标从 0 开始，一直到数组的长度减 1。对于上面例子中的 intArray 数来说，它有 3 个元素，分别为：

```
intArray[0], intArray[1], intArray[2]。
```

另外，与 C、C++中不同，Java 对数组元素要进行越界检查以保证安全性。同时，对于每个数组都有一个属性 length 指明它的长度，例如：intArray.length 指明数组 intArray 的长度，它的值是 3。

3. 一维数组的初始化

对数组元素可以按照上述的例子进行赋值，也可以在定义数组的同时进行初始化。

例如：int a[]={1，2，3，4，5};

用逗号(，)分隔数组的各个元素，系统自动为数组分配存储空间。

2.5.2 多维数组

与 C、C++一样，Java 中多维数组被看作数组的数组。例如，二维数组为一个特殊的一维数组，其每个元素又是一个一维数组。下面主要以二维数为例来进行说明，高维的情况是类似的。

1. 二维数组的定义

```
类型 数组名[ ][ ];
```

例如：int intArray[][];

与一维数组一样，这时对数组元素也没有分配内存空间，同样要使用运算符 new 来分配内存，然后才可以访问数组元素。

对高维数组来说，分配内存空间有下面几种方法。

(1) 直接为每一维分配空间。

例如：int a[][]=new int[2][3];

(2) 从最高维开始，分别为每一维分配空间。

例如：int a[][ ]=new int[2][ ];

　　　a[0]=new int[3];

　　　a[1]=new int[3];

2. 二维数组元素的引用

对二维数组中每个元素，引用方式为：

```
数组名[下标1] [下标2]
```

例如：a[2][3]，每一维的下标都从 0 开始。

3. 二维数组的初始化

有如下两种方式。

(1) 直接对每个元素进行赋值。

(2) 在定义数组的同时进行初始化。

例如：int a[][]={{2，3}，{1，5}，{3，4}}；

例 2-12 体操比赛的计分。在体操比赛中有 n 位裁判员为运动员打分，在去除一个最高分和一个最低分以后，以 n-2 个数据的平均值为运动员最终的得分，用程序实现之。

```
import java.io.*;
public class Game {
    public static void main(String[] args) {
        double score[]=new double [50];
        int n=0;
        double max,min,sum,average;
        String s;
        System.out.print("请输入裁判人数:");
        try{ BufferedReader br =new BufferedReader(new InputStreamReader
(System.in));
            s=br.readLine();
            n=Integer.parseInt(s);
        }catch(IOException e){}
        sum=0;  min=100;    max=0;
        for (int i=1;i<=n;i++)
          {try{
            System.out.print("请输入第"+(i)+"位裁判的打分:");
            BufferedReader br =new BufferedReader(new InputStreamReader
(System.in));
            s=br.readLine();
            score[i]=Double.parseDouble(s);
            if(min>score[i]) min=score[i];
            if(max<score[i]) max=score[i];
            sum=sum+score[i];
        }catch(IOException e){}}
        sum=sum-min-max;
        average=sum/(n-2);
        System.out.println("运动员的最终得分是:"+average);
    }
}
```

程序运行结果如图 2.15 所示。

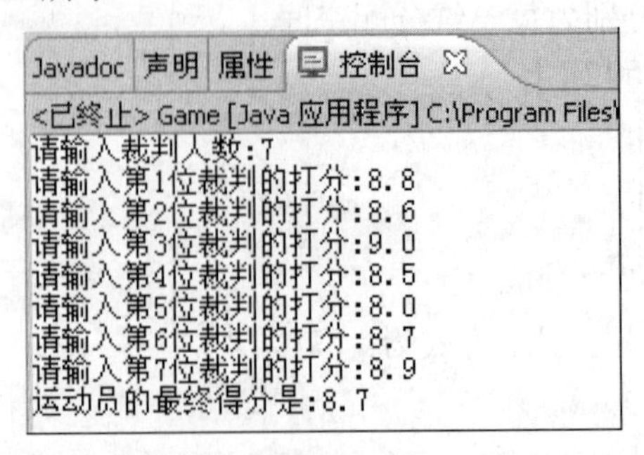

图 2.15 例 2-12 运行结果

在本例中定义了一个数组用来保存裁判的打分，由于不知道裁判的人数，所以定义了一个较大的数组，在运行中通过键盘输入裁判人数 n，只使用数组中的前 n 个元素。min 和 max 用来保存打分的最小值和最大值，初始情况下将其均设置为 0，n 位裁判的总分计算完毕后减去 min 和 max 从而计算出平均分。

2.5.3 本节小结

本节介绍了 Java 语言中数组的定义、创建、引用与初始化，特别强调了在 Java 中数组是被当做对象处理的，因此应使用 new 来创建，最后通过一个实例来演示了数组的使用。

2.5.4 自测练习

一、选择题

1．执行完代码"int[]x=new int[25];"后，以下说明正确的是_______。

A．x[24]为 0　　B．x[24]未定义

C．x[25]为 0　　D．x[0]为空

2．设已定义语句 int a[]={66,88,99}; 则以下对此语句的叙述错误的是_______。

A．定义了一个名为 a 的一维数组　　B．a 数组有 3 个元素

C．a 数组的下标为 1～3　　D．数组中的每个元素是整型

3．应用程序的 main 方法中有以下语句，则输出的结果是_______。

```
int[] x={122,33,55,678,-987};
int  max=x[0];
for(int i=1;i<x.length;i++){
      if(x[i]>max)
    max=x[i];
}
System.out.println(max);
```

A． 678　　B．122　　C．−987　　D．33

二、问答题

1．举例说明在 Java 中如何创建数组。

2．如何引用二维数组？

2.6 Java 语言的字符串

字符串就是一连串的字符序列，在 Java 这个面向对象的语言中，字符串(无论是常量还是变量)是一个对象。程序中需要用到的字符串可以分为两大类，String 和 StringBuffer。String 用来存放字符串常量对象，创建之后不能再做修改；StringBuffer 用来存放字符串变量对象，在程序中可以对它进行添加、插入和修改之类的操作。

2.6.1 String 类

字符串变量用 String 类的对象表示；字符串常量与字符常量不同，字符常量是用单引

号括起的单个字符，如'a'、'\n'等。而字符串常量是用双引号括起的字符序列，如"a"、"\n"、"hello"等。

1. 创建字符串常量 String 对象

由于 String 类的对象表示的是字符串常量，所以在一般情况下，一个 String 字符串对象创建后无论内容还是长度都不能够再更改了。因此，在创建 String 对象时，通常需要向 String 类的构造函数传递参数来指定创建的字符串的内容。下面是 String 类的构造函数及其用法。

- public String()

初始化一个新创建的 String 对象，它表示一个空字符串序列。注意，由于 String 是不可变的，不必使用该构造方法。

- public String(String s)

初始化一个新创建的 String 对象，表示一个与该参数相同的字符串序列；换句话说，新创建的字符串与该参数字符串内容一致。

- public String(StringBuffer buffer)

利用一个已经存在的 StringBuffer 对象为新建的 String 对象初始化。StringBuffer 对象代表内容、长度可改变的字符串变量。

- public String(char[] value)

构造一个新的 String 对象，并利用字符数组的内容初始化新建的 String 对象。

了解了 String 类的构造函数之后，下面来看几个创建 String 对象的例子。创建 String 对象与创建其他类的对象一样，分为对象的声明和对象的创建两步。

例如：String s;　　　　　　　//此时 s 的值为 null，使用 s 时必须为它开辟内存空间

例如：s=new String("hello");　　//通过调用 String 的构造函数，字符串 s 被置为"hello"

上述两个语句也可以合并成一个语句：

```
String s=new String("hello");
```

在 Java 中，还有一种非常特殊而常用的创建 String 对象的方法，这种方法直接利用双引号括起的字符串常量为新建的 String 对象“赋值”：

```
String s= "hello";       //Java 系统会自动为每个字符串常量创建一个 String 对象
```

2. 字符串常量的操作

String 对象有很多方法，例如：求字符串的长度、检查序列的单个字符、比较字符串、搜索字符串和提取子字符串。

- public int length()

返回此字符串的长度。长度等于字符串字符数。如：

```
String s=new String("Welcome");
System.out.println(s.length());
```

屏幕将显示 7。需要注意的是在 Java 中，因为每个字符都是 16 位的 Unicode 字符，所以汉字和其他字符一样表示一个字符。

- public int indexOf(int ch)

该方法查找字符 ch 在当前字符串中第一次出现时的位置。如果找不到则返回-1。如：

```
String s=new String("Welcome Beijing");
System.out.println(s.indexOf((int) 'B'));
```

结果是 8。

- public int indexOf(int ch,int fromIndex)

从指定的位置开始搜索，返回在此字符串中第一次出现指定字符的位置。

- public int lastIndexOf(int ch)

返回最后一次出现的指定字符在此字符串中的位置。

- public int indexOf(String str)

返回第一次出现的指定子字符串在此字符串中的位置。

- public int indexOf(String str, int fromIndex)

从指定的位置处开始，返回第一次出现的指定子字符串在此字符串中的位置。

- public int lastIndexOf(String str)

返回在此字符串中最右边出现的指定子字符串的位置。

- public int lastIndexOf(String str, int fromIndex)

从指定位置处开始向后搜索，返回在此字符串中最后一次出现的指定子字符串的位置。

- public String substring(int beginIndex)

返回一个新的字符串，它是此字符串的一个子字符串。该子字符串始于指定位置处的字符，一直到此字符串末尾。

- public String substring(int beginIndex, int endIndex)

返回一个新字符串，它是此字符串的一个子字符串。该子字符串从指定的 beginIndex 处开始，一直到索引 endIndex-1 处的字符。因此，该子字符串的长度为 endIndex-beginIndex。

- public String concat(String str)

将指定字符串串联到此字符串的结尾。如果参数字符串的长度为 0，则返回此 String 对象。否则，创建一个新的 String 对象，用来表示由此 String 对象表示的字符序列和由参数字符串表示的字符序列串联而成的字符序列。

例如："to".concat("get").concat("her")，结果是"together"。

- public boolean equals(Object anObject)

比较此字符串与指定的对象。当且仅当该参数不为 null，并且表示与此对象相同的字符序列的 String 对象时，结果才为 true。

例如：String s1=new String("Welcome Beijing");

String s2=new String("Welcome Beijing");

System.out.println(s1.equals(s2));

结果为 true。

- public int compareTo(String anotherString)

将此 String 对象表示的字符序列与参数字符串所表示的字符序列进行比较，如果按字典顺序此 String 对象在参数字符串之前，则比较结果为一个负整数。如果按字典顺序此 String 对象位于参数字符串之后，则比较结果为一个正整数。如果这两个字符串相等，则

结果为 0；compareTo 只有在方法 equals(Object)返回 true 时才返回 0。

例 2-13 通过运算符(+)连接字符串

```
public class StrExample{
    public static void main(String[] args){
        System.out.println("Hello "+2009);            //与 int 型连接
        System.out.println("Hello "+135.6);           //与 float 型连接
        System.out.println("Hello "+true);            //与 boolean 型连接
        System.out.println("Hello "+"World");         //字符串间连接
    }
}
```

程序运行结果如图 2.16 所示。

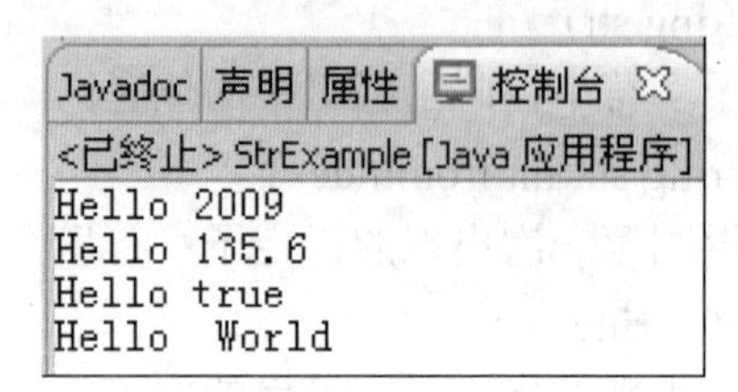

图 2.16　例 2-13 运行结果

2.6.2　StringBuffer 类

Java 中用来创建字符串对象的另一个类是 StringBuffer 类，与实现字符串常量的 String 类不同，StringBuffer 类的每个对象都是可以扩充和修改的字符串变量。

1. 创建字符串变量 StringBuffer 对象

- public StringBuffer()

构造一个空的 StringBuffer 对象，其初始分配空间为 16 个字符。

- public StringBuffer(int length)

构造一个空的 StringBuffer 对象，其初始分配空间为 length 个字符。

- public StringBuffer(String str)

构造一个 StringBuffer 对象，并将其内容初始化为指定的字符串内容。

下面是几种用不同方法创建字符串的例子：

```
StringBuffer s1=new StringBuffer();
StringBuffer s2=new StringBuffer(5);
StringBuffer s3=new StringBuffer("Welcome Beijing");
```

2. 字符串变量的操作

StringBuffer 对象上的主要操作是扩充、插入和修改等操作。

- public StringBuffer append(char c)

将字符 c 追加到此序列。该方法的参数还可以是 int、double、boolean、String 等。

- public StringBuffer insert(int x, boolean b)

将 boolean 参数的字符串表示形式插入此序列中的 x 位置。该方法的第二个参数还可以是 int、double、boolean、String 等。

- public void setCharAt(int x, char ch)

将给定索引 x 处的字符设置为 ch。

改写例 2-13 主方法体：

```
        StringBuffer s=new StringBuffer();
        s.append("Welcome China");
        System.out.println(s);
        s.insert(8, "Beijing");
        System.out.println(s);
        s.setCharAt(8, 'b');
    System.out.println(s);
```

程序执行的结果如图 2.17 所示。

```
Javadoc 声明 属性 控制台
<已终止> StrExample [Java 应用程序]
Welcome China
Welcome BeijingChina
Welcome beijingChina
```

图 2.17 字符串变量操作运行结果

【案例 2-3】通过学号查找学生姓名。首先输入所有学生的学号和姓名，然后输入待查找的学生的学号，根据学号输出学生的姓名，若找不到则输出相关信息。

```
    import java.io.*;
    public class Search {
        public static void main(String[] args) {
            String[] sno=new String[3];
            String[] sname=new String[3];
            int i=0;   String s="";
            System.out.println("请输入每个学生的学号和姓名");
            for (i=0;i<3;i++)
            try{BufferedReader br =new BufferedReader(new InputStreamReader
(System.in));
                sno[i]=br.readLine();
                sname[i]=br.readLine();
            }catch(IOException e){}
            System.out.print("请输入要查找的学生的学号");
            try{BufferedReader br =new BufferedReader(new InputStreamReader
(System.in));
                s=br.readLine();
            }catch(IOException e){}
            for (i=0;i<3;i++)
            {    if(s.equals(sno[i])) break;     }
            if(i<5)System.out.print("你要查找的学生是"+sname[i]);
            else System.out.println("没有你要找的学生！");
        }
    }
```

程序运行结果如图 2.18 所示。

本案例中定义了两个 String 类的数组分别用来保存某位学生的学号和成绩。输入查找的学号 s 后在学号数组 sno 中查找与 s 相同的元素，若找到则使用 break 结束循环，下标为

i 的学生就是要找的学生，输出其名字 sname[i]；若找不到则循环正常结束，输出找不到的信息。

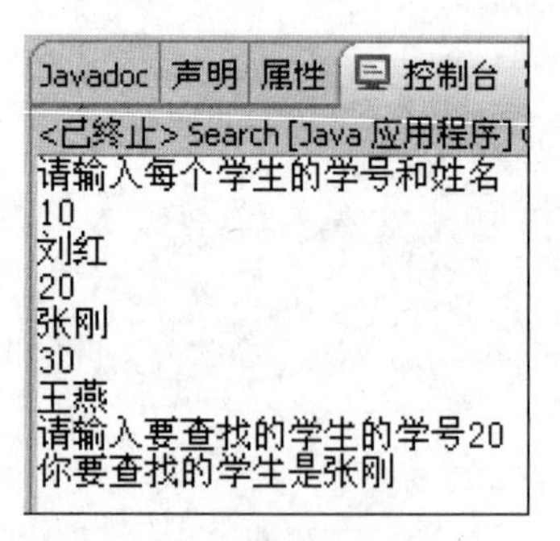

图 2.18　案例 2-3 运行结果

2.6.3　本节小结

本节介绍了 Java 语言中字符串常量 String 类和字符串变量 StringBuffer 类对象的创建与操作，并通过一个实例讲解了 String 类的使用。

2.6.4　自测练习

一、选择题

1．执行下列程序段后，结果为 false 的选项是_______。

```
String s1="java";
String s2="ja"+"va";
String s3=new String("java");
String s4=new String("java");
String s5=s3;
```

A．s1= =s2　　B．s1= =s3　　C．s3= =s5　　D．s3.equals(s4)

2．已知 String 对象 s = "abcdefg"，则表达式 s.substring(2,4)的返回值是_______。

A．bcd　　B．cde　　C．bc　　D．cd

二、简答题

1．什么是字符串？Java 中的字符串分为哪两个类？

2．String 类和 StringBuffer 类有什么区别？

2.7　本章小结

本章首先介绍了 Java 语言的基本数据类型、运算符与表达式、Java 控制语句、Java 语言的数组和 Java 语言的字符串，并通过案例详细讲解了运算符、控制语句等相关知识的运用，其中数据类型、变量和运算符是 Java 编程的基础，if 语句、switch 语句、while 语句、do-while 语句、for 语句是本章的重点。通过本章的学习，要求读者能够编写较为简单的 Java 程序，完成一些面向对象的基本操作。

2.8　本 章 习 题

一、选择题

1．下列标识符合法的是_______。

A．￥88　　　B．#ad　　　C．num　　　D．applet

2．执行下列程序段后，b,x,y 的值分别为_______。

```
int x=6 , y=8;
boolean b;
b = ++x== --y;
b = x>y || b;
```

A．true　6　8　　　B．false　6　8

C．true　7　7　　　D．false　7　7

3．指出下列错误的声明语句。_______

A．char c=97;　　　B．char c='\u0061';

C．char c='A';　　　D．char c="a";

4．下列程序段执行后 b3 的结果是_______。

```
boolean b1=true, b2, b3;
b3= b1 ? b1 : b2;
```

A．0　　　B．1　　　C．true　　　D．false

5．main 方法是 Java Application 程序执行的入口点，关于 main 方法的方法头，以下_______是合法的。

A．public static void main()

B．public static void main(String[]args)

C．public static int main(String[]arg)

D．public void main(String arg[])

二、写出程序运行结果

1．下面程序运行后，m 的值是什么？

```
int m=14 ;
int n=63;
while(m!=n){
    while(m>n){
        m=m-n;
    }
    while(n>m){
        n=n-m;
    }
}
```

2．以下代码运行后，将在屏幕上显示的字符是什么？

```
Boolean b1=new Boolean(true) ;
```

```
Boolean b2=new Boolean(true) ;
if(b1==b2)
if(b1.equals(b2)) System.out.println("a");
else  System.out.println("b");
else  if(b1.equals(b2))   System.out.println("c");
    else   System.out.println("d");
```

3．以下程序段的输出结果是什么？

```
int j=2;
switch ( j )
{  case  2    : System.out.println("Value is two.");
   case  2+1  : System.out.println("Value is three."); break;
    default   : System.out.println("Value is"+j); break;
}
```

三、简单程序设计

1．编写程序输出0～1000之间所有的偶数。

2．编写程序输出用户指定数据的所有素数因子。

3．旅客乘车旅行，可免费携带30kg行李，超过30kg部分每千克需支付托运费1元，超过50kg部分每千克需支付托运费0.5元，输入行李的重量，计算并输出托运费。

4．找出所有的水仙花数。水仙花数是一个3位数，它的各位数字的立方和等于这个3位数本身，例如$371=3^3+7^3+1^3$，371就是一个水仙花数。

2.9　综合实验项目2

实验项目：实现矩阵的加与乘操作。

实验要求：定义两个n×n的矩阵，编程计算两个矩阵相加与相乘的结果。

Java 语言基础编程篇

Java 是纯面向对象的编程语言，其具备面向对象语言的 3 个基本特点即核心技术，就是封装、继承和多态。本篇主要学习 Java 语言与面向对象、Java 语言类的继承和 Java 接口与包。通过学习要求掌握如下主要内容。

1．封装

封装就是对属性和方法的载体类，只能通过其提供的接口（方法）来访问，而把实现细节隐藏起来。也就是说，具体实现对程序员来说是透明的。封装的好处在于对类内部的改变，不会影响到其他代码。在一个完整封装的类中，一般定义方式是将其所有成员变量定义为 private（如果声明所有变量都是 public 的，则失去封装的意义），而将访问这些变量的方法定义为非 private 类型，这样可以在类的外部间接地通过指定的接口来访问这些变量，而不直接获取成员变量。

2．继承、接口和多态

继承特性就是实现代码重用，子类继承父类不仅可以继承其行为（方法），还可以继承数据（成员）。在 Java 语言中，子类继承父类是通过关键字 extends 来实现的。

在 Java 中，不允许多重继承，但可以实现多个接口，并且在继承的同时可以实现接口。在 Java 语言中，创建接口使用关键字 interface；实现接口可通过关键字 implements 来实现。尽管 Java 语言中不允许多继承，但接口可以通过关键字 extends 继承多个基础接口，构建一个新的接口，各接口之间用逗号分隔。

多态是指子类和父类均具有同名方法，并且允许父类引用指向子类的对象，即允许把一个子类对象赋予一个父类的引用型变量。在运行期，由系统判定应该调用子类的方法还是父类的方法。

3．类和对象

面向对象的程序设计方法将客观事物进行抽象，即将具有某些属性和操作汇总到一起，称之为“类”，统一进行描述定义，从而产生一个新的属性类型“对象”，然后可以很方便地创建这些对象，并通过继承等技术实现软件的可扩充性和可重用性。

4．构造方法

构造方法（构造器）不同于一般的方法，用来初始化类，创建类实例。在 Java 中创建一个对象，并为新对象分配内存空间，必须通过调用构造方法来实现，即执行 new 语句。

子类可以继承父类所有属性和方法，但构造方法除外。因为构造方法是用来初始化类的，它和每个类紧密相连，因此不能被继承。每个类必须定义自己的构造方法。

当一个类中未显式定义构造方法时，系统自动为其创建一个默认的构造方法，该构造方法是以类名作为函数名，参数为空，函数体为空的构造方法。当一个类中指定了一个构造方法后，系统就不会再为其创建一个默认的无参构造方法。

在执行子类构造方法时，如果没有明确指明调用父类的某个构造方法，则系统自动调用父类中无参的构造方法。

5．重载和覆盖

Java 语言中共有两种方式共用同一个方法名，即重载和覆盖(overload/override)，又称为过载和重载。

其共同点是均为同一个方法名对应多种方法实现体。两者不同点是，overload 发生在同一个类中，overload 方法和被 overload 的方法的参数列表必须存在差别，即同一个方法名具有多种含义。override 发生在子类和父类之间，子类中 override 的方法参数列表和返回值与父类中被 override 的方法一样，即方法始终只有一种定义，只是原先的含义被后来的含义取代了。

Java 语言与面向对象

教学目标

在本章中，读者将学到以下内容：

- 面向对象的基本概念
- Java 语言类与对象
- 面向对象的程序开发技术
- Java 语言系统定义类的使用
- Java 语言用户定义类的设计

章节综述

通过本章的学习，要求能够掌握抽象和封装的基本概念，掌握类与对象的基本概念以及它们之间的关系，掌握在 Java 程序中定义类与创建对象技术，区分系统类与用户定义类，初步掌握 Java 类库的使用，掌握数据成员和方法成员的定义技术并且掌握各种修饰符的作用及其使用技术，最终达到能够设计出简单的综合应用程序的目的。

3.1 Java 语言的类和对象

3.1.1 面向对象的概念

通过本节内容的学习，要求初步掌握对象、类、实例、消息、方法、属性和封装的概念。

1. 对象

“对象”是面向对象方法学中使用的最基本的概念。它既可以理解为对象是将客观事物实体抽象成相对应的属性和行为也可以理解为客观世界实体的软件模型，由数据和方法组成。对象也可称为是数据与方法的封装体。例如：一名职工、一家公司、一个车辆、一本图书、借款、贷款等，都可以作为一个对象。总之，对象是对问题域中某个实体的抽象，设计某个对象就反映了软件系统具有保存有关它的信息并且与它进行交互的能力。

2. 类

在面向对象程序设计中，“类(class)”就是对具有相同数据和相同操作的一组相似对象的定义，也就是说，类是对具有相同属性和行为的一个或多个对象的描述，通常在这种描述中也包括对怎样创建该类的新对象的说明。例如：一个面向对象的图形程序，在屏幕左下角显示一个半径为 3cm 的红颜色的圆，在屏幕中部显示一个半径为 5cm 的绿颜色的圆，在屏幕右上角显示一个半径为 2cm 的黄颜色的圆。这 3 个圆心位置、半径大小和颜色均不相同，是 3 个不同的对象。但是，它们都有相同的数据(圆心、半径和颜色)和相同的操作(显示自己、放大缩小半径、在屏幕上移动位置等)。因此，它们是同一类事物，可以用一个名称(类名)来定义——Circle 类。

Java 语言的类包含系统定义类和用户程序自定义类两种。

3. 实例

实例(instance)就是由某个特定的类所描述的一个具体对象。类是对具有相同属性和行为的一组相似的对象的抽象，类在现实世界中并不能真正存在。在地球上并没有抽象的“中国人”，只有一个个具体的中国人，例如，张三、李四、王五……同样，谁也没有见过抽象的“圆”，只有一个个具体的圆。

实际上类是创建对象时使用的“样板”，按照这个样板所创建的一个个具体的对象，就是类的实际例子，通常被称为实例。

当使用“对象”这个术语时，既可以指一个具体的对象，也可以泛指一般的对象，但是，当使用“实例”这个术语时，必然是指一个具体的对象。

4. 消息

消息(message)就是要求某个对象执行在定义它的那个类中所定义的某个操作的规格说明。通常一个消息由下述 3 个部分组成。

(1) 接收消息的对象。

(2) 消息选择符(也称为消息名)。

(3) 零个或多个变元。

例如：MyCircle 是一个半径为 4cm、圆心位于(100，200)的 Circle 类的对象，也就是类 Circle 类的一个实例，当要求它以绿颜色在屏幕上显示自己时，在程序中应该发送如下消息：

```
MyCircle.Show(Green);
```

5. 方法

方法(method)就是对象所能执行的操作，也就是类中所有定义的服务。方法描述了对象执行操作的算法，响应消息的方法。在 Java 中把方法称为成员方法或成员函数。

6. 属性

属性(attribute)就是类中所定义数据，它是客观世界实体所具有的性质的抽象。类的每个实例都有自己特有的属性值。在 Java 中把属性称为数据成员或域。

7. 封装

从字面上理解，所谓封装(encapsulation)就是将某个事物包装起来，使外界不知道该事物的内部信息。

在面向对象程序设计过程中，把数据和操作的代码集中起来放在对象内部的方式称为封装。一个对象好像是一个不透明的黑盒子，表示对象状态的数据和实现各个操作的代码与局部数据都被封装在黑盒子里面，从外面是看不见的，更不能从外面直接访问或修改这些数据及操作代码。

使用一个对象时，只需知道它向外界提供的接口形式，无须知道它的数据结构细节和实现操作的算法。

因此，封装具有如下条件。

(1) 有一个清晰的边界。所有数据和操作代码都被封装在这个边界内，从外面看不见，更不能直接访问。

(2) 有确定的接口(即协议)。这些接口就是对象可以接收的消息，只能通过向对象发送消息来使用它。

(3) 受保护的内部实现。实现对象功能细节(私有数据和代码)不能在定义该对象的类的范围外进行访问。

封装性也就是信息隐藏，通过封装对外界隐藏了对象的实现细节。

在掌握基本概念的前提下，下面具体学习如何设计一个用户使用的类，即在类定义过程中的类中成员的设计与分类；对象的创建、对象初始化、对对象的操作；类和类成员的访问；类与对象的关系；等等。

3.1.2 类的定义

描述一个基本类需要有 3 个方面的内容：类名、属性说明(数据成员)、操作说明(方法成员)。它们分别是用来标识类、描述相同对象的静态特征和动态特征的。

下面给出在 Java 源程序中，用户定义类的格式：

```
class 类名
{
   数据成员(或成员变量);
   方法成员(或成员方法);
}
```

类是对具有相同属性和方法的一组相似对象的抽象，或者说类是对象的模板。类的重要作用是定义了一种新的数据类型，封装了一类对象的属性和方法，是这一类对象的原形，下面详细介绍用户自定义类的内部代码设计方法。

类的成员从程序设计结构看主要有两种：数据成员和方法成员。如果能分清且对实际事物抽象设计出不同的数据成员和方法成员，就可以顺利完成类的设计。

- 数据成员同义词：类的属性、成员变量、类的字段、静态特征、类的对象等。
- 方法成员同义词：类的操作、成员方法、成员函数、动态特征等。

例 3-1 声明一个公司信息类程序段。

```
public class Company{
        static String Department="abcd";                //数据成员(对象)
        static String Leader="xyz";                     //数据成员(对象)
        public String Name;                             //数据成员(对象)
        private int age;                                //数据成员(变量)
        static float pay;                               //数据成员(变量)
        public static void main(String[] args) {        //方法成员(函数)
            System.out.println("Department is: "+ Department+ "\t Leader is:
"+ Leader);
        }
    }
```

3.1.3 对象

在定义完类后，可以用类来创建这一类的对象(类的实例)。

1. 对象的基本特征

对象的基本特征包含数据和对象方法。定义了类之后，就可以利用类来创建对象。创建对象包括：声明对象、建立对象、初始化对象和调用对象等过程。

2. 创建对象

创建一个对象一般需要 3 个步骤。

(1) 声明一个类的对象。

```
格式：类名  对象名;                              // 对象的声明
```

例如：Company G1;

(2) 创建并初始化对象。

```
格式：new 类名(实参表);                          // 建立并初始化
```

例如：new Company ();

(3) 把 new 运算的返回值赋给引用的对象。

```
格式：对象名= new 构造方法(实参表);              // 建立并初始化
```

例如：G1 = new Company ( ) ;

可以将(1)、(2)、(3)合并成一行语句。

```
格式：类名 对象名= new 类名([实参表]);   //声明、建立并初始化
```

例如：Company G1= new Company( )；

3. 初始化对象

对象的初始化实际上就是对对象的数据成员进行初始化。它是在创建对象的时候由系统直接完成的，即系统自动调用构造方法完成对象数据成员的初始化操作；如果程序中没有直接定义构造方法，系统将自动执行默认的构造方法(由系统自动创建的构造方法，这方法没有参数，方法体为空)。

4. 给对象赋值

(1) 利用“.”运算符给对象属性赋值。

```
对象名. 数据成员名 = 数值;
```

例如：Company.*Department*=“人事处”；　　　//部门对象的值取人事处

　　　Company. *Leader* =“张静娜”；　　　//领导对象的名称张静娜

(2) 利用实例方法中的形参代入实参给对象属性赋值。

例如：若已声明了一个实例方法 setDepNum(Num)；

　　　当代入实参值，类名．setDepNum(1001);

　　　则它所在类内声明的属性 Num 的值就为 1001。

(3) 用 A 对象赋值给 B 对象，完成对象赋值。

例如：类名 A=new 类名();

　　　类名 B=new 类名();

　　　A=B;

这种对象的赋值，实际上是将 A 对象引用地址赋给 B 对象引用地址，而不是将 A 对象内存空间复制粘贴到 B 对象内存空间，即两个对象引用指向同一个内存空间。

5. 对象操作

对象的操作一般是指对对象的数据成员的引用和对对象的成员方法的引用。对象的操作可以使用对象运算符“.”来完成。其语法格式为：

(1) 对象名．成员变量名。

(2) 对象名．方法成员名(参数表)。

3.1.4 构造方法

在 Java 程序设计中，任何数据成员在被使用前都必须先设置初值。Java 提供了为类对象的数据成员赋初值的专门功能——构造方法(构造器)。构造方法不同于一般的方法，主要用来初始化类，创建类实例。在 Java 中创建一个对象，并为新对象分配内存空间，必须通过调用构造方法来实现，也就是执行 new 语句。

当一个类中未显式定义构造方法时，系统自动为其创建一个默认的构造方法，该构造方法是以类名作为函数名，参数为空，函数体为空的构造方法。当一个类中指定了一个构

造方法后，系统就不会再为其创建默认的无参构造方法。

构造方法是一种特殊的方法成员，它的特殊性反应在如下 4 个方面。

(1) 构造方法名与类名相同。

(2) 构造方法不返回任何值，也没有返回类型。

(3) 每一个类可以有多个构造方法(称为构造方法 overload)，也可以没有构造方法。

(4) 构造方法在创建对象时被自动执行，一般不能显式地直接调用。

引入构造方法的目的是在创建对象时完成初始值的设置，当然还可以自动做更多的事情，比如打印信息等。

例 3-2 公司信息类程序段补充创建构造方法。

```
public class Company {
    static String Department="abcd";
    static String Leader="xyz";
    public String name;
    private int age;
    static float pay;
    Company(){                                          //创建构造方法
        name=" ";
        age=0;
        pay=1800;
    }
    public Company(String string, int i, int j) {       //创建构造方法
        name=string;
        age=i;
        pay=j;
    }
    public static void main(String[] args) {
        Company A;
        A=new Company("Wang",27,2700);
        Company B=new Company("Zhang",31,3500);
        System.out.println("Department is: "+ Department+ "\t Leader is: "+
Leader);
        System.out.println("Name="+A.name+"\t  Age="+A.age+"\t    Pay="+A.
pay);
        System.out.println("Name="+B.name+"\t  Age="+B.age+"\t    Pay="+B.
pay);
    }
}
```

程序运行结果如图 3.1 所示。

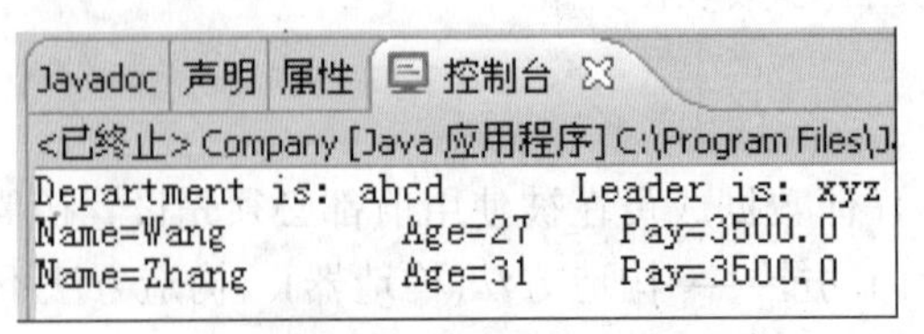

图 3.1　例 3-2 运行结果

对于简单的定义类，可以不设计构造方法，在声明变量的同时赋值。在创建对象时，会自动使用默认构造方法。默认的构造方法没有参数，属于父类，如果父类中没有提供构

造方法，将产生编译错误。

3.1.5 类的成员设计

1. 数据成员——类属性及作用域

数据成员描述的是事物的静态特征。设计数据成员时，应该给出这个数据成员(或称为变量)的名称，同时应该指出它的数据类型。根据数据提供的属性不同，数据成员可以分为实例成员和类成员两种。例 3-2 中的 name, age 为实例变量，而 pay 则为类变量。

(1) 实例变量：用来存放所有实例都需要的属性信息，不同实例的属性值可能会有不同。

(2) 类变量：又称为类成员或者是静态变量，它是用 static 修饰的变量。类变量被保存在类的内存区的公共存储单元中，而不是被保存在某个对象的内存区中。因此，一个类的任何对象访问它的时候，取到的都是相同的数值。

例 3-3 定义一个 People 类的成员变量。

```
public class People{
    public String name;           //实例变量，姓名
    public int age;               //实例变量，年龄
    public char gender;           //实例变量，性别
    public double height;         //实例变量，身高
    public double weight;         //实例变量，体重
    static String nation;         //类变量，国籍
    …
}
```

2. 方法成员——类操作及作用域

Java 方法成员对应的是程序设计中的各种操作。方法成员相当于其他高级语言的函数或过程，是命令语句的集合。在 Java 中方法成员从应用方面划分主要有构造方法(前面已学习)、类方法和实例方法 3 种。

1) 类方法

用 static 修饰的方法称为类方法(Static Method)，又称为静态方法。

- main()方法是类方法，所有 Java Application 中，都必须有且只能有一个该方法，它是 Java 程序运行的入口点。
- 类方法是属于整个类的，它在内存中的代码段将随着类的定义而分配和装载。
- 引用类方法时，可以使用对象名作为前缀，也可以使用类名作为前缀。
- 类方法只能访问 static 数据成员，不能访问非 static 数据成员。
- 类方法只能访问类方法，不能访问非类方法。
- 类方法不能被 override，也就是说，这个类的子类不能有同名、相同参数的方法。

静态代码块不是一个方法，实际上只是一个 static 关键字后跟一个方法主体。静态代码块主要用于初始化，该代码块中的代码仅执行一次，即首次装载时被执行。

例 3-4 类方法被调用程序段。

```
class Example{
  static int i=1, j=2;
```

```
  static{
  display(i);                                    //只被调用执行一次
 }
 public static void main(String[] args){
 System.out.print(2);
 }
 static void display(int n){
 System.out.print(n);
 }
 }
```

程序运行结果如图 3.2 所示。

图 3.2　例 3-4 运行结果

2) 实例方法

除构造方法外，没有 static 修饰的方法都为实例方法(Instance Method)。实例方法是属于某个对象的方法，在每个对象的内存中都拥有这个方法代码段；实例方法可以访问 static 数据成员和类方法。

方法成员从来源方面划分可以有两种：一是类库方法成员；二是用户自己定义的方法成员。在将系统包引入后，就可以直接引用包中类的方法成员，这种引用就是类库方法成员的引用，例如输出 System.out.println()的引用等；而接下来的主要任务应该是学习如何设计好解决用户自己实际问题的方法成员。

Java 中的变量有两种类型：引用类型和原始类型。当它们被作为参数传递给方法时，都是值传递的。

综上所述，在 Java 中，方法成员的声明只能在类中进行，其格式如下：

```
[修饰符] 返回值类型 方法成员名(形式参数表) [throw 异常表]
{
     说明部分
     执行语句部分
}
```

方法成员的声明包括方法头和方法体两部分，其中方法头确定方法成员的名字、形式参数的名字和类型、返回值的类型、访问限制和异常处理等；方法体由包括在花括号内的说明部分和执行语句部分组成，它具体实现该方法的操作功能。

方法成员返回值的类型是指用 Java 允许的各种数据类型的关键字指明方法成员完成其所定义的功能后，运算结果值的数据类型；若方法成员有返回值时，执行语句中一定包含 return 语句。若方法成员没用返回值，则在返回值的类型处必须有关键字 void，以表明该成员方法无返回值。

方法成员的命名遵循标识符定义规则。

方法成员可以分为有参和无参数两种。无参时方法成员名后的一对圆括号不能省略；对于有参数的方法成员来说，形式参数表应指明该方法所需要的参数个数、参数的名字及

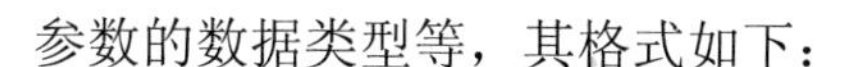

参数的数据类型等，其格式如下：

```
(形式参数类型1 形式参数名1， 形式参数类型2 形式参数名2，…)
```

throw异常表指出当程序运行时遇到方法设计者未曾想到的、可能出现的问题时如何处理，这部分将在后续章节中专门介绍。

例3-5 实例方法成员定义程序段。

```
public class Exp {
int x=10;                                       //实例变量
static int y=2;                                 //类变量
void f(){                                       //实例方法
System.out.println("Function f in program is referenced.");
}
static void f1(){                               //类方法
    System.out.println("Function f1 in program1 is referenced.");
}
static void f2(){                               //类方法
    f1();                                       //合法引用实例方法
    x=15;                                       //错误，引用了非静态数据成员
    f();                                        //错误，引用了非静态方法成员
    y=20;                                       //合法引用
}
}
class Exp3 extends Exp{
  void f1(){
    System.out.println("Function f1 in program1 is referenced.");
                                                //错误，覆盖了父类的静态方法f1()
}
}
```

3. 成员的调用

在学习了数据成员和方法成员的定义之后，接下来重点是要学会如何正确调用这两类的成员。学习区分对各成员是直接调用还是通过所声明的对象来进行调用是非常重要的。在实际应用中还应该注意：成员的调用包括在类内对不同成员的调用和在类外对不同成员的调用两种情况。

1) 数据成员的调用

(1) 对实例成员(非静态成员)的调用。

```
在类体外访问：<对象名> <实例成员名>
在类体内访问：<实例成员名>                    //直接调用方式
                  this . <实例成员名>
```

(2) 对类成员(静态成员)的调用。

```
在类体外调用：<类名> . <类成员名>
在类体内调用：<类成员名>                      //直接调用方式
```

2) 成员方法的调用

```
在类体内调用：<方法名>([实参表])              // 直接调用方式
在类体外调用：<对象名> . <方法名>([实参表])
              <类名> . <方法名>([实参表])
```

对成员方法的调用做如下说明。

(1) 在类体内不管是实例方法还是类方法都可以直接调用其他类方法。

(2) 在类体外则可以通过实例对象也可以通过类名调用类方法。

(3) 实例方法与类方法不同，实例方法总是通过实例调用。

3.1.6 类与对象的关系

类是一个集合，而对象则是某个集合的元素。还可以这样认为，类是一种逻辑结构，而对象是真正存在的物理实体。

类和对象的主要区别：类是对对象的一种抽象，而对象是类的一种具体化。一个对象是某个类的一个实例。例如，商品类中可以包含电器商品、日用商品、服装商品、鞋帽商品等各个实例；再比如，电脑桌、书桌、办公桌都是桌子这个类的实例。

由此可见，一个具体类可以实例化成多个对象，同一个类的对象都用相同的属性来描述其特征，只不过具体属性的取值可能不同而已。例如，某人被邀请去参加一个商品交易会，将会被告知“开始时间”、“被邀人数”等相关信息的。所以说商品交易会类具有“开始时间”、“被邀人数”等属性，其实例对象(商品交易会、产品展示会等)都用这些属性描述各自具有的内容，但由于具体属性的取值不同(时间、人数等)，使不同的对象具有各自的特征。在面向对象程序设计中，用类创建对象，并可以重复使用类创建多个对象。一旦改变了类的定义，由此类所创建的对象也就具有新的特征。

【案例】银行信息管理系统应用程序。

```
public class AccountTest                                    //测试类定义
{   public static void main(String args[])
    {   BankAccount anAccount;
        anAccount=new BankAccount("Zhangqiang", 10023, 0);
        anAccount.setBalance(anAccount.getBalance()+100);
        System.out.println("Here is the account: "+ anAccount.toString());
        System.out.println("Account name: "+ anAccount.getOwnerName());
        System.out.println("Account number: "+anAccount.getAccountNum());
        System.out.println("Balance: $"+anAccount.getBalance());
        anAccount=new BankAccount("Wanghong", 10024, 0);
        System.out.println(anAccount.toString());
        anAccount.deposit(225.67f);
        anAccount.deposit(300.00f);
        System.out.println(anAccount.toString());
        anAccount.withdraw(400.17f);
        System.out.println(anAccount.toString());
    }
}
class BankAccount                                           //银行账号类定义
{   private String ownerName;
    private int accountNum;
    private float Balance;
    public BankAccount()                                    //无参构造方法
    {   this(" ", 0, 0);      }
    public BankAccount(String _Name, int _Num, float _Balance)
                                                            //有参构造方法
    {   ownerName= _Name;
```

```
        accountNum=_Num;
        Balance=_Balance;
    }
    public void setOwnerName (String newName)          //设置姓名方法
    {   ownerName=newName;   }
    public String getOwnerName()                        //获取姓名方法
    {   return ownerName;   }
    public void setAccountNum (int newNum)              //设置账号方法
    {   accountNum=newNum;   }
    public int getAccountNum()                          //获取账号方法
    {   return accountNum;   }
    public void setBalance (float newBalance)          //设置存款方法
    {   Balance=newBalance;   }
    public float getBalance()                           //获取存款方法
    {   return Balance;   }
    public String toString()                            //字符串转换输出
    {   return("Account #"+accountNum+"with balance $"+Balance);   }

    public float deposit(float anAccount)               //存款方法
    {   Balance=Balance+ anAccount;
        return(Balance);
    }
    public float withdraw(float anAccount)              //取款方法
    {   Balance = Balance - anAccount;
        return(Balance);
    }
}
```

程序运行结果如图 3.3 所示。

```
Javadoc 声明 属性 控制台
<已终止> AccountTest [Java 应用程序] C:\Program Files\Java\jre1.6.0_02\bin\
Here is the account: Account #10023with balance $100.0
Account name: Zhangqiang
Account number: 10023
Balance: $100.0
Account #10024with balance $0.0
Account #10024with balance $525.67
Account #10024with balance $125.49997
```

图 3.3　案例运行结果

3.1.7　本节小结

本节详细介绍了类和对象的概念；重点介绍了类的定义和对象的声明、初始化、操作等，突出介绍了面向对象程序设计的基本方法。即通过类的建立(类的基本形式和声明、成员变量、成员方法、类成员、类方法)及对象的创建和使用(对象的声明和实例化、构造方法、成员变量/成员方法的引用、对象生命周期等)，区分和理解了类与对象的关系。

3.1.8　自测练习

一、选择题

1. 有关类的说法正确的是________。

   A. 类具有封装性，所以类的数据是不能被访问的

B．类具有封装性，但可以通过公共接口访问类中的数据

C．声明一个类时，必须用 public 修饰符

D．每个类中，必须有 main 方法，否则程序无法运行

2．有关类和对象的说法不正确的是_______。

A．对象是类的一个实例

B．任何一个对象只能属于一个具体的类

C．一个类只能有一个对象

D．类与对象的关系和数据类型与变量的关系相似

3．下面程序哪些结论是正确的？_______

```
public class J_Test{
     public J_Test( ){
        System.out.print("2");
}
public static void main(String args[]){
        J_Test s=new J_Test( );
        s. J_Test( );
        System.out.print("1");
      }
    }
```

A．编译正常，输出 21

B．编译正常，输出 221

C．程序无法通过编译

D．编译正常，但无法正常运行

4．给出以下代码，该程序的运行结果是什么？_______

```
class Example{
int x=5;
static String s="abcd";
public static void method(){ System.out.println(s+x); }
}
```

A．打印输出 abcd5

B．代码编译成功，但运行期会因变量 x 未声明为静态变量而抛出异常

C．代码编译失败，静态方法不能直接访问，且 x 为静态变量方可使用

D．代码编译失败，如果将 method 方法的 static 移走，可以使代码编译成功

5．以下哪些是一个 native()方法的正确形式？_______

A．public native void aMethod();　　B．public native void aMethod(){};

C．public void native void aMethod();　D．public native aMethod(){};

二、判断对错(T/F)

1．在声明一个类变量时，前面必须要加上 static 修饰符。（　）

2．构造方法可以在使用时由用户进行调用。（　）

3．整个类共同拥有的方法是实例方法，它具有统计一个类的实例个数的用途。（　）

4．对象之间的信息通过消息传递机制来完成。（　）

5．面向对象程序设计语言的 3 个重要特性是封装性、多态性和重载。（　）

3.2　Java语言系统定义类的使用

系统定义好的类即Java类库中的类。根据实现功能不同，划分不同的集合，每个集合是一个包，称为类库，又称为API(Application Program Interface)。Sun公司提供的类库称为基础类库JFC。

3.2.1　使用系统类的前提条件

使用系统类的前提条件是必须用import语句引入所用到的系统类等。

类库包中的程序都是字节码形式的程序，利用import语句将一个包引入到程序中，就相当于在编译过程中将该包中所有系统类的字节码加入到用户程序中，这样就可以使用这些系统及其类中的各种功能。

3.2.2　常用系统定义的基础包

1. Object类

Object类是所有Java类的顶层类，即类继承树的根。如果一个类没有使用extends关键字扩展任何类，则编译器自动将创建的类视为Object类的子类。Object类的所有方法都被每个类继承。

2. Math类

java.lang.Math类是final类，因此不能被其他类继承；该类的构造方法是私有的，即声明为private，不能实例化一个java.lang.Math类；该类定义的所有常量和方法均是public和static的，因此可以直接通过类名调用。Math类中定义的主要方法如下。

```
public static double abs(double a)          //获得一个双精度型值对应的绝对值
public static float abs(float a)            //获得一个单精度型值对应的绝对值
public static int abs(int a)                //获得一个整型值对应的绝对值
public static long abs(double a)            //获得一个长整型值对应的绝对值
public static double sin(double a)          //获得一个正弦值
public static double cos(double a)          //获得一个余弦值
public static double tan(double a)          //获得一个正切值
public static double asin(double a)         //获得一个反正弦值
public static double acos(double a)         //获得一个反余弦值
public static double atan(double a)         //获得一个反正切值
public static double ceil(double a)
                            //获得最接近，但并不小于参数的一个双精度型整数
public static double floor(double a)
                            //获得最近接，但并不大于参数的一个双精度型整数
public static long round (double a)         //获得一个四舍五入的长整数型值
public static int round (double a)          //获得一个四舍五入的整数型值
public static double max (double a, double b)
                            //获得两个双精度型数之中的较大数
public static float max (float a, float b)  //获得两个单精度型数之中的较大数
public static long max (long a, long b)     //获得两个长整数型数之中的较大数
public static int max (int a, int b)        //获得两个整数型数之中的较大数
```

```
public static double min (double a, double b)
                                    //获得两个双精度型数之中的较小数
public static float min(float a, float b)  //获得两个单精度型数之中的较小数
public static long min (long a, long b)    //获得两个长整数型数之中的较小数
public static int min(int a, int b)        //获得两个整数型数之中的较小数
public static double double random()    //获得一个取值范围为[0.0～1.0]的随机数
public static double sqrt(doublee a)       //获得一个平方根值
```

注：Math.min(-0.0, +0.0)的返回值为-0.0，Math.max(-0.0, +0.0)的返回值为 0.0，表达式-0.0==+0.0 的返回值为 true。

3. 封装类

Java 语言中每个基本数据类型都有一对应的封装类。

基本数据类型	封装类
boolean	Boolean
byte	Byte
char	Character
short	Short
int	Integer
long	Long
float	Float
double	Double

封装类继承树示意图如图 3.4 所示。

```
class java.lang.Object
    class java.lang.Boolean
    class java.lang.Character
    class java.lang.Number
        class java.lang.Byte
        class java.lang.Double
        class java.lang.Float
        class java.lang.Integer
        class java.lang.Long
        class java.lang.Short
```

图 3.4　封装类继承树

所有的封装类都可以直接以对应的基本类型数据作为构造方法参数构造实例，除了 Character 封装类外，其他封装类都可以以字符串作为构造方法参数构造实例；封装类中包含的数值可以通过 equals()方法进行比较；封装类中包含的数值可以通过 XXXValue()方法来提取；6 个数值型封装类 Byte、Short、Integer、Long、Float、Double，它们都定义有 byteValue()、shortValue()、intValue()、longValue()、floatValue()、doubleValue()转换数据类型的方法。封装类均是不可变类。

4. String 类和 StringBuffer 类

String 类是 final 类，不可以被继承，它是不可变类。

可以通过一个字符数组构造一个 String 类实例。例如：

```
char data[]={'a','b','c'};
String str=new String(data);
```

由于 Java 中存在字符串对象池，因此采用下面方式创建两个字符串变量，它们指向的是同一个字符串对象。例如：

```
String str1= "abcde";
String str2= "abcde";
```

采用 new 语句方式创建两个字符串变量，即使字符串内容相同，指向的也不是同一个字符串对象。例如：

```
String str1=new String("abcde");
String str2=new String("abcde");
```

调用字符串对象的可改变字符串内容的方法，返回值都是一个新字符串，而原有字符串内容不变。

5. 其他系统定义的基础包

(1) java.lang：核心类库，包含数据类型、基本数学函数、字符串处理、线程、异常处理类等。

(2) java.lang.reflect：核心类库，是反射对象工具。监视正在运行的对象并获得它的构造函数、方法和属性。

(3) java.io：标准 I/O 类库，包含基本 I/O 流、文件 I/O 流、过滤 I/O 流、管道 I/O 流、随机 I/O 流等。

(4) java.util：低级实用工具类库，包含处理时间 Date 类、变长数组 Vector 类、栈 Stack 类和哈希表 HashTable 类等。

(5) java.util.zip：实现文件压缩功能。

(6) java.awt：构建图形用户界面的类库，包含低级绘图操作、图形界面组件、布局管理、界面用户交互、事件响应等。

(7) java.awt.image：处理和操纵来自于网上图片的工具类库。

(8) java.awt.datatransfer：处理数据传输的工具类库，包括剪贴板、字符串发送器等。

(9) java.awt.event：GUI 事件处理包。

(10) java.applet：实现运行于 Internet 浏览器中的 Java Applet 的工具类库。

(11) java.net：实现网络功能的类库。

(12) java.sql：实现 JDBC 的类库，可访问 Oracle、Sybase、DB2、SQL Server 等数据库。

在实际应用中，除经常采用继承的方式引用系统已经定义好的类包外，还会直接使用系统包中的类或者根据已存在的类创建用户自己所需要的对象来完成设计要求。下面进行简单介绍。

(1) 继承系统类。例如每个 Java Applet 都是 java.applet 包中 Applet 类的子类。

(2) 直接使用系统类。例如字符界面系统标准输出的方法引用 System.out.println( )。

(3) 创建系统类的对象。例如图形界面接受输入时创建系统类的对象 TextField input。

3.2.3 本节小结

本节主要介绍使用系统类的前提条件，即通过 import 语句将一个包引入到程序中。另外介绍了常用系统定义的基础包中的 Object 类、Math 类、封装类、String 类和 StringBuffer 类、核心类库、标准 I/O 类库及低级实用工具类库等主要类。

3.2.4 自测练习

选择题

1．以下哪些描述是正确的？_______

A．Class 类是 Object 类的父类　　B．Object 类是一个 final 类

C．Class 类可用于装载其他类　　D．ClassLoader 类可用于装载其他类

2．以下程序的运行结果是什么？_______

```
class Text{
  pulbic static void main(String args[]){
    System.out.println(Math.round(Float.MAX_VALUE));
  }
}
```

A．打印出 Integer.MAX_VALUE

B．打印出一个接近 Float. MAX_VALUE 的整数

C．代码编译失败

D．运行期异常

3．以下哪个描述是正确的？_______

A．Void 类是 Class 类的子类　　B．Float 类是 Double 类的子类

C．System 类是 Runtime 类的子类　　D．Integer 类是 Number 类的子类

4．以下哪些有关通过子类来扩展 String 类功能的描述是正确的？_______

A．无法子类化，因为 String 类是一个 final 类

B．可以子类化，通过重载 String 类中的方法实现功能扩展

C．无法子类化，因为 String 类是一个抽象类

D．可以子类化，能过覆盖 String 类中的方法实现功能扩展

5．以下哪些语句正确？_______

A．String s="abcde";　　B．String s[]="abcde";

C．new String s="abcde";　　D．String s=new String("abcde");

3.3 Java 语言用户定义类的设计

3.3.1 Java 程序设计主要内容

Java 程序设计源代码文件包含 3 个要素，即包的设计、类的引入和类与接口的定义。

1. package包的设计

如果用户需要创建自己的包为他人使用，可以用包声明语句来完成。

1) 声明包的格式

```
package <包名>;
```

说明：声明语句要写在源程序文件的第一行。

2) 设置包的路径

创建一个和包同名的文件夹，例如 d:\javayyy\Firstpackage，将包含包的源程序文件编译后产生的.class字节码文件放到此文件夹中，设置环境变量CLASSPATH:

```
Set classpath=.;d:jasdk1.4.2;d:\javayyy
```

Java虚拟机会沿着CLASSPATH环境变量指定的路径去逐一查找，看在这些路径中是否有Firstpackage子文件夹。注意CLASSPATH设置的一定是包名所对应的文件夹的父文件夹。

2. 引用包中类

使用import可以方便地引用系统或用户设计的类。

在一个包中，每个类的名字是唯一的。例如：引用上面设计包中的类，可以用下面语句：

```
import Firstpackage.*;            //引用Firstpackage中的所有类
import Firstpackage.Date;         //引用Firstpackage中的Date类
```

系统会在CLASSPATH设置的路径下搜索要导入的包和类文件。同一个包中的类相互访问，不需要用import语句进行导入。

3. 类与接口的设计

Java程序是由类所组成的。类的产生是为了让程序语言能更清楚地表达出现实事物的本性。在Java中，类就是用于创建对象的模板，它包含了特定对象集合的所有特性。Java类由两种不同信息构成，即属性和行为(数据成员和方法成员)。

Java程序构成的格式如下：

```
package <包名>;
import <引入包.类名1>;
import <引入包.类名2>;
…
修饰符 class <类名> [extend<父类>][implements <接口列表>] {      //类设计
    修饰符 类型 类变量1;   ┐
    修饰符 类型 类变量2;   │
    …                     ├                                  //数据成员
    修饰符 类型 实例变量1; │
    修饰符 类型 实例变量2; ┘
    …
    修饰符 类型<方法名1>(参数列表) {  ┐
        局部变量;                    ├                        //方法成员
        方法体;                      │
    }                                ┘
```

```
        修饰符 类型<方法名 2>(参数列表) {
            局部变量;
            方法体;
        }
        …
    }
```

接口设计将在后续章节中学习。

3.3.2 类成员访问控制及类访问控制

1. 类成员访问控制

1) 数据成员的作用域

数据成员变量在声明时，是通过添加修饰符来限定其作用域的，即限定其他类或本类成员对它的访问权限。成员数据常用的访问修饰符有以下几种。

(1) public 公用变量修饰符，被它所修饰的变量可以被所有类访问。

(2) protected 保护变量修饰符，除了提供包内的访问权限外，protected 修饰的变量允许继承此类的子类访问。

(3) private 私有变量修饰符，阻止其他类对 private 修饰的变量访问，仅提供给当前类内部访问的变量，private 变量不能被继承。private 修饰符可以隐藏类的实现细节。

上述 3 种访问修饰在访问级别上是依次降低的。

(4) Java 中除了上述 3 种修饰符外，还存在第 4 种修饰符，即不加任何访问关键字的默认访问模式。它只允许同包内进行访问，不同包之间不允许相互访问。

(5) final 常量修饰符，将变量声明为 final 可保证所修饰的变量在使用中不被改变。被声明为 final 的变量必须在声明时给定初值，而且在以后的引用中只能读取，不可修改。

上述 5 种访问修饰的变量均为类的实例变量。

(6) static 类变量修饰符，成员变量前面加上 static 修饰符，表示该成员变量为类变量。不需要创建对象，就可以利用“类的引用”来访问 static 成员。

每个成员变量按其各自属性还可以带有各自的数据类型，具体参见前章讲述内容。

2) 方法成员的作用域

同上述，方法成员也是通过添加修饰符来限定其作用域的，即限定其他类或本类成员对它的访问权限。成员方法常用的访问修饰符有 public, private, protected 等访问权限修饰符，也可以是 static, final, native, abstract, synchronized 等非访问权限修饰符。(访问权限修饰符指出满足什么条件时该方法成员可以被访问；非访问权限修饰符指明数据成员的使用方式。)

除构造方法、类方法和实例方法外，下面简单说明其他修饰符所修饰成员方法的用途。

(1) final 方法是指最终方法，它能被子类继承和使用，但不能在子类中修改或重新定义。它的主要目的是利用本地资源扩展 Java 功能，而与 Java 本身的机制无关。

(2) native 方法是指本地方法，当在方法中调用一些不是由 Java 语言编写的代码或者在方法中用 Java 语言直接操作计算机硬件时要声明为 native 方法。可以通过 System.load Library()方法装入。如果本地方法没有装载成功，则会有异常被抛出。

(3) abstract 方法是抽象方法，它是指还没有实现的方法，即没有方法体，所以 abstract

方法不能出现在非抽象类中。

(4) synchronized方法用于多线程编程；多线程在运行时可能会同时出现存取一个数据，为避免数据的不一致性，应将方法声明为 synchronized 方法，对数据进行加锁，以保证线程的安全。

2. 类的访问控制

类的访问和类的成员访问控制一样，也有访问控制域，在访问时还要注意其访问修饰符重叠使用会造成程序出错问题，具体分析如下。

1) 类的修饰符

(1) 无修饰符的情况。如果一个类的前面无修饰符，则这个类只能被同一个包里的类使用。

(2) public 修饰符。由 public 修饰的类为公共类，它可以被其他包中类使用。

(3) final 修饰符。由 final 修饰的类为最终类，它不能被任何其他类所继承，即它不能派生子类。

(4) abstract 修饰符。由 abstract 修饰的类为抽象类，其作用在于将许多有关的类组织在一起，提供一个公共的基类，为派生类奠定基础。

2) 修饰符不能在以下情况下同时使用。

(1) abstract 不能与 final 并列修饰同一个类。

(2) abstract 不能与 private，static，final 或 native 并列修饰同一个方法。

(3) abstract 类中不能有 private 的成员(包括属性和方法)。

(4) abstract 方法中不能处理非 static 的属性。

3.3.3 类的封装

Java 是一个面向对象的程序设计语言，面向对象设计方法的基本要素是类，前面已经给出了类的定义、创建对象等编程方法，同时也说明了类定义中的属性与方法具有不同的修饰符。下面就修饰符以及类的封装概念作进一步的描述。

封装可以被定义为：

- 所有对象内部的属性、方法的范围具有清晰的边界；
- 描述一个对象与其他对象相互作用、协同工作的接口；
- 受保护的内部属性、内部实现。

从以上定义可以看出，所谓封装，就是类的设计者只为使用者提供对象可以访问的部分，而将类中其他的属性和方法隐藏起来，使得用户不能访问。这种隐藏和封装机制为程序的编制和系统的维护提供了方便，即不需要知道程序实现的细节，只需知道类对象可以访问的部分。具体来讲，Java 语言主要通过 public、private 两种权限修饰符控制类中属性和方法的访问权限。

public 顾名思义是公共的，说明定义的属性能被任何其他的类和程序所访问并修改，定义的方法能被任意其他的类和程序所访问或调用。

private 表示是私有的，说明定义的属性除了类中自己的方法可以直接访问和修改、定义的方法能被类中自己定义的方法访问外，不能被其他的类和程序直接访问。

例 3-6 封装的概念。

```
    class Encapsulation {
      private String name;
      public int age;
      public Encapsulation(){
        name="private";
        age=25;
      }
      public void display(){
        System.out.println(temp);   //不能解析符号，temp 作用域在 inc()方法内
        System.out.println(name);
        System.out.println(inc());
      }
      private int inc(){
        int temp;
        temp=age+1;
        return temp;
      }
}
public class En_Test {
   public static void main(String[] args) {
        Encapsulation e1=new  Encapsulation();
        e1.display();
        e1.age++;                  //age 公有属性可以访问
        e1.display();
        e1.inc();                  //inc()私有方法不能访问
        System.out.println(e1.name);        //name 私有属性不能访问
   }
}
```

3.3.4 本节小结

本节详细汇总了一个完整 Java 程序源代码的设计内容，同时补充介绍了类成员的访问控制和类的访问控制。根据不同的访问控制的区域，可以比较灵活地根据设计者的需求设计有权限限制的应用程序。

3.3.5 自测练习

选择题

1．将类成员的访问属性权限设置成默认的，则该成员能被________。

A．所有的类访问　　　　B．同一包中的类访问

C．其它包中的类访问　　D．所有的类的子类访问

2．以下哪些修饰符可以修饰顶层类？________

A．public　　B．final　　C．protected　　D．privatet

3．以下哪些修饰符可以使其修饰的变量只能对同包类或子类有效？________

A．public　　B．private　　C．protected　　D．无访问修饰符

4．给出以下代码，哪些是有关该方法声明的正确描述？________

```
void myMethod(String s){ }
```

A．myMethod()方法是一个静态方法　　B．myMethod()方法没有返回值
C．myMethod()方法是一个抽象方法　　D．该方法不能被所在包外的类访问

5．以下哪些是正确的抽象方法形式？_______
A．public abstract method();　　B．public abstract void method();
C．public void abstract method();　　D．public abstract void method(){}

6．给出以下代码，该程序的运行结果是什么？_______

```
public class Example{
 static int x;
 static public void main(String args[]){
   x=x+1;
   System.out.println("Value is:"+x);  //第5行
 }
}
```

A．代码编译失败，因为变量 x 未被初始化
B．代码编译成功，但在运行期第 5 行抛出异常
C．代码编译成功，打印出 Value is:1
D．代码编译失败，因为 main 方法形式不对

3.4　本 章 小 结

本章通过对 Java 语言的类和对象的详细学习研究，全面地介绍了面向对象的概念，对类的定义、对象(定义、实例化、引用)、构造方法即初始化成员数据的方法设计及调用、类的数据成员和方法成员等进行了详细分析讲解，由此分析了类和对象的关系。

在介绍系统定义类的时候，重点介绍了使用系统类的前提条件是 import 语句的设计使用;同时介绍了常用系统定义的基础包,主要介绍 Object、Math、封装类、String 和 StringBuffer 等类包的使用，并初步介绍了其他系统定义的基础包，为后续课程学习奠定了基础。

本章另外一个重点是 Java 语言用户定义类的初步设计，首先介绍了 Java 程序设计主要内容——包的设计、类的引入和类与接口的定义。最后介绍了类成员的访问权限(public 修饰符、protected 修饰符、private 修饰符、默认访问模式、final 修饰符和 static 修饰符)，类的访问权限(无修饰符的情况、public 修饰符、final 修饰的最终类和 abstract 修饰的抽象类)，为今后用户不同的设计需求提供了良好的访问控制设计方法。

3.5　本 章 习 题

一、选择题

1．以下哪些是有关完全封装的正确描述？_______
A．所有变量都是私有的
B．所有方法都是私有的
C．只有通过提供的方法才能访问类属性

D．类设计的改变对实现的影响最小化

2．给出以下代码，哪些选项不可以在第 8 行处被访问？_______

```
public class Exm{
  public int a=1;
  private int b=2;
  public void method(final int c){
     int d=3;
     class Inner{
  private void iMethod(int e){
    //第 8 行
  }
}
      }
}
```

A．a　　B．b　　C．c　　D．d　　E．e

3．以下哪些修饰符可以用于构造方法前？_______

A．final　　B．static　　C．native

D．synchronized　　E．以上都不行

4．以下哪些有关编译器提供的默认无参构造方法的描述是正确的？_______

A．均是 public 构造方法　　B．均无访问修饰符

C．均与所属类的访问修饰符一致　　D．有编译器决定

5．以下哪些是 Student 类的有效构造方法？_______

A．public void Student(){}　　B．public Student(){}

C．private Student(){}　　D．public static Student(){}

6．给出以下代码，哪些选项可以实现 X 变量只读？_______

```
public class Test{
  public int X;
}
```

A．用 private 修饰符修饰 X 变量

B．用 private 修饰符修饰 Test 类

C．用 private 修饰符修饰 X 变量，并且提供一个方法用于返回变量的值

D．用 static 修饰符修饰 X 变量

二、写出程序运行结果

1．给出以下代码，该程序的运行结果是什么？

```
class Test{
      int x;
      String s;
      float f;
      boolean b[]=new boolean[5];
      public static void main(String [] args){
         System.out.println(x);
         System.out.println(s);
         System.out.println(f);
         System.out.println(b[2]);
```

```
    }
  }
```

2. 给出以下代码，该程序的运行结果是什么？

```
public class Test{
    int maxA;
    void Test(){
      maxA=1000;
      System.out.println(maxA);
    }
    Test(int i){
      maxA=i;
      System.out.println(maxA);
    }
    public static void main(String [] args){
      Test a=new Test();
      Test b=new Test(20, 70);
    }
  }
```

3. 给出以下代码，该程序的运行结果是什么？

```
public class OuterClass{
    private String s1= "I am outer class member variable";
    class InnerClass{
      private String s2="I am inner class variable";
      public void innerMethod(){
        System.out.println(s1);
        System.out.println(s2);
      }
    }
    public static void main(String [] args){
      OuterClass.InnerClass inner=new OuterClass().new InnerClass();
        inner.innerMethod();
    }
  }
```

三、简单程序设计

1. 计算 Fibonacci 序列。
2. 编写一个方法，要求能计算一个数的阶乘，并在 main()方法中调用。

3.6 综合实验项目 3

实验项目：设计一个简单的教师类。

实验要求：该类包含教师的姓名、薪水和参加工作的日期，以及这些属性的设定和获取方法。再用另外一个类测试该类的正确性。

第 4 章

Java 语言类的继承

教学目标

在本章中，读者将学到以下内容：

- 继承的概念
- 子类的创建
- null、this、super 对象运算符
- 类的多态性
- Overload 与 Override
- 继承和封装的关系
- 内部类的使用

章节综述

本章将介绍 Java 语言重要的继承特征，并且详细阐述多态的表现形式，通过抽象类的学习为后续课程奠定基础。主要学习类的继承，类继承相关类的使用和内部类的使用等。

通过本章的学习，要求能够理解和掌握多态的概念与分类，区分 overload / override 这两种多态形式；理解和掌握继承的基本概念、特征和继承方式；掌握 null、this 与 super 的使用场合、抽象类与抽象方法、终结类、内部类及外部类的使用等。

4.1 类的继承

4.1.1 继承

广义地说，继承是指能够直接获得已有的性质和特征，而不必重复定义它们。在面向对象程序设计中，继承是子类自动地共享父类中定义的数据和方法的机制。

继承是面向对象程序的两个类之间的一种关系。类继承也称为类派生，是指一个类可以继承其他类的所有内容，包括数据和方法。被继承的类称为父类或者超类(Superclass)，继承后产生的类称为子类或派生类(Subclass)。

面向对象程序设计允许一个父类可以同时拥有多个子类，一个子类可以同时继承多个父类，后者称为多重继承。但是，Java 不直接支持多重继承，而是使用接口来实现子类从多个父类获取属性和方法。Java 通过关键字 extends 来实现类的继承。

【案例】不同类别消费人员购物收费程序。

```
abstract class Goods                                    //定义抽象类
    {  String goods;
       float price;
       double total;
       int num;
       public abstract void goods(String _goods, float _price, int _num);
//定义抽象方法
    }
class Common extends Goods                              //定义子类(一级子类)
    {  public void showCommon()
       {  System.out.println("这是一个普通用户");   }
       public void goods(String _goods, float _price, int _num)
       {    goods=_goods;
            price=_price;
            num=_num;
            total=_price*_num;                          //调用父类的变量
       }
        public void showBuy()
        {  System.out.println("货物: "+goods);
           System.out.println("价格: "+price);
           System.out.println("数量: "+num);
           System.out.println("总价: "+total);
        }
    }
    final class Associator extends Common           //定义终结子类(二级子类)
    {    public void showAssociator()
         {    System.out.println("这是一个会员用户");  }
         public void showBuy()
         {    super.showBuy();
              System.out.println("作为会员用户, 享受 9 折优惠");
              System.out.println("总价: "+total*0.9);
         }
    }
public class BuyGoods
```

```
{   public static void main(String args[])
    {   Common AA=new Common();                   //声明一级子类对象并初始化
        AA.showCommon();                          //调用一级子类内部成员方法
        AA.goods("电视机", 3800, 2);              //实例化对象
        AA.showBuy();                             //调用一级子类内部成员方法
        Associator BB=new Associator();           //声明二级子类对象并初始化
        BB.goods("洗衣机", 1980, 3);              //实例化对象
        BB.showAssociator();                      //调用二级子类内部成员方法
        BB.showBuy();                             //调用一级子类(父类)成员方法
    }
}
```

程序运行结果如图 4.1 所示。

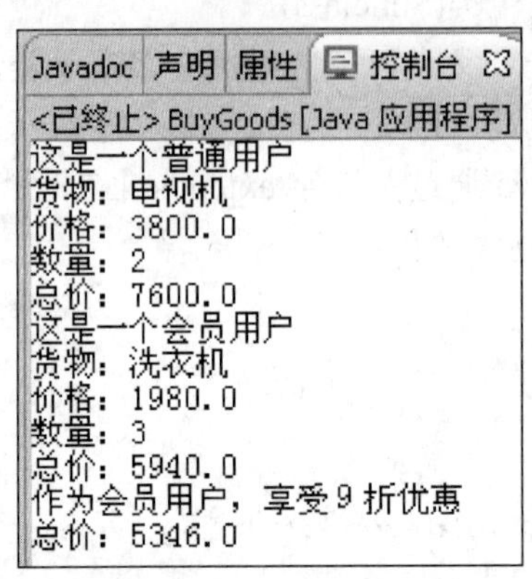

图 4.1　案例运行结果

从案例可知，类的继承不仅包含子类的创建，还应具体设计继承后的父类与子类之间各种信息的交互等内容。接下来将进一步学习继承、多态、应用设计与封装等主要知识。

4.1.2　子类的创建

继承实质上就是从一个类中派生出另一个类，其中前者称为父类，后者称为子类，子类代表父类的一种增强或改进。

1. 子类的创建

```
语法格式：[访问修饰符] class 子类名 extends 父类名
          {  [数据成员定义]
             [成员方法定义]
          }
```

子类的创建是在创建类的同时，利用 extends 关键字使子类获得父类的属性。

2. 特殊变量 this 和 super

Java 中有两个特殊的变量 this 和 super，this 是用来引用当前对象的；而 super 则用来引用当前对象的父类。

1) this 的使用场合

- 用来访问当前对象的数据成员，使用形式：this.数据成员
- 用来访问当前对象的方法成员，使用形式：this.方法成员(参数)

- 当有重载的构造方法时，用来引用同类的其他构造方法，使用形式：this(参数)

2) super 的使用场合

- 用来访问直接父类隐藏的数据成员，使用形式：super.数据成员
- 用来访问直接父类中被覆盖的方法成员，使用形式：super.成员方法(参数)
- 用来访问直接父类的构造方法，使用形式：super(参数)

例 4-1 特殊变量 this 和 super 的演示练习。

```
class Point{                                            //父类声明
   protected int x,y;
   Point(int a,int b) {  setPoint(a,b);  }
   public void setPoint(int a,int b)
   {  x=a; y=b;  }
}
class Line extends Point    {                           //子类声明
     protected int x,y;
     Line(int a,int b) {
        super(a,b);                                     //调用父类构造方法
setLine(a,b);
}
     public void setLine(int x,int y) {
        this.x=x+x;                                     //当前对象的数据运算
        this.y=y+y;
     }
     public double length(){
        int x1=super.x, y1=super.y;                     //局部变量取父类数据成员值
        int x2=this.x, y2=this.y;                       //局部变量取子类数据成员值
       return Math.sqrt((x2-x1)*(x2-x1)+(y2-y1)*(y2-y1));
     }
     public String toString(){
        return "直线端点:["+super.x+", "+super.y+"]["+x+", "+y+"]\n 直线长
度:"+this.length();
     }
}
public class TestPoint{
    public static void main(String args[]){
        Line line=new Line(50,50);
       System.out.println("\n"+line.toString());
     }
}
```

程序运行结果如图 4.2 所示。

图 4.2 例 4-1 运行结果

3. 子类的构造方法

(1) 子类可以继承父类的所有属性和方法，但是构造方法除外。因为构造方法是用来

初始化类的，它和每个类紧密相连，因此不能被继承。每个类都必须定义自己的构造方法。

(2) 如果子类没有构造方法，则它将自动调用父类的无参构造方法作为自己的构造方法。

(3) 如果子类自己定义了构造方法，则在创建新对象时，它将先调用执行父类的无参数构造方法，然后再执行自己的构造方法。

(4) 在子类中直接调用父类的构造方法，必须使用 super([参数])调用语句，并且该语句必须是子类构造方法的第一个可执行语句。

4. 父类对象与子类对象的转换

(1) 子类对象可被视为是其父类的一个对象。

(2) 父类对象不能被当作是其某一个子类的对象。

(3) 如果一个方法的形参是父类的对象，则在调用该方法时可以使用子类对象作为实参。

(4) 父类对象引用可以指向子类对象。

例 4-2 父类对象引用指向子类对象。

```
class SuperClass{                          //定义父类
int  x;
    …
}
class SubClass extends SuperClass{         //定义子类
    int  y;
    char ch;
     …
}
public class UseSuperSub{                  //使用父类与子类
    SuperClass sc, sc_ref;
    SubClass sb, sb_ref;
    sc=new SuperClass( );
    sb=new SubClass( );
    sc_ref=sb;                             //父类引用指向子类对象
    sb_ref=(SubClass)sc_ref;               //父类引用转换成子类引用
}
```

4.1.3 null、this、super 对象运算符

1. null

null 表示空对象，即没有创建类的任何实例。

从前面章节中可以知道，程序中所定义的基本数据类型变量如果没有赋值，Java 将给于该变量一个默认值。而当声明对象而还没有用 new 实例化时，它被初始化为一个特殊的值 null，这时它就是一个空对象。

2. this

当在类的方法定义中需要引用正在使用该方法的对象时，可以用 this 表示。this 引用的使用方法如下。

(1) 用 this 指代对象本身。

(2) 访问对象的成员。

```
this.<变量名>
this.<方法名>
```

(3) 调用本类的构造方法。

```
this([参数类表])
```

3. super 引用

super 表示对某个类的父类的引用。可以用 super 来引用被子类屏蔽的父类的成员，其使用方法如下。

(1) 如果子类和父类有同名的成员变量或方法，则采用引用父类的成员。(如无 super 则表示子类中的同名成员。)

```
super.<变量名>
super.<方法名>
```

(2) 用 super 调用父类的构造方法。

```
super([参数列表])
```

例 4-3 声明类 Person 和它的子类 Student，在父类 Person 中声明方法 olderoryounger，判断两个对象成员变量 age 的大小。在父类和子类中都有 print 方法输出成员变量的值。

```
    class Person{
        protected String name;
        protected int age;
        public Person(String na, int ag){
            name=na; age=ag;
        }
        public void olderoryounger(Person p){    //判断两个对象的成员变量 age 的大小
            int d;
            d=this.age-p.age;                    //用 this 引用本对象成员
            System.out.print(this.name+"is");
            if(d>0) System.out.println("older than"+p.name);
            else if(d==0)System.out.println("same as"+p.name);
            else System.out.println("younger than"+p.name);
        }
        public void print(){
            System.out.println("The object of"+this.getClass().getName()+":"+
name+","+age);
                                    //this.getClass().getName()返回对象所属类的名字
        }
    }
    class Student extends Person{
        String address;
        String department;
        public Student(String na, int ag, String ad, String de){
            super(na, ag);                       //用 super 调用父类的构造方法
            address=ad;
            department=de;
        }
        public void print(){
```

```
            super.print();                          //用 super 调用父类的同名成员方法
            System.out.println("The other information of student:"+address+","+
department);
        }
    }
    public class Student_test{
        public static void main(String args[]){
            Person pe=new Person("Tom", 20);
            Student st=new Student("John", 19,"336 West Street","Computer");
            pe.print();
            st.print();
            pe.olderoryounger(st);                  //子类对象传递给父类对象
        }
    }
```

程序运行结果如图 4.3 所示。

```
Javadoc 声明 属性 控制台 ×
<已终止> Student_test [Java 应用程序] C:\Program Files\Java\jre1.6.0_02\bin\ja
The object ofbbb.Person:Tom,20
The object ofbbb.Student:John,19
The other information of student:336 West Street,Computer
Tom  is  older than  John
```

图 4.3　例 4-3 运行结果

4.1.4　本节小结

类的继承是面向对象的重要特性之一。应从继承的概念学习入手，学会正确创建子类，以及子类的构造方法的调用过程及规则；掌握父类对象与子类对象间的转换。现将继承的特征总结如下。

(1) 子类可以从父类那里调用所有非 private 的数据成员和方法成员，以体现其共性。

(2) 在子类中也可以定义一些自己特有的数据成员和方法成员，以体现其个性。

(3) 类之间的继承关系呈现为层次结构。

(4) 继承关系是传递的。

(5) 出于安全性和可靠性的考虑，Java 仅支持单重继承，而使用接口机制来实现多重继承。

4.1.5　自测练习

一、判断对错(T/F)

1. 使用 this 是指当有重载 overload 的构造方法时，用来引用同类的其他构造方法。(　　)

2. 使用 super 可以用来访问当前对象的成员方法。(　　)

3. 一个类只能有一个父类，但它可同时实现多个接口。(　　)

4. 父类的构造方法成员可以被子类继承。(　　)

5. 继承能够使子类拥有父类的全部属性和方法。(　　)

二、填空题

1. 继承使____________成为可能，它节省了开发时间，鼓励使用先前证明过的高质量

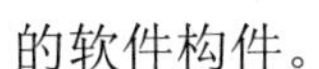

的软件构件。

2. super表示的是当前对象的____________对象。

3. 一个子类一般比其super类封装的功能性要____________。

4. 标记成____________的类的成员只能由该类的方法访问。

5. Java用____________关键字指明继承关系。

4.2 类继承相关类的使用

4.2.1 多态性

多态性一词是来源于希腊，意思是“有许多形态”。在面向对象的程序设计中，多态性是指子类对象可以像父类对象那样使用，同样的消息既可以发送给父类对象，也可以发送给子类对象。也就是说，在类等级的不同层次中可以共享(共用)一个行为(方法)的名字，而不同层次中的每个类却各自按自己的需要来实现这个行为。当对象接收到发送给它的消息时，根据该对象所属于的类动态选用在该类中定义的实现算法。

多态机制不仅增加了面向对象软件系统的灵活性，进一步减少了信息冗余，而且显著提高了软件的可重用性和扩充性。当扩充系统功能增加新的实体类型时，只须派生出与新实体类相应的新子类，并在新派生出的子类中定义符合该类需要的方法，完全无须修改原有程序的代码，甚至不需要重新编译原来的程序。

在Java中，多态是通过方法的Overload和Override来实现的。它是面向对象程序设计的重要特征。

4.2.2 Overload和Override

重载与覆盖是国内教材授课说明用法。过载和重载是国际认证考试教材授课说明方法。上述两种称谓英语表述相同，即Overload与Override。

1. Overload

Overload是指在同一个类中定义多个同名而内容不同的方法成员。这是一种对一个方法进行多次定义的设计方法。这一思想在面向对象程序设计中对所有的方法成员都适用，包括构造方法(不包括析构方法)。

例4-4 简单重载演示程序，创建一个显示学生姓名和平均成绩点数(GPA)的程序。

有以下4种情况。

① 不知道姓名、GPA的学生对象。

② 知道姓名、不知道GPA的学生对象。

③ 不知道姓名、知道GPA的学生对象。

④ 知道姓名和GPA的学生对象。

```
class Student
{   public String name;
    private double GPA;
    public Student()                                  //无参数构造方法定义
```

```
    {   this("无名氏",-1.0);    }
    public Student(String _name)                       //有参数构造方法定义
    {   this(_name,-1.0);    }
    public Student(double _GPA)                        //有参数构造方法定义
    {   this("无名氏",_GPA);    }
    public Student(String _name, double _GPA)          //有参数构造方法定义
    {   name=_name;
        GPA=_GPA;
    }
    public void showStudent()
    {   System.out.println("Student: "+name);
        if(GPA>=0.0)
            System.out.println("(GPA: "+GPA+ ")");
        else
            System.out.println();
    }
}
public class StudentTest
{   public static void main(String args[])
    {   Student nobody=new Student();                  //对象声明并初始化
        Student promise=new Student("张三");           //对象声明并实例化
        Student goodStudent=new Student(4.0);          //对象声明并实例化
        Student top=new Student("李四");               //对象声明并实例化
        nobody.showStudent();                          //对象方法引用
        promise.showStudent();                         //对象方法引用
        goodStudent.showStudent();                     //对象方法引用
        top.showStudent();                             //对象方法引用
    }
}
```

程序运行结果如图 4.4 所示。

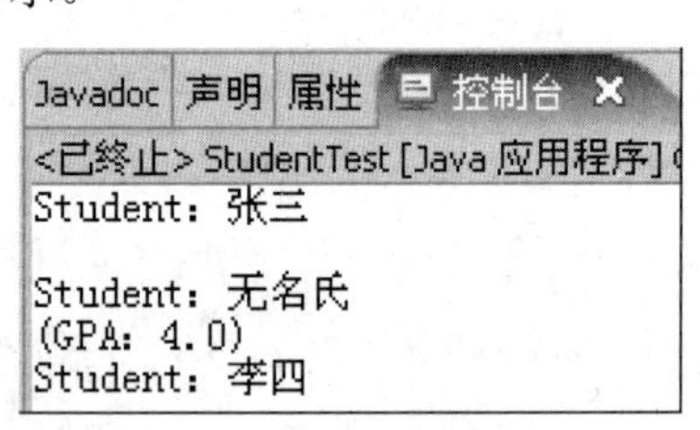

图 4.4 例 4-4 运行结果

2. Override

Override 发生在子类和父类之间，子类中 Override 的方法参数列表和返回值与父类中被 Override 的方法一样，即方法始终只有一种定义，只是原先的含义被后来的含义取代了。又称为继承的隐藏和覆盖。

(1) 子类成员的继承是指子类可以继承父类的所有非私有方法。

(2) 子类数据成员的隐藏是指子类数据成员可继承自己的父类，还可以自己定义数据成员而将父类同名数据成员隐藏。

(3) 子类方法成员的覆盖是指子类使用新的方法来代替父类原有的方法，以提供更完整、功能更强的方法。其做法是在子类中声明一个与父类具有相同名称、相同参数表和相同返回类型的方法。

例 4-5 继承的隐藏与覆盖演示程序。

```
class Exm4_11
{  int x;                                                //父类成员变量声明
   void set(int a)                                       //父类方法成员声明
   {  x=a;  }
   void print()
   {  System.out.println("x="+x);   }
}
class Exmp extends Exm4_11
{  int x;                                                //子类成员变量隐藏
   void set(int a){  x=a;  }                             //子类方法成员覆盖
   void newprint()
   {  System.out.println("x="+x+ " "+super.x);  }        //特殊变量 super.使用
}
public class Exm4_11Test
{ public static void main(String args[])
{   Exm4_11 A=new Exm4_11();                  //父类对象声明 A.x=0
         Exmp B=new Exmp();                   //子类对象声明 B.x=0
          A.set(100);                         //父类对象 A.x=100
          A.print();                          //输出父类 x=100
          B.set(30);                    //子类对象函数 B.x=30, 父类 B.x=0
          B.print();                    //子类对象调父类成员函数调, 输出 x=0
          B.newprint();                 //前者为子类本身 B.x=30; 后者为父类 B.x=0
        System.out.println( "x="+A.x+ " "+((Exm4_11)A).x);
                                        //第一个为父类对象数据输出, A.x=100
                                        //第二个也为父类对象数据输出; A.x=100
        System.out.println( "x="+B.x+ " "+((Exm4_11)B).x);
                                        //第一个为子类对象数据输出, B.x=30
                                        //第二个为父类对象数据输出, (父)B.x=0
     }
}
```

程序运行结果如图 4.5 所示。

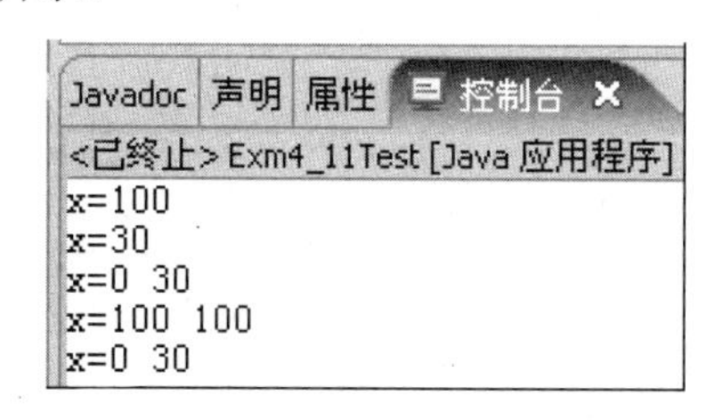

图 4.5　例 4-5 运行结果

3. 前期绑定和后期绑定

对于方法的 Overload(重载)，在程序编译时，根据调用语句中给出的参数，就可以决定在程序执行时调用同名方法的哪个版本。这称为编译时的绑定(前期绑定)。

对于方法的 Override(覆盖)，要在程序执行时才能决定调用同名方法的版本。这称为运行时的绑定(后期绑定)。

4.2.3 abstract 和 final

abstract

abstract 关键字是用来修饰类和方法的，不能修饰变量。

抽象类：使用 abstract 声明的类称为抽象类。一个抽象类至少应该定义一个抽象方法，但是并不是必须定义一个抽象方法，类体中也可以不存在抽象方法。

抽象方法：使用 abstract 修饰的方法是抽象方法。该方法只有方法头，没有方法体。即方法名后不能有花括号{}。注意方法体为空和无方法体是两个概念，方法体为空是方法名后存在花括号{}，只是花括号{}内无内容，而无方法体是方法名后不能存在花括号{}。

抽象类中定义抽象方法的目的是实现所有子类的方法对外呈现相同名字。而子类若继承一个抽象类时，它必须实现该抽象类中定义的全部抽象方法，否则必须被声明为抽象类。

综上所述，可得到如下结论。

- 凡是用 abstract 修饰的类称为抽象类，用 abstract 修饰的方法称为抽象方法。
- 抽象类中可以有零个或多个抽象方法，也可以包含非抽象的方法。
- 抽象方法所在的类必须是抽象类，它只能存在于抽象类中。
- 在抽象类中只能指定抽象方法名及其类型，而不能有其实现的代码。
- 抽象类可以派生子类，在其子类中必须实现抽象类中定义的所有的抽象方法。
- 抽象类不能创建对象，创建对象应由派生子类实现。
- 若父类中已有某个抽象方法，则子类中就不能有同名的抽象方法。

final

final 关键字用于类、方法、变量前，表明该关键字修饰的对象具有不可变的特性。

使用 final 声明的类不可有子类，即不能被其他类继承。因为被声明为 final 的类，其所有方法都默认为 final，因此无法对其进行重载，自然无法实例化。而使用 final 修饰的方法是作用于内部语句不能被更改的最终方法。

例 4-6 声明一个抽象类 Shape，有抽象成员方法 area 和 girth。声明类 Rectangle 为 Shape 的子类，其中有成员方法 area 和 draw，并具体实现了父类的同名抽象方法。

```
abstract class Shape{                              //抽象类
  abstract protected double area();                //抽象方法，计算几何图形的面积
  abstract protected void girth();                 //抽象方法，计算几何图形的周长
}
class Rectangle extends Shape{                     //抽象类的子类
  float width,lengh;
  Rectangle(float w,float l){
    width=w;
    lengh=l;
  }
   public double area(){                           //此方法是对父类抽象方法的具体实现
     return width*lengh;
   }
   public void girth(){};                          //此方法是对父类抽象方法的具体实现
                                                   //有兴趣可以自己设计完成其中代码
}
public class Shape_ex{
  public static void main(String args[]){
```

```
        Rectangle rc=new Rectangle(6,12);
        System.out.println("The area of rectangle :"+ rc.area());
    }
}
```

程序运行结果如图 4.6 所示。

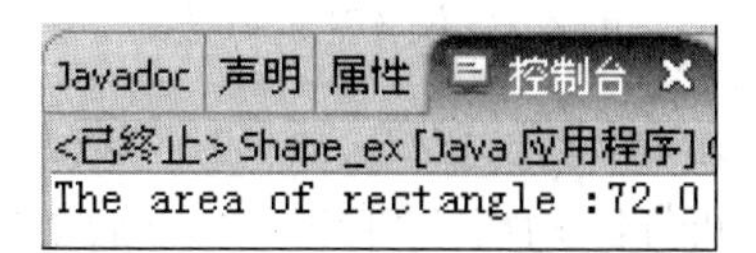

图 4.6　例 4-6 运行结果

例 4-7 声明 Shape 父类和它的子类 Circle，声明 Circle 的子类 Cylinder。其中，Shape 为抽象类，3 个类中都有方法 area。

```
abstract class Shape{                               //声明抽象类，有抽象方法 area
    abstract protected double area();
}
class Circle extends Shape{                         //Shape 类的子类
    float r;
    public Circle(float a){
        r=a;
    }
    public double area(){                           //实现父类的抽象方法
     System.out.print("Calculate the area of circle:");
     return Math.PI*r*r;
    }
}
class Cylinder extends Circle{                      // Circle 类的子类
    float h;
    public Cylinder(float a, float b){
        super(a);
        h=b;
    }
    public double area(){                           //Override 父类的同名方法 area
        System.out.print("Calculate the area of cylinder:");
        return 2*Math.PI*r*r+2*Math.PI*r*h;
    }
}
public class Shapec_ex{
    public static void main(String args[]){
        Circle c1=new Circle(3);
        Cylinder cd=new Cylinder(2, 5);
        System.out.println(c1.area());
        System.out.println(cd.area());
        c1=cd;                                  //将子类对象赋给父类对象
        System.out.println(c1.area());          //用父类对象调用 area 方法，执行子类中的
同名方法
    }
}
```

程序运行结果如图 4.7 所示。

```
Javadoc 声明 属性 控制台 ×
<已终止> Shapec_ex [Java 应用程序] C:\Program Files\Java\jre1.6.
Calculate the area of circle:28.274333882308138
Calculate the area of cylinder:87.96459430051421
Calculate the area of cylinder:87.96459430051421
```

图 4.7　例 4-7 运行结果

主程序 main()方法中的前 4 句，父类对象 c1 和子类对象 cd 分别调用了父类和子类的 area 方法。若在其内修改增加两行语句后，可得到一个后期绑定的例子。

在此例题中，父类的对象调用方法，可能是父类本身，也可能是子类中的同名方法。因此在方法 **Override** 时采用的是后期绑定。当子类对象赋给父类对象或作为方法的参数传递给父类对象时，父类对象调用子类中的同名方法。

子类的对象可以赋值给父类的对象或作为方法的参数传递给父类对象。反之不行。

4.2.4　继承和封装的关系

在面向对象系统中，有了封装机制之后，对象之间只能通过消息传递进行通信。那么继承机制的引入是否削弱了对象概念的封装性？继承和封装是否矛盾？其实这两个概念并没有实质性的冲突，在面向对象系统中，封装性主要指的是对象的封装性，即将属于某一个类的一个具体的对象封装起来，使其数据和操作成为一个整体。

在引入了继承机制的面向对象系统中，对象依然是封装很好的实体，其他对象与它进行通信的途径仍然是只有一条，那就是发送消息。类机制是一种静态机制，不管是父类还是子类，对于对象来说，它仍然是一个类的实例。既可能是父类的实例，也可能是子类的实例。因此，继承机制的引入丝毫没有影响对象的封装性。

从另一角度看，继承和封装机制还具有一定的相似性，它们都是一种共享代码的手段。继承是一种静态共享代码的手段，通过子类对象的创建，可以接受某一消息，启动其父类所定义的代码段，从而使父类和子类共享这一段代码。封装机制所提供的是一种动态共享代码的手段，通过封装可将一段代码定义在一个类中，在另一个类所定义的操作中，可以通过创建前一个类的实例，并向它发送消息而启动这一段代码，同样也达到共享的目的。

4.2.5　本节小结

本节重点介绍了面向对象程序设计的主要特性之一多态性。多态是通过方法的 Overload 和 Override 来实现的。它是面向对象程序设计的重要特征。Overload 是指在同一个类中定义多个同名而内容不同的方法成员。Override 发生在子类和父类之间，子类的成员方法参数列表和返回值与父类中的成员方法一样。使用 abstract 声明的类称为抽象类。使用 abstract 修饰的方法是抽象方法。使用 final 声明的类为终结类。继承机制的引入并没有破坏封装性能，它们是相辅相成的，且都有信息共享的特点。

4.2.6　自测练习

判断对错(T / F)

1. 面向对象程序设计语言的 3 种重要特性是封装性、多态性和重载。　　　　(　　)

2．继承能够使子类拥有父类的全部属性和方法。 （ ）

3．子类可以不加定义就使用父类的所有构造函数。 （ ）

4．父类的构造方法成员是可以被子类继承的。 （ ）

5．方法的Overload是编译时的绑定；方法的Override是运行时绑定。 （ ）

4.3 内 部 类

4.3.1 内部类介绍

在程序设计中，一些程序可并列的类放在同一个文件中，只要其余的类不是声明为public类即可。除此之外，可将类定义在另一个类内，将此称为(非静态)内部类(Inner Class)，若为static则称为静态内部类或是嵌套类；而包含这些内部类的类称为外部类(Outer Class)或顶层(Top-level)类，内部类最常用于仅有定义它的外部类使用它的情况，因此无须将它显示出来。与方法的特性类似，内部类可无条件存取该类中声明的成员，而其他外部类也能存取内部类中的成员。但也可将内部类声明为private，以避免其他外部类的使用。也可以将内部类(或嵌套类)定义在一个方法内，称为局部内部类，正如区域变量一样，它可完全隐藏在方法中，甚至连同一个类的其他方法也无法使用它。编译后生成的内部类的类文件名有点特殊，它使用$来区分外部类和内部类，例如：

```
OuterClass$InnerClass.class
```

如果其他的类要生成该内部类的对象，则需声明为：

```
OuterClass.InnerClass myObj=new OuterClass().new InnerClass();
```

或是：

```
OuterClass outer=new OuterClass();
OuterClass.InnerClass myObj=outer.new InnerClass();
```

如果其他的类要生成该静态内部类的对象，则需声明为：

```
OuterClass.StaticInnerClass staticObj=newOuterClass. StaticInnerClass();
```

定义内部类有如下好处。

(1) 一个内部类的对象能够访问创建它的对象的实例(包括私有数据)。

(2) 对于同一包中的其他类来说，内部类能够隐藏起来。

(3) 匿名内部类可以很方便地定义回调。

(4) 使用内部类可以非常方便地编写事件驱动的程序。

事件驱动主要在图形程序中使用，后续章节会详细介绍。匿名内部类在本节中详细介绍。

下面是创建一个简单的内部类的例子。

```
public class Person{
    int count;
    public class Student{
       string name;
       public void output(){
```

```
            System.out.println(this.name);
            }
        }
    }
```

从上述程序中可以看到，类 Student 包含在类 Person 中，则 Student 为内部类，而 Person 则为外部类。

内部类具有如下特性。

(1) 内部类的类名只能用在外部类或语句块之内，在外部引用内部类时必须给出完整的名称，且内部类的类名不能和外部类相同。在上面的例子中，如果一个外部类要创建 Student 的对象，则必须给出 Person.Student，否则编译器会报错。

(2) 内部类作为外部类的一个成员，如同成员变量和成员方法，可以在一个方法中声明一个内部类。所以在外部类中，通过一个内部类的对象引用内部类中的成员，而在内部类可以直接引用其外部类的成员，包括静态成员和私有成员。

(3) 外部类和内部类各有自己的成员，而且可以重名，通过不同类对象访问不同的成员。

(4) 内部类可以定义为抽象类，但需要被其他的内部类继承或实现。

(5) 内部类可以是一个接口，但这个接口必须由另一个内部类实现。

4.3.2 内部类的使用

内部类的语法比较复杂，下面通过一个例子说明内部类的使用。

要实现的是一个银行账号的程序，利用定时器控制利息的增加。定时器的动作监听器对象每隔一秒给账号加一次利息。但是，不能使用 public 的方法处理，因为这样任何人都可以调用这些方法来修改银行余额，所以需要一个内部类来处理。

例 4-8 银行账号程序。

```
public class TimerCount{
    public TimerCount(double initialBalance)  {…}
      public void start(double rate) {…}
      private double balance;
      private class InterestAdd implements ActionListener  //定义一个内部类
      { …   }
}
```

InterestAdd 类在 TimerCount 类的内部，但这并不表示每一个 InterestAdd 类都有一个 InterestAdd 对象，不必担心封装被破坏。

InterestAdd 类可以添加构造方法，设定每次添加使用的利息。该类还实现了 ActionListener 接口，那么它就拥有了 actionPerformed 方法。该方法实际用来增大账户余额。来看下面的程序。

```
public class TimerCount{
    public TimerCount (double initialBalance){
        balance=initialBalance;
    }
    public void start(double rate){…}
    private double balance;
    private class InterestAdd implements ActionListener{  //一个内部类
```

```
        public InterestAdd(double aRate){
           Rate=aRate;
        }
        public void actionPerformed(ActionEvent event){…}
    }
}
```

TimerCount 类中的 start 方法根据给定的利率构造一个 InterestAdd 对象，然后把它设为定时器的动作监听器，并且启动该定时器。程序如下。

```
public void start (double rate){
   AcitonListener adder=new InterestAdd(rate);
   Timer t=new Timer(1000,adder);
   t.start();
}
```

作为结果，InterestAdd 类中的 actionPerformed 方法每秒调用一次，用来计算新的余额。

4.3.3 局部内部类

如果设计的内部类只是在某一个方法中被调用，那么可以直接把这个内部类放到该方法中，例如上例中的内部类只是在 start 方法中被调用，则可以写成如下所示。

```
public void start(double rate){
   class InterestAdd implements ActionListener{     //定义一个内部类
     public InterestAdd(double aRate){
        Rate=aRate;
     }
     public void actionPerformed(ActionEvent event)  {…}
}
ActionListener adder=new InterestAdd(rate);
Timer t=new Timer(1000,adder);
t.start();
}
```

这样的内部类称为局部内部类，局部类不用访问控制符(public 或者 private)声明，它们的范围总是被限定在声明它们的程序块内。

局部类的一个重要的优点是，它们能够对外部完全隐藏，即使 TimerCount 类的其他代码也不能访问它们。

局部类相对于其他内部类的另一个优点是，它们不仅能够访问它们外部类的字段，甚至可以访问局部变量，但是那些局部变量必须声明为 final。例如：

```
public void start(final double rate){
    class InterestAdd implements ActionListener{   //一个内部类
        public InterestAdd(double aRate){
        Rate=aRate;
     }
     public void actionPerformed(ActionEvent event)  {…}
}
ActionListener adder=new InterestAdd(rate);
Timer t=new Timer(1000,adder);
t.start();
}
```

如果这样，TimerCount 类就不需要声明 rate 变量了。因为 start 结束后，该变量就已经不存在了。

使用局部内部类还可以更加简单。如果只需要内部类的一个对象，那么甚至不需要给出其类名，这样的局部内部类称为匿名类。

匿名类(Anonymous Class)是一种没有名称的内部类，它可省去给类命名的麻烦。由于匿名类并没有名称，因此它并没有构造函数。它只适于包含简短的程序，过度地使用往往会造成程序不易理解。例如：

```
button.addActionListener(new ActionListener){
      用来实现 ActionListener 的主体
   }
```

在这里，生成实现 ActionListener 对象作为一个 Java GUI 按钮的操作侦听器，由于这个对象仅用于 addActionListener()中，因此使用匿名类即可。在 Java 中，最常使用内部类和匿名类的地方是 GUI，使用它对不同的 GUI 事件采取不同的行动，在后面谈及 GUI 的章节会有更多的讨论。由于匿名类并没有名称，因此生成的类文件会用数字表示，例如：

```
outer$1.class
```

现在上面的程序就可以写成：

```
public void start(final double rate){
  ActionListener add=new ActionListener{
    public void actionPerformed(ActionEvent event) {…}
}
Timer t=new Timer(1000,adder);
  t.start();
}
```

4.3.4 静态内部类

有时只需要使用内部类把一个类隐藏在另一个类中，该内部类不需要对外部类引用。在这种情况下，可以通过内部类声明为 static，即使用 static 限定符声明的内部类称为静态内部类。对于静态内部类的引用，直接通过外部类的名称进行引用即可。

使用 static 限定符声明的内部类称为静态内部类。

例 4-9 静态内部类。

```
public class Person{
   public static class Student{
       int number;    static int count;   String name;
       public Student (String n){
           name = n ;
           count++;
           number = count;
       }
       public void output(){
           System.out.println(this.name+ "number="+this.number);
       }
   }
   public static void main(String[] args){
      Person.Student stu1 = new Person.Student("A");
```

```
            stu1.output();
            Person.Student stu2 = new Person.Student("A");
            stu2.output();
        }
    }
```

程序运行结果如图 4.8 所示。

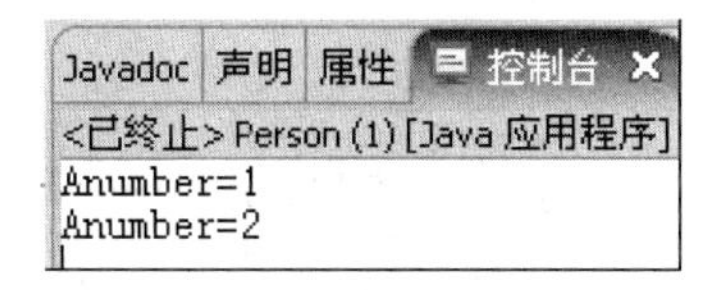

图 4.8 例 4-9 运行结果

上述程序中，类 Person 中声明了一个静态内部类 Student，这样静态内部类 Student 就不能访问外部类成员。

例 4-10 内部类实例。

```
    public class InnerClassDemo{
        public static void main(String[] args){
            InnerClassDemo demo = new InnerClassDemo();
              //非静态内部类
            InnerClassDemo.Inner inner = demo.new Inner();
            inner.innerMethod();
            System.out.println("Data im inner class:"+inner.value);
              //静态内部类
            InnerClassDemo.StaticInner staticInner = new InnerClassDemo.Static
Inner ();
            StaticInner.innerMethod();
            System.out.println("Data in static inner class:"+StaticInner.static
Value);
              //或者使用 staticInner.staticValue
        }
        public String outerMethod(){
           return "outerMethod";
        }
        public class Inner{
            private int value = 1;
            public Inner(){
               System.out.println("Inner class is created.");
            }
            public void innerMethod(){
             System.out.println("Inner class calling"+outerMethod());
               //访问静态成员变量内部类
               System.out.println("Inner class accesses data in staticInner
class:"+StaticInner.staticValue);
            }
    }
    public static class StaticInner{
             static int staticValue = 10;
            public StaticInner(){
            System.out.println("static inner class is created.");
```

```
    }
        public static void innerMethod(){
            System.out.println("static inner class is called.");
        }
    }
}
```

程序运行结果如图 4.9 所示。

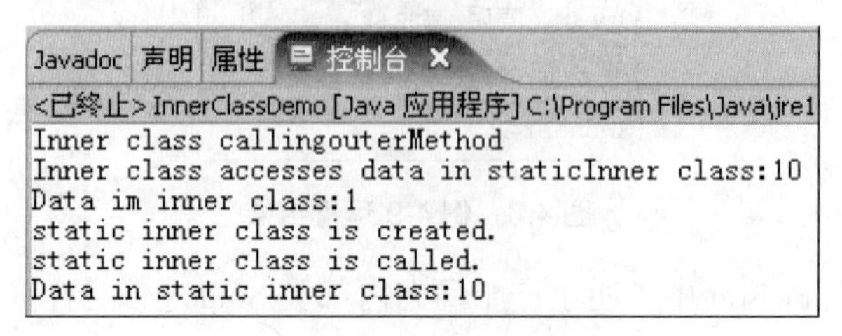

图 4.9　例 4-10 运行结果

4.3.5　本节小结

本节主要介绍了内部类的定义和使用。可以将类定义在另一个类内，称为(非静态)内部类(Inner Class)；若为 static 则称为静态内部类或是嵌套类。包含这些内部类的类称为外部类(Outer Class)或顶层类。内部类的语法比较复杂，把内部类放到方法中情况成为局部内部类；内部类不需要对外部类引用时，可以使用 static 限定符声明内部类，这时称该类为静态内部类。

4.3.6　自测练习

一、简答题

1．内部类的类型分别有哪几种？分别在什么情况下使用？
2．如何使用匿名内部类对象？
3．内部类与外部类的使用有什么不同？

二、填空题

1．非静态内部类不能包含任何____________。
2．静态内部类能包含____________或____________。
3．静态内部类只能访问外部类____________。
4．外部类访问静态内部类成员时，对于 static 成员用____________即可访问，对于非 static 成员，只能用____________进行访问 。

4.4　综合应用案例

4.4.1　学生账单管理应用程序

某国一所州立大学的学生学习缴费系统。因为州内外的学生缴费标准不同，因此分别计费。州内学生每学分收费为$75，而州外学生每学分收费为$180，收费管理账单上包含有学校名称、学生姓名、信用卡使用时间以及账单总额。

```
abstract class Student{
    protected final static double INSTATE_TATE=75;
    protected final static double OUTSTATE_TATE=180;
    protected String name;
    protected int hours;
    public abstract void showStudent();
    public final void showSchoolName(){
        System.out.println("Java State University");
        System.out.println("*********************");
    }
}
class OutStatesStudent extends Student {
public OutStatesStudent(String _name, int _hours)
    {   name=_name;
        hours=_hours;
    }
    public void showStudent()
    {   showSchoolName();
        System.out.println(name+" takes "+hours+ " credits. ");
        System.out.println("OutState bill: "+hours*OUTSTATE_TATE);
    }
}
class InStateStudent extends Student
{   public InStateStudent(String _name, int _hours)
    {   name=_name;
        hours=_hours;
    }
    public void showStudent()
    {   showSchoolName();
        System.out.println(name+ " takes "+hours+ " credits. ");
        System.out.println("InState bill: "+hours*INSTATE_TATE);
    }
}
public class Bursarsoffice
{   public static void main(String args[])
    {   InStateStudent resident=new InStateStudent("John Doe", 24);
        OutStatesStudent alien=new OutStatesStudent("Tom Smith", 26);
        resident.showStudent();
        System.out.println();
        alien.showStudent();
    }
}
```

程序运行结果如图4.10所示。

```
Javadoc 声明 属性 控制台
<已终止> Bursarsoffice [Java 应用程序]
Java State University
*********************
John Doe takes 24 credits.
InState bill: 1800.0

Java State University
*********************
Tom Smith takes 26 credits.
OutState bill: 4680.0
```

图4.10 学生账单管理应用程序运行结果

4.4.2 学生选课系统

设计一个模拟的学生选课系统，系统中包含两个类：学生和课程类。

```
import java.io.*;
class student{
    private String studentName;          //姓名
    private int age;                     //年龄
    private String subject;              //专业
    private String remove;               //班级
                                         //假设一学期最多可选课程 5 门
    private String course[]=new String[5];          //已选课程
    private String courseCode[]=new String[5];      //已选课程代码
    private int courseNum;                          //已选课程数
    private int totalScores,topScores;              //已选学分、可选总学分
    public student(String sn,int a,String su,String re,int top){
        totalScores=0;     courseNum=0;
        studentName=sn; age=a;
        subject=su; remove=re;
        topScores=top;
    }
                          //记录已选课程、代码，调整已选课程数、已选学分数
    public void putCourse(String c,String cc,int sc){
        course[courseNum]=c;    courseCode[courseNum]=cc;
        courseNum++;    totalScores=totalScores+sc;
    }
                          //判断已选学分是否超过可选总学分
    public boolean isGreateTotalScores(int sc){
        if((totalScores+sc)>topScores)
            return true;
        else
            return false;
    }
                          //判断已选课程是否超过最大可选课程数
    public boolean isGreateCourseNum(){
        if((courseNum+1)>4)
            return true;
        else
            return false;
    }
    public void display(){
        System.out.println(studentName+"  "+age+"  "+subject+"  "+remove);
        for(int j=0;j<courseNum;j++){
            System.out.print("selected course: "+course[j]+"  course code:
"+courseCode[j]);
            System.out.println();
        }
        System.out.println("selected scores: "+totalScores);
    }
}
class course{
    private String courseName[]=new String[8];      //课程名称
    private int hoursPerWeek[]=new int[8];          //周学时，也等于学分
    private String courseCode[]=new String[8];      //课程代码
```

```
    private String teacherName[]=new String[8];    //教师名字
    private String teacherTitle[]=new String[8];   //职称
    private int totalNum[]=new int[8];              //可选总人数
    private int numSelected[]=new int[8];           //已选人数
    public course(String c[],int h[],String cc[],String tname[],String
tt[],int tn[]){
        for(int j=0;j<courseName.length;j++){
            courseName[j]=c[j];    hoursPerWeek[j]=h[j];
            courseCode[j]=cc[j];      teacherName[j]=tname[j];
            teacherTitle[j]=tt[j];    totalNum[j]=tn[j];
            numSelected[j]=0;
        }
    }
                                                    //获得指定下标课程名称
    public String getCourseName(int index){
        return courseName[index];
    }
                                                    //获得指定下标课程代码
    public String getCourseCode(int index){
        return courseCode[index];
    }
                                 //获得指定下标课程学时数，即学分数
    public int getScoreNum(int t){
        return hoursPerWeek[t];
    }
                                 //获得总的课程数目
    public int getCourseNum(){
        return courseName.length;
    }
                                 //已选课程人数加1
    public void selectCourse(int index){
        numSelected[index]++;
    }
                                 //获得已选课程人数
    public int getNumSelected(int index){
        return numSelected[index];
    }
                                 //获得可选总人数
    public int getTotalNum(int index){
        return totalNum[index];
    }
    public void display(){
        for(int j=0;j<courseCode.length;j++){
            System.out.print(courseName[j]+"  "+courseCode[j]+"  ");
            System.out.print(teacherName[j]+"  "+teacherTitle[j]+"  ");
            System.out.println(numSelected[j]+"  "+hoursPerWeek[j]);
        }
    }
}
public class ch6ex8 {
    static int menu(){
        System.out.println("1. dispaly course status");
        System.out.println("2. dispaly student status");
        System.out.println("3. s1 selected course");
```

```
            System.out.println("4. s2 selected course");
            System.out.println("5. exit");
            int t;
            t=Keyboard.readInt();
            return t;
        }
        public static void main(String[]args){
            String cou[]={"Computing Essential","Java Programming","Operating
System","Compiler","Data Structure","Graphics","Multimedia","Discrete Mathem
atics"};
            int week[]={3,4,4,4,4,3,3,4};
            String     code[]={"D60578","D60342","D60123","D60458","D58321","
D23564","D80321","D61234"};
            String name[]={"Richard","Grant","Stephen","Emma","Lisa","Linda","
Shelia","Ronald"};
            String poit[]={"Professor","Assistant Professor","Lectuer","
Lectuer"," Professor","Professor","Lectuer","Lectuer"};
            int num[]={30,60,30,90,30,40,70,40};
            course c1=new course(cou,week,code,name,poit,num);
            student s1=new student("Zhang San",19,"Computing","200401",15);
            student s2=new student("Li si",18,"Business","200403",12);
            boolean con=true;;
            while(con){
              int opt;
              opt=menu();
              switch (opt){
                case 1:c1.display();break;
                case 2:s1.display();s2.display();break;
                case 3:
                  if(s1.isGreateCourseNum()){
                    System.out.println("You can not select new course because
course number is full");
                    break;
                 }else{
                  int t=0;
                  System.out.println("please select course");
                  boolean con1=true;
                  for(int j=0;j<c1.getCourseNum();j++)
                    System.out.print(j+".  "+c1.getCourseName(j)+"  "+c1.get
CourseCode(j)+ "   ");
                    System.out.println();
                    while(con1){
                      t=keyboard.readInt();
                      if(t>=0&&t<8)
                        con1=false;
                    }
                   if(s1.isGreateTotalScores(c1.getScoreNum(t)))
                     System.out.println("you can not select new course because
scores is over");
                  else if(c1.getNumSelected(t)>c1.getTotalNum(t)){
                     System.out.println("you can not select because this class
is full");
                  }else{
                     s1.putCourse(c1.getCourseName(t),c1.getCourseCode(t),
c1.getScoreNum(t));
```

```
                        c1.selectCourse(t);
                    }
                    break;
                }
            case 4:
                    if(s2.isGreateCourseNum()){
                    System.out.println("You can not select new course because
course number is full");
                        break;
                    }else{
                    int t=0;
                    System.out.println("please select course");
                    boolean con1=true;
                    for(int j=0;j<c1.getCourseNum();j++)
                      System.out.print(j+". "+c1.getCourseName(j)+"     "+c1.
getCourseCode(j)+"   ");
                    System.out.println();
                    while(con1){
                        t=keyboard.readInt();
                        if(t>=0&&t<8)
                            con1=false;
                    }
                    if(s2.isGreateTotalScores(c1.getScoreNum(t)))
                        System.out.println("you can not select new course because
scores is over");
                        else if(c1.getNumSelected(t)>c1.getTotalNum(t)){
                        System.out.println("you can not select because this
class is full");
                        }else{
                        s2.putCourse(c1.getCourseName(t),c1.getCourseCode(t),
c1.getScoreNum(t));
                        c1.selectCourse(t);
                        }
                        break;
                        }
                    case 5:con=false;break;
                    default:System.out.println("Invalid input");
                }
            }
        }
    }
```

程序运行结果如图 4.11、图 4.12、图 4.13 所示。

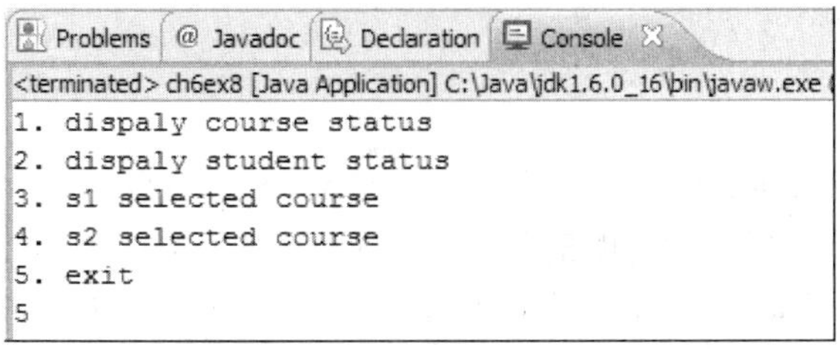

```
Problems  @ Javadoc  Declaration  Console
<terminated> ch6ex8 [Java Application] C:\Java\jdk1.6.0_16\bin\javaw.exe
1. dispaly course status
2. dispaly student status
3. s1 selected course
4. s2 selected course
5. exit
5
```

图 4.11　选择功能 5 程序运行结果图

```
Problems  @ Javadoc  Declaration  Console
ch6ex8 [Java Application] C:\Java\jdk1.6.0_16\bin\javaw.exe (2009-10-26 下午02:36:40)
1. dispaly course status
2. dispaly student status
3. s1 selected course
4. s2 selected course
5. exit
1
Computing Essential  D60578  Richard  Professor  0  3
Java Programming  D60342  Grant  Assistant Professor  0  4
Operating System  D60123  Stephen  Lectuer  0  4
Compiler  D60458  Emma  Lectuer  0  4
Data Structure  D58321  Lisa  Professor  0  4
Graphics  D23564  Linda  Professor  0  3
Multimedia  D80321  Shelia  Lectuer  0  3
Discrete Mathematics  D61234  Ronald  Lectuer  0  4
1. dispaly course status
2. dispaly student status
3. s1 selected course
4. s2 selected course
5. exit
```

图 4.12　选择功能 1 程序运行结果图

```
Problems  @ Javadoc  Declaration  Console
ch6ex8 [Java Application] C:\Java\jdk1.6.0_16\bin\javaw.exe (2009-10-26 下午02:38:12)
3
please select course
0. Computing Essential D60578   1. Java Programming D60342   2. Operating System D60123
2
1. dispaly course status
2. dispaly student status
3. s1 selected course
4. s2 selected course
5. exit
1
Computing Essential  D60578  Richard  Professor  0  3
Java Programming  D60342  Grant  Assistant Professor  0  4
Operating System  D60123  Stephen  Lectuer  1  4
Compiler  D60458  Emma  Lectuer  0  4
Data Structure  D58321  Lisa  Professor  0  4
Graphics  D23564  Linda  Professor  0  3
Multimedia  D80321  Shelia  Lectuer  0  3
Discrete Mathematics  D61234  Ronald  Lectuer  0  4
1. dispaly course status
2. dispaly student status
3. s1 selected course
4. s2 selected course
5. exit
```

图 4.13　选择功能 3 程序运行结果图

注意：语句 t=Keyboard.readInt();中的 readInt()方法，可以使用 Keyboard 类完成读取操作。

4.4.3　自测练习

程序设计

创建一个名称为 Figure 的类，该类具有两个 double 类型的数据成员和一个名为 area()的方法。创建一个名称为 Rectangle 的类，该类从 Figure 类继承而来。子类中的 area 方法应当覆盖超类中定义的 area()。在子类的 area()方法中完成求长方形的面积。
创建一个 Area 类，在类中定义 main()方法，创建对象，并调用对象的 Area 方法。
提示：

1. 创建一个名称为 Figure 的类，使它具有两个 double 数据成员，分别为 dimension1 和

dimension2。

2．在 Figure 类中创建一个带两个参数的构造函数，初始化成员变量。

3．在 Figure 类中创建一个名称为 area()、返回类型为 double 的方法。显示消息“Area not defined”并返回值 0。

4．创建一个名为 Rectangle 的类，该类从 Figure 继承而来。

5．在 Rectangle 类中创建一个带两个参数的构造函数。使用 super()方法将值传递到父类。

6．覆盖 area()方法。显示消息“Area of a Rectangle”，计算长方形的面积并返回面积值。

7．创建另一个名称为 Area 的类。通过传递两个参数值创建一个名称为 fig 的 Figure 对象。同样通过传递两个参数值创建一个名称为 rect 的 Rectangle 对象。

8．再次声明一个名称为 ref 的 Figure 引用变量。将 rect 对象设置为 ref 的引用。

9．调用 ref.area()方法并查看输出结果

10．将 fig 对象设置为 ref 的引用，再次调用 ref.area()并查看输出结果。

4.5　本章小结

本章通过对类的继承重要概念的学习，分层次地学习了如何创建子类、子类构造方法的调用规则及过程，通过学习要求注意父类对象与子类对象间进行操作时，根据其特点应该注意其转换的必要性——父类引用必须转换成子类引用。

通过对面向对象的多态性分析学习，学习了 Overload 和 Override 来实现的多态。要分清 Overload 是发生在同一个类中的，而 Override 则发生在子类和父类之间。最后本章要求掌握常用的类声明方式，即使用 abstract 声明的类称为抽象类，使用 final 声明的类为终结类；将类定义在另一个类内称为内部类，包含内部类的类称为外部类。

因为 Java 仅支持单重继承，所以第 5 章将引入接口等新知识。

4.6　本章习题

一、选择题

1．下列说法正确的是_______。

　A．Java 中允许一个子类有多个父类

　B．某个类是一个类的子类，它仍有可能成为另一个类的父类

　C．一个父类只能有一个子类

　D．继承关系最多不能超过 4 层

2．在调用构造方法时，下列说法正确的是_______。

　A．子类可以不加定义就使用父类的所有构造函数

　B．不管类中是否定义了何种构造函数，创建对象时可以都使用默认构造函数

　C．先调用父类的构造函数

　D．先调用形参多的构造函数

3．给出以下代码，哪些创建类的实例的选项是正确的？_______

```
public class Check extends Base{
      public Check(int j){}
    public Check(int j, int k){
        super(j, k);
    }
```

A．Check t=new Check();

B．Check t=new Check(1);

C．Check t=new Check(1,2);

D．Check t=new Check(1,2,3);

E．Check t=(new Base()).new Check(1);

4．根据所给代码，选择正确答案。_______

```
public class Parent{
     int change(){ //代码省略}
   }
   class Child extends Parent{}
```

A．public int change(){}　　B．int change(int i){}

C．private int change(){}　　D．abstract int change(){}

5．根据所给代码，选择正确答案。_______

```
pubic class MethodOver{
     public void setVar(int a, int b, int c){}
   }
```

A．private void setVar(int a, int b, int c){}

B．protected void setVar(int a, int b, float d){}

C．public int setVar(int a, float c, int b){ return a; }

D．public int setVar(int a, float c){ return a; }

6．给出以下代码，哪些选项中的代码可以添加到第 3 行处？_______

```
public class Exm{
     public float Method(float a, float b){}
     // 添加代码处
   }
```

A．public int Method(int a, int b){}

B．public float Method(float a, float b){}

C．public float Method(float a, float b, int c){}

D．public float Method(float c, float d){}

E．private float Method(float a, float b, int c){}

7．下列说法正确的是_______。

A．子类只能 Override 父类的方法，而不能 Overload

B．子类只能 Overload 父类的方法，而不能 Override

C．子类不能定义和父类同名形参的方法，否则系统将不知道使用哪个方法

D．Overload 就是一个类中有多个同名但有不同形参和方法体的方法

二、写出程序运行结果

1．给出以下代码，该程序的运行结果是什么？

```
class Test1{
  public static void main(String [] args){
  new Test2();
}
Test1(){ System.out.print("Test1");  }
class Test2 extends Test1{
  Test2(){System.out.print("Test2");  }
}
}
```

2．给出以下代码，该程序的运行结果是什么？

```
class X{
      int a=0;
      X(int w){ a=w; }
}
    class Y extends X{
      int a=0;
      Y(int w){ b=w+1; }
}
```

3．给出以下代码，该程序的运行结果是什么？

```
public class SuperTest{
  String r, s;
  public SuperTest(String a, String b){
     r=a;  s=b;
  }
  public void aMethod(){ System.out.println("r:"+r); }
}
public class Example extends SuperTest{
  public Example(String a, String b){
     super(a,b);
  }
  public static void main(String [] args){
     SuperTest a=new SuperTest("Good", "Tom");
     SuperTest b=new Example("Hi", "Bart");
     a.aMaethod();
     b.aMaethod();
}
  public void aMaethod(){ System.out.println("r:"+r+ "s:"+s); }
}
```

4．给出以下代码，该程序的运行结果是什么？

```
class Father{
     int x;
     public Father(int x){
        this.x = x;
    }
    public Father(){;}
    public int fun(){
       int f = 0;
       for(int i = 1;i<=x;i++)
          f = f+i;
```

```
        return f;
    }
    public int fun(int x){
        int f = 1;
        for(int i=this.x;i<=x;i++)
          f = f*i;
        return f;
    }
}
class Son extends Father{
    public Son(int a){
        super(a);
    }
    public int fun(){
        int f = 1;
       for(int i= 1;i<=x;i++)
          f = f*i;
       return f;
    }
}
public class Pol_ex{
     public static void main(String args[]){
         Father f1 = new Father(5);
         Son s1 = new Son(3);
         System.out.println(s1.fun());
         System.out.println(f1.fun());
         System.out.println(f1.fun(6));
         f1 = s1;
         System.out.println(s1.fun());
         System.out.println(f1.fun());
         System.out.println(f1.fun(6));
    }
}
```

三、程序设计

1．设计一个交通工具类 Vehicle，其中的属性包括速度 speed、种类 kind；方法包括设置颜色 setColor，取得颜色 getColor。再设计一个子类 Car，增加属性 passenger 表示可容纳旅客人数，添加方法 getMaxSpeed()表示取得最大速度。

2．创建账号 SavingsAccount 类。用静态变量存储年利率。该类的每个对象都有一个私有实例变量 savingBalance 用来显示账号里的钱数。提供方法 calculateMonthlyInterest 计算月利息(按照年利率乘以账号里的钱数再除以 12)；该利息必须加到实例变量中。提供一个静态方法 modifyInterestRate 设置年利率。写一个测试程序 CalculatorInterest 来测试该类。建立两个该类对象，saver1 和 saver2，分别有人民币 2000 元和 3000 元。设年利率为 4%。计算每个账号的月利息及新的钱数。

4.7 综合实验项目 4

实验项目：设计通讯录记事程序。

实验要求：完成通讯录记事程序，使其具有添加、删除、存取、退出等功能。

Java 接口与包

教学目标

在本章中，读者将学到以下内容：

- Java 语言的接口
- 接口的定义
- 接口的实现
- Java 语言的包
- 包的创建与使用

章节综述

接口是一个纯百分百的抽象类，用于指定类能够做什么，但并没有具体指定类如何去做。即接口只规定了方法的形式(方法名称、参数列表、返回类型)，但没有规定方法的实现(方法体)。具体实现由实现接口的子类来实现。

包是 Java 语言提供的组织类和接口的工具，即包是一组相关类和接口的集合。Java 语言的系统类都包含在相应的包中。

通过本章的学习，要求能够掌握用接口实现多继承的机制；理解包的概念，熟练掌握创建包与引用包的基本方法。

5.1 Java 语言的接口和包

多重继承是指一个子类可以有一个以上的直接父类，该子类可以继承它所有直接父类的成员。由于 Java 只支持单重继承，所以易使程序中的类层次结构膨胀、庞杂、难以管理和掌握，而使用接口则可实现多重继承的功能。

5.1.1 接口的定义

Java 中不允许有多重继承，即如果一个类有父类的，它只能有一个父类。这是为了避免在子类中对多父类中同名方法的混乱调用而强制规定的。但 Java 并没有限制从多个类中分别继承特性的自由和方便，因此提供了接口这个机制。

接口(interface)是类的另一种表现方式，它是一种特殊的“类”，更确切地说，它是抽象类功能的另一种实现方法，可将其想象为一个“纯”的抽象类。它也有一个类的基本形式，包括方法名、自变量类列表以及返回类型，但不规定方法主体。因此在接口中所有的方法都是抽象方法，都没有方法体。

接口作用是为了保证多重继承，它可以定义多个类的共同属性。而且 Java 通过允许一个类实现多个接口从而实现了比多重继承更强大的能力，并具有更加清晰的结构。

接口的定义：

```
[public] interface 子接口名[extends 父接口名列表]
{   //接口体
    //数据成员声明
    //抽象方法声明
[public][abstract][native]返回值 方法名(参数列表)[throw 异常列表];
}
一个类只能有一个父类，但它可同时有多个接口，实现多重继承。
```

注意：*所有属性都必须是 public、static、final 类型；所有方法都必须是 public、abstract 类型。*

例 5-1 系统定义的接口——DataInput 定义语句。

```
public interface java.io.DataInput
{  public abstract boolean readBoolean( );          //读入布尔型数据
     public abstract byte readByte( );              //读入字节型数据
     public abstract char readChar( );              //读入字符型数据
     public abstract double readDouble( );
     public abstract float readFloat( );
     public abstract void readFully(byte b[] );     //读入全部数据存入字节数
组 b 中
     public abstract void readFully(byte b[],int off, int len);
     public abstract int readInt( );
     public abstract String readLine( );
     public abstract long readLong( );
     public abstract short readSshort( );
     public abstract int readUnsignedByte( );
     public abstract int readUnsignedShort( );
     public abstract String readUTF( )
```

```
    public abstract int skipBytes(int n);          //将读取位置跳过n个字节
}
```

注意以下几点。

(1) 接口定义用关键字 interface 而不是 class。

(2) 修饰符 public 用来指明任意一个类都可以调用此接口；若无此修饰符，则只有那些与本接口在同一个包中的类才能访问它。

(3) 接口体中的数据成员全是用 final static 修饰的，即它们一定是给出标识符的常量，即使在定义时未写也是如此。

(4) 接口体中定义的方法都是抽象方法。

(5) 接口没有构造方法。

(6) 接口也具有继承性，且一个接口可以继承多个父接口。(这点与类的继承不同。)

5.1.2 接口的实现

因为没有方法体，所以接口必须被继承，在实现接口的类中必须实现那些抽象方法，给出方法具体的实现细节。实现接口的这些类的实例对应的是一种代码实现，即使有同名同参数类表的方法也不会再产生混乱。

实现接口应注意以下问题。

(1) 用 implements 声明该类将要实现哪些接口。

(2) 若实现某接口不是 abstract 类，则在类定义部分必须实现指定接口的所有抽象方法。即为所有抽象方法定义方法体，而且方法头部分应该与接口中的定义完全一致，即有完全相同的返回值和参数列表。

(3) 若实现某接口是 abstract 类，则它可以不实现该接口的方法。

(4) 一个类在实现某接口的抽象方法时，必须使用完全相同的方法头。

(5) 接口的抽象方法的访问修饰符都已指定为 public，所以类在实现方法时，必须显示地使用 public 修饰符，否则将被系统警告。

若几个直接接口中包含有同名的有名常量或相同定义的方法，将引发接口的名字冲突，一般系统将按以下方式处理。

(1) 父接口中有同名的有名常量，使用指定具体有名常量的格式：<接口名>. <常量名>。

(2) 若两个直接父接口中包含有相同名但返回类型不同方法，那么将引发编译错误。

(3) 若两个直接父接口中包含有相同名且返回类型相同的方法，那么类中只能继承保留一个。

至此，可知用户定义类的完整格式如下。

```
[修饰符] class 类名 [extends 父类名] [implements 接口名列表]
{  [修饰符] 数据成员;              //声明及初始化
   [修饰符] 方法成员;              //声明及方法体
}
```

下面通过一个完整简单的案例，巩固学习和应用 Java 语言程序设计的各种知识。

例 5-2 实现接口应用程序。(类继承并实现接口，显示接口中信息。)

```
interface A{                                       //接口A定义
String a= "接口A中的常量";
```

```
void showA();
adstract void setAColor();
}
interface B extends A{                                  //接口 B 定义，继承 A
String b="接口 B 中的常量";
void showB();
adstract void setBColor();
}
interface C extends B{                                  //接口 C 定义，继承 B
String c="接口 C 中的常量";
void showC();
adstract void setCColor();
}
class implnterfaceABC implements C{                     //类实现接口
public void showA()
{   System.out.println();   }
public void setAColor()
{   System.out.println("设置的是接口 A 的颜色！");    }
public void showB()
{   System.out.println();   }
public void setBColor()
{   System.out.println("设置的是接口 B 的颜色！");    }
public void showC()
{   System.out.println();   }
public void showC()
{   System.out.println();   }
public void setCColor()
{   System.out.println("设置的是接口 C 的颜色！");    }
}
public class interfacelnheritanceTest{
public static void main(String[] args){
    implnterfaceABC intf=new implnterfaceABC();
    intf.showA();     intf.setAColor();
    intf.showB();     intf.setBColor();
    intf.showC();     intf.setCColor();
}
}
```

程序运行结果如图 5.1 所示。

图 5.1　例 5-2 运行结果

综上所述，在设计类的过程中，应该注意如下事项。

(1) 类的定义与实现是放在一起保存的，整个类必须保存在一个文件中。

(2) 公共类名即是文件名。

(3) 新类必须在已有类的基础上构造。

(4) 在已有类的基础上构造新类的过程称为派生。

(5) 派生出的新类称为已有类的子类。

(6) 子类继承父类的方法和属性。

(7) 当没有显式指定父类时，父类隐含为 Java.lang 包中的 Object 类。Object 类是 Java 中唯一没有父类的类，是所有类的父类。

(8) 使用 extends 可以继承父类的数据成员和方法成员，形成子类，也就是说子类是父类派生出来的。

通过上述学习，应具体区分抽象类和接口是不同的两个概念。它们的主要区别如下。

(1) 在接口中所有的方法都是抽象方法，都没有方法体；而在抽象类中定义的方法可以不限于抽象方法。

(2) 接口中定义的成员变量都默认为终极类变量，即系统会为其自动增加 final 和 static 这两个关键字，并且对该变量必须设置初值，而抽象类中没有此限制。

(3) 一个类只能由唯一的一个类继承而来，但可以实现多个接口。

抽象类和接口相似之处：二者都不能实例化。

5.1.3 接口回调

接口回调是指把实现某一接口的类创建的对象的引用赋给该接口声明的接口变量中。那么该接口变量就可以调用被类实现的接口中的方法。实际上，当接口变量调用被类实现的接口中的方法时，就是通知相应的对象调用接口的方法。

例 5-3 使用接口回调技术。

```
interface ShowMessage{
    void ShowSB(String s);
}
class TV implements ShowMessage{
    public void ShowSB(String s){
        System.out.println(s);
    }
}
class PC implements ShowMessage{
    public void ShowSB(String s){
        System.out.println(s);
    }
}
public class Test_ex{
    public static void main(String args[]){
        ShowMessage sm;                     //声明接口变量
        sm=new TV();                        //接口变量中存放对象的引用
        sm. ShowSB("电视机");               //接口回调
        sm=new PC();                        //接口变量中存放对象的引用
        sm. ShowSB("三星 A5000");           //接口回调
}
}
```

程序运行结果如图 5.2 所示。

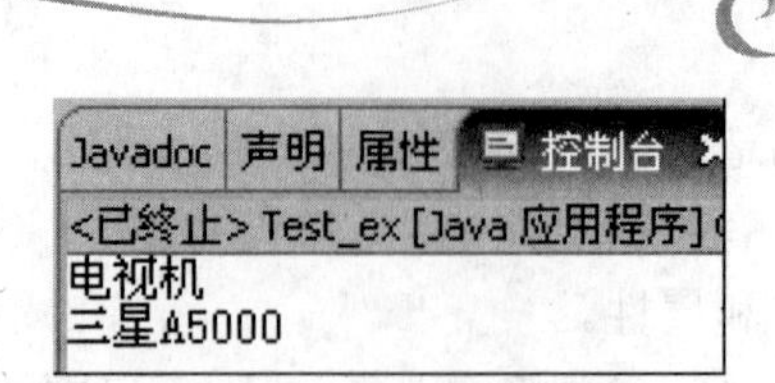

图 5.2　例 5-3 运行结果

5.1.4　本节小结

本节主要学习了接口的定义和实现。在 Java 程序设计中，一个类只能有一个父类，这样程序结构简单，层次清楚。但实际中往往需要多重继承，因此 Java 提供了接口用于实现多重继承，一个类可以有一个父类和多个接口。

接口的声明是由 interface 关键字定义的；接口的实现是由类声明语句中 implements 关键字实现的。简单声明和实现语句如下。

```
接口定义：[修饰符] interface <接口名>{ 接口体 }
接口实现：class <类名> implements <接口1>，<接口2>，…{ 类体 }
```

5.1.5　自测练习

一、填空题

1．接口是一种特殊的类，它只能定义_______。

2．在 Java 语言中，一组类和接口的集合通常被称为______。

3．接口中定义的方法都是______，变量都是______。

4．接口是为了解决 Java 对于______的不支持而引入的。

5．接口被实现的方法的访问控制符必须显式地使用______修饰符。

二、选择题

1．在接口中可以定义____。

A．静态方法　　B．常量　　C．抽象方法　　D．构造方法

2．关于抽象类，正确的是____。

A．抽象类中不可以有非抽象方法

B．某个非抽象类的父类是抽象类，则这个子类必须重载父类的所有抽象方法

C．绝对不能用抽象类去创建对象

D．接口和抽象类是同一回事

3．关于接口和抽象类，正确的是____。

A．抽象类可以有构造方法　　B．接口可以有构造方法

C．可以用 new 操作符操作一个抽象类　　D．可以用 new 操作符操作一个接口

4．以下哪些描述是正确的？____

A．native 关键字表明修饰的方法是由其他非 Java 语言编写的

B．能够出现在 Java 源文件中 import 语言前的只有注释语句

C．接口定义的方法默认是 public 和 abstract 的，不能被 private 和 protected 修饰

D．构造方法只能被 public 或 protected 修饰

5．以下哪个程序代码体现了对象之间的继承关系？____

A．public interface Color{}

```
...
public class Shape{ private Color color; }
```

B．interface Component{}

```
class Container implements Component{
    private Container[] children;
}
```

C．public calss Species{}

```
...
public class Animal{ private Species species; }
```

D．public interface Person{}

```
...
Public class Employee extends Person{}
```

5.2 包

Java 程序设计就是定义类的过程。系统定义好的类根据实现功能不同，划分为不同的集合，每个集合是一个包，合称为类库。包是类和接口的一种松散集合。使用包的主要目的是实现不同程序之间类的重用。

Java 中的包把多个同一类型的类组织在一起，使得程序结构清楚。其实，一般并不要求同一个包中的类或者接口之间有明确联系，如包含、继承等关系，但是，由于同一个包中的类在默认情况下可以相互访问，所以为了方便编成和管理，通常把相关的或需要在一起协同工作的类和接口放在一个包里。

5.2.1 创建包

1．创建无名包

系统自动为每个.java 源文件创建一个无名包。该.java 源文件中定义的所有类隶属于这个包，它们之间(除 private, protect 类型外)可以相互引用。

注意：无名包中的类不能被其他包中的类使用和复用。

2．创建有名包

创建有名包时，必须在整个源文件的第一行完成。声明语句格式：

```
package  程序包名;
```

例如：package CardSystem;　　　　　　　//在当前文件夹下建立子文件夹 CardSystem

package CardSystem .CardClasses;

//在当前文件夹的子文件夹 CardSystem 下建立子文件夹 CardClasses

程序段举例：

```
packgae CardClasses;                        //创建包
abstract class PCard{…}
abstract class NPCard extends Pcard{…}
class D200 extends NPCard{…}
```

上述 3 个类的.java 及.class 文件都放在包名所指定的文件夹 CardClasses 内。

5.2.2 使用包

包的功能把一个源代码文件内所定义的几个类放入到程序包名所指定的包中，达到划分类名空间、控制类之间访问的目的。

1. 使用包名、类名前缀

在同一个类中，在要使用的属性或方法名前加上类名作为前缀。

若要使用其他包中的类，须在类名前再加上包名作为前缀。

例如：CardClasses.D200 my200=new CardClasses.D200(12345,12);

System.out.println(my200.toString( ));

2. 加载需要使用的类

使用 import 语句将需要使用的整个类加载到当前程序中。

例如：import CardClasses.D200;　　　//在程序开始加载其他包的类

D200 my200=new D200(12345, 12);

3. 加载整个包

首先要设置包的路径，步骤如下。

(1) 先定义存放源程序的文件夹，即在源程序文件下建立一个与包名相同的子文件夹。

(2) 添加环境变量 CLASSPATH 的路径，即将所要引用的包的路径添加到环境变量中。

例如：C:\Program Files\EditPlus 2\info; C:\j2sdk1.4.0\lib

使用 import 语句加载其他包中的一个类或引入整个包，格式如下：

```
import 程序包名. 类名;
import 程序包名. * ;
```

说明：包可以有任意多层的子包。包和子包的名字之间用点号隔开。

例如：import CardClasses.*;

import java.awt.*;

总之若干个扩展名为.class 的文件集合在一起就形成了包。Java 主包是 Java 的一层包，名为 java；Java 主子包是 Java 的二层包，名为 lang；Java 标准扩展包是名为 javax，最多只有 3 层。

4. 包的访问权限

一个包中只有访问权限为 public 的类才能被其他包引用(创建此类的对象)，其他有默认访问权限的类只能在同一个包中使用。

1) public 类的成员

public 类的 public 成员可以被其他包的代码访问。它的 protected 成员可以被由它派生的在其他包中的子类访问。

2) 默认访问权限类的成员

默认访问权限类的成员，不能被其他包的代码访问。

5. 常用 java 和 javax 子包

常用 java 和 javax 子包见表 5-1、表 5-2。

表 5-1 常用 java 包及其接口和类的用途

包	接口和类的用途	包	接口和类的用途
java.applet	Applet	java.rmi	远程方法调用
java.awt	图形和图形用户接口	java.rmi.dgc	支持 java.rmi
java.awt.datatranster	剪切和粘贴功能	java.rmi.registry	支持 java.rmi
java.awt.event	事件处理	java.rmi.server	支持 java.rmi
java.awt.image	图像处理	java.security	安全
java.awt.peer	平台无关图形	java.security.acl	支持 java.security
java.beans	软件组件	java.security.interfaces	支持 java.security
java.io	输入/输出	java.sql	数据库
java.lang	语言的核心功能	java.text	国际化
java.lang.reflect	映射(“自省”)	java.util	各种工具
java.math	任意精度算术运算	java.util.zip	压缩和解压缩
java.net	联网		

表 5-2 常用 javax 子包及其接口和类的用途

包	接口和类的用途
javax.accessibility	判定技术
javax.swing	“轻便”的图形和图形用户
javax.swing.border	专用边界
javax.swing.colorchooser	颜色选择
javax.swing.event	扩展 java.awt.event 的事件处理
javax.swing.filechooser	文件选择
javax.swing.plaf	可插入的外观和效果
javax.swing.plaf.basic	基本的外观和效果
javax.swing.plaf.metal	金属的外观和效果
javax.swing.plaf.multi	复合体的外观和效果
javax.swing.table	数据的表单表示
javax.swing.text	文本的表示和处理
javax.swing.text.html	HTML 文本
javax.swing.text.rtf	RTF(Rich Text Format)文本
javax.swing.tree	数据的树型表示
javax.swing.undo	文本编辑中的撤销功能

6. 常用类

继 3.2 节学习 Object 类、Math 类、封装类、String 类和 StringBuffer 类等类后，下面将再扩充学习一些 Java 提供的基础类库。

1) System 系统类

用 System 类获取标准输入/输出，System 类的 3 个属性如下所述。

(1) public static PrintStream err; //标准错误输出

(2) public static InputStream in; //标准输入

例如：char c=System.in.read( );

(3) public static PrintStream out; //标准输出

例如：System.out.println(“Hello! Guys.”);

用 System 类的方法可以获取系统信息，完成系统操作。

```
    public static long currentTimeMillis( );    //获取两个事件发生的先后时间差
    public static void exit(int status);        //强制 JVM 退出运行状态并返回
status 信息
    public static void gc( );                   //强制 JVM 的垃圾回收功能
```

2) Runtime 运行时类

Runtime 类可以直接访问运行时的资源，如 totalMemory()方法可以返回系统的内存总量，freeMemory()方法可以返回内存的剩余空间。

3) 类操作类 Class 和 ClassLoader

Class 为类提供运行的信息，如名字、类型及父类等。

例如：this.getClass().getName()；可以得到当前对象的类名。当前对象(this)调用 Object 类的 getClass()方法，得到当前对象的类返回给 Class 类，再调用 Class 的 getName()方法，得到当前对象的类名。

ClassLoader 类提供把类装入运行环境的方法。

4) Date 时间和日期类

Date 类的构造方法 Date()可获得系统当前日期和时间。Date 类提供的主要方法见表 5-3。

表 5-3 Date 类提供的主要方法

方　法	描　述
boolean after(Date date)	如果调用 Date 对象所包含的日期迟于由 date 指定的日期，则返回 true；否则返回 false
boolean before(Date date)	如果调用 Date 对象所包含的日期早于由 date 指定的日期，则返回 true；否则返回 false
boolean equals(Object date)	比较两个日期。如果调用 Date 对象包含的时间和日期与由 date 指定的时间和日期相同，则返回 true;否则返回 false
int compareTo(Date date)	将调用对象的值与 date 的值进行比较。如果这两者数值相等，则返回 0；如果调用对象的值早于 date 的值，则返回一个负值；如果调用对象的值晚于 date 的值，则返回一个正值
int compareTo(Object date)	如果 obj 属于类 Date，其操作与 compareTo(Date) 相同；否则，引发一个 ClassCastException 异常

续表

方　　法	描　　述
int getYear()	返回该日期表示的年，并减去1900
int getMonth()	返回该日期表示的月，返回值在0～11之间，0表示一月
int getDate()	返回该日期表示的一个月的日，返回值在1～31之间
int getDay()	返回该日期表示的星期，返回值在0～6之间，0表示星期天
int getHours()	返回该日期表示的时，返回值在0～23之间
int getMinutes()	返回该日期表示的分，返回值在0～59之间
int getSeconds()	返回该日期表示的秒，返回值在0～60之间。数值60只出现在计算闰秒的JVM中
long getTime()	返回该日期表示的从GMT1970.1.1，00:00:00起的毫秒数
void setYear(int year)	设置该日期的年为指定数值加1900
void setMonth(int month)	将该日期的月设置为指定的数值。Month是在0～11之间的月值
void setDate(int date)	将一个月中的日期设置为指定数值。Date是在1～31之间的值
String toString()	创建日期规范的字符串表示，且返回结果
void setTime(long time)	设置表示从GMT1970.1.1，00:00:00起的毫秒数的日期，time为毫秒数

5) Calendar类

Calendar类可以将Date()对象的属性转换成YEAR、MONTH、DATE和DATE_OF_WEEK等常量。Calendar类没有构造方法，可以用getInstance()方法创建一个实例，再调用get方法和常量获得日期或时间的部分值。

一些存在于java.lang包中的类，对于初学者来说有必要尽快掌握，建议熟记上述类别的常用类及其所对应的常用方法。

5.2.3　本节小结

包是类的逻辑组织形式。在程序设计中，可以使用系统提供的包，也可以声明类所在的包，同一个包中类的名字不能重复。包是有等级的，即包中可以有包。本节学习包的创建和包的使用，要求不仅会引入系统包，还应能自己创建包或引用其他设计者设计的包。包的引用有两种方法：一种是用import语句引用；另一种是使用包名、类名做前缀进行引用。

5.2.4　自测练习

一、简答题

1. 什么是包？它的作用是什么？如何创建包？如何引用包中的类？

2. 如果一个类使用的包语句是“package java.test”，则其源代码应该存储在哪里？.class文件应该存储在哪里？如何才能使用其他程序调用该类？

二、程序设计

绘制一个正弦函数的图形。

5.3　综合应用案例

5.3.1　理解接口程序

单位主管对各类支出基本价格的了解管理程序。

```
interface Income{
    public void getFee();
}
interface AdjustTem{
    public void controlTemperature();
}
class Bus  implements Income{
    public void getFee(){
        System.out.println("公共汽车：1 元/张，不计算千米数");
    }
}
class Taxt implements Income,AdjustTem{
    public void getFee(){
        System.out.println("出租车：1.60 元/千米：起价 3 千米");
    }
    public void controlTemperature(){
       System.out.println("安装了 haier 空调：8700 元/台");
    }
}
class Cinema  implements Income,AdjustTem{
    public void getFee(){
        System.out.println("电影院：门票，10 元/张");
    }
    public void controlTemperature(){
       System.out.println("安装了中央空调：27567 元。");
    }
}
public class Test_interface1{
    public static void main(String args[]){
        Bus ql=new Bus();
       Taxt dzh=new  Taxt();
       Cinema  hx=new Cinema();
       ql.getFee();
       dzh.getFee();
       hx.getFee();
       dzh.controlTemperature();
       hx.controlTemperature();
    }
}
```

程序运行结果如图 5.3 所示。

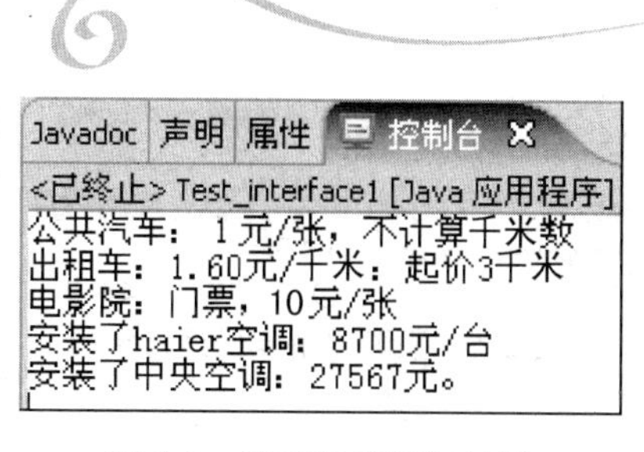

图 5.3 管理程序运行结果

5.3.2 获取当前年份、出生年份程序

创建包和类，使用不同类获取当前年份和出生年份。

文件 Date.jave 中的代码：

```
package Firstpackage;
import java.util.*;                          //导入 Java 的实用包中所有的类
public class Date{                           //声明 Date 类
    private int year,month,day;
    public Date(int y,int m,int d){
        year=y;
        month=m;
        day=d;
}
public Date(){;}
public int thisyear(){                   //方法 thisyear 得到当前年份
    return Calendar.getInstance().get(Calendar.YEAR);
    }
}
```

文件 Person_ex.java 中的代码：

```
import Firstpackage.*;                       //导入 Firstpackage 的实用包中所有的类
class Person{                                //声明 Person
    String name;
    int age;
    public Person(String na,int ag){
        name=na;
        age=ag;
    }
    public Person(){;}
    public int birth(int y){                 //此方法得到出生的年份
        return y-age+1;
    }
}
public class Person_ex{
public static void main(String args[]){
        Person ps=new Person("Tom ",21);
        Date now=new Date();                 //创建包 Firstpackage 中类 Date 的对象
        int y=now.thisyear();
        System.out.println(ps.name+"was born in "+ps.birth(y));
    }
}
```

程序运行结果如图 5.4 所示。

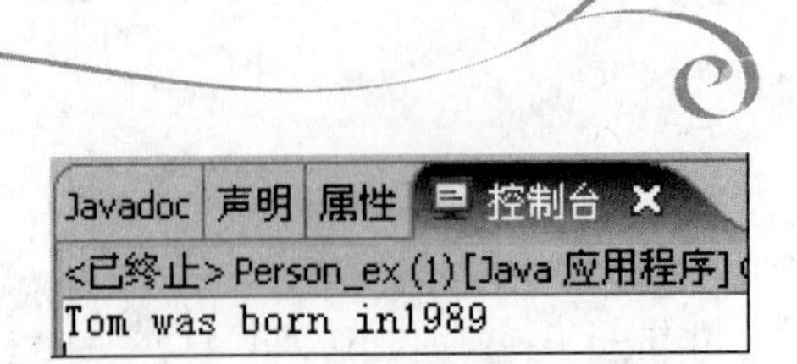

图 5.4　获取出生年份运行结果

5.3.3　自测练习

程序设计

定义一个接口，声明计算长方形面积和周长的抽象方法，再用一个类去实现这个接口，再编写一个测试类去使用这个接口。

5.4　本 章 小 结

本章通过对接口的学习和包的使用，使得 Java 程序设计更加灵活完整。重点学习了接口的定义和实现，通过例题很好地理解了其作用，接口用于实现多重继承，必须清楚地掌握一个父类和多个接口。接口的声明是由 interface 关键字定义的；接口的实现是由类声明语句中 implements 关键字实现的。

在程序设计中，还可以使用和设计包，这样不仅可以利用系统提供的包，也可以声明和使用用户所设计的包。包是有等级的，即包中可以有包。包的引用有两种方法：一种是用 import 语句引用；另一种是使用包名、类名做前缀进行引用。

5.5　本 章 习 题

一、简答题

1．Java 实现多重继承的机制是什么？怎么实现？

2．什么是抽象类？什么是抽象方法？

3．Java 的接口有什么特点？

二、写出程序运行结果

```
package createion.builder;
public interface Builder {                                  //定义接口
      void builderA();
      void builderB();
      void builderC();
}
package createion.builder;
public class ConcreeateBuilder implements Builder{      //定义类
      public ConcreeateBuilder(){
        super();
      }
      public void builderA(){
        System.out.println("builder A");
```

```
    }
    public void builderB(){
      System.out.println("builder B");
    }
    public void builderC(){
      System.out.println("builder C");
    }
  }
package createion.builder;
public class Direct{                                    //定义类
    private Builder builder;
    public Direct(Builder builder){
      this. builder= builder;
    }
    public void Construct(){
      builder. builderA();
      builder. builderB();
      builder. builderC();
    }
  }
package createion.builder;
public class Test_Builder{                              //定义应用类
    public static void main(String args[]){
      ConcreeateBuilder builder=new ConcreeateBuilder();
      Direct director=new Direct(builder);
      director. Construct();
    }
  }
```

三、编写程序

以电话类为父类，移动电话和固定电话为两个子类，并使移动电话实现接口：可移动。固定电话又有子类：无绳电话。定义这几个类，明确它们的继承关系。

5.6 综合实验项目 5

实验项目：区分能力的接口程序。

实验要求：利用接口继承完成生物(Biology)、动物(Animal)、人(Man)3 个接口的定义。其中 Biology 接口定义一个抽象方法 breath()，Animal 接口定义两个抽象方法 sex()和 ate()，Man 接口定义两个抽象方法 think()和 study()；定义一个 NormalMan 类实现上述 3 个接口中定义的抽象方法。

5.6 综合实验项目5

第 3 部分

Java 语言编程应用篇

Java 不仅仅是一门编程语言，它还是一个具有庞大类和接口构成的 API 库的开发平台。要开发一个项目，除了掌握前面介绍的基础知识外，还必须学会使用 API 中的类和接口，只有灵活掌握了这些类和接口的使用，才算真正掌握 Java 程序设计的精华，或者说掌握面向对象程序设计的精华。

在这一篇，将学习 Java 图形用户界面程序设计 API 的体系结构，学习利用图形用户界面组件开发应用程序(第 6 章)；学习绘制图形(第 7 章)；为了增强程序的健壮性和正确性，学习 Java 异常处理(第 8 章)；为了能够处理大量二进制数据，学习 Java 的输入/输出系统(第 9 章)；为了制作动画和提高程序执行效率，学习线程有关知识(第 10 章)。

通过第 6 章的学习，主要掌握 Java 图形用户界面程序设计 API 的体系结构，常用组件的使用(主要掌握组件的作用、构造方法和常用方法)，布局管理器的使用，以及 Java 的事件处理机制。

通过第 7 章的学习，主要掌握 Java 的图形制作方法和多媒体制作技术。特别是要掌握组件的 Graphics 对象的应用和面板组件的 paintComponent()方法的作用并会重写该方法。

通过第 8 章的学习，主要掌握异常的相关概念、异常处理的逻辑结构、异常处理时机和异常处理方法，进而把握异常处理的相关技术。

通过第 9 章的学习，主要掌握输入/输出的概念和方法。

通过第 10 章的学习，主要掌握利用线程编写高效率的应用程序。

总之，这一篇在本书中起着承上启下的作用，它既是前面所学内容的延伸，又是开发高级应用程序的必由之路，希望读者能够给予高度重视。

Java 语言的图形用户界面开发

教学目标

在本章中，读者将学到以下内容：

- GUI 组件及其层次结构
- AWT 常用组件及其应用
- Swing 常用组件及其应用
- 使用框架、面板和 GUI 组件创建用户界面
- 使用布局管理器管理在容器中布局组件
- 事件处理机制
- 小应用程序的概念
- 小应用程序的应用

章节综述

图形用户界面(Graphical User Interface，GUI)是现代程序设计不可缺少的部分，也是一种趋势和时尚。一个好的应用软件必定有一个美观、清晰、人性化的界面。设计一个程序不能只考虑功能，一个友好的、人性化的界面也是非常重要的。

用 Java 语言设计图形化应用程序就是用 Java 提供的各种组件组合成一个个用户界面。所谓的组件(Component)就是一个个类，这些类代表着具有特定的功能、可独立运作的单元。这些组件有的具有可视的用户接口(如按钮、文本框、菜单等)；有的没有可视的用户接口(如面板)；有的还可放置其他组件(如框架、面板)于其上，这类组件有一个特殊的名字——容器(Container)，当然，仍然可以称它为组件或容器组件。

容器的作用是用来在其上摆放组件。摆放在容器上的组件可以是普通组件，也可以是容器。每一个容器都有一个布局管理器，布局管理器的作用就是用来控制放在其上的组件的位置。通常，要设计一个复杂的界面，需要用到多个容器和多种布局管理器。

6.1 应用 AWT 组件开发图形用户界面程序

Abstract Windows Toolkit(AWT)是最原始的 Java GUI 工具包。AWT 的主要优点是它在 Java 技术的每个版本上都成为了一种标准配置，包括早期的 Web 浏览器中的 Java 实现，另外它也非常稳定。这意味着不需要单独安装这个工具包，在任何一个 Java 运行环境中都可以使用它。

AWT 是一个非常简单的具有有限 GUI 组件、布局管理器和事件的工具包。这是因为 Sun 公司决定为 AWT 使用一种最小公分母(LCD)的方法。因此它只会使用为所有 Java 主机环境定义的 GUI 组件。

AWT 还提供了一个丰富的图形环境，尤其是在 Java 1.2 及其以后版本中更是如此。通过 Graphics2D 对象和 Java 2D、Java 3D 服务，可以创建功能强大的图形应用程序。

Java 的图形用户界面是由各种组件组成，这些组件可分为两类，一类是 AWT 组件，另一类是 Swing 组件。在 java.awt 包中定义了各种用于创建图形用户界面的组件类。这一节将主要介绍 AWT 的相关内容。

java.awt 包中主要的类及层次关系如下。

```
java.lang.Object                      所有 Java 类的超类
|- Font                               字体类
|- Color                              颜色类
|- Graphics                           图形类
|- Component                          组件类
|    |- Label                         标签类
|    |- Button                        按钮类
|    |- TextComponent                 文本组件类
|    |    |- TextField                文本域类(单行)
|    |    |- TextArea                 文本区类(多行)
|    |- List                          列表类
|    |- Container                     容器类
|    |    |- Panel                    面板类
|    |    |    |- Applet              小程序类
|    |    |- Window                   窗口类
|    |         |- Frame               框架类
|    |         |- Dialog              对话框类
|    |- Checkbox                      单选按钮与复选按钮类
|- CheckBoxGroup                      按钮组合类
|- MenuComponent                      菜单组件类
|    |- MenuBar                       菜单栏类
|    |- MenuItem                      菜单项类
|- FlowLayout                         布局管理器
|- BorderLayout                       布局管理器
|- GridLayout                         布局管理器
|- CardLayout                         布局管理器
|- GridBagLayout                      布局管理器
```

6.1.1 使用 java.awt 设计图形用户界面

抽象窗口工具包 AWT 是 Sun 公司为 Java 程序设计者提供的建立图形用户界面 GUI 的工具集。AWT 可用于 Java 的 Applet 和 Application 程序中。它支持的图形用户界面编程功能包括：用户界面组件、事件处理模型、图形和图像工具、布局管理器。因此，编写图形用户界面程序一定要引入 java.awt 包。

例 6-1 一个简单的图形用户界面程序。

程序代码：创建 myClock.java。

```
import java.awt.*;
import java.awt.event.*;
import java.util.*;
public class myClock extends Frame implements ActionListener{
    Label lblTimeDisplay=new Label("请单击\"显示时间\"按钮");//创建组件对象
    Button btnDisplayTime = new Button("显示时间");
    myClock(){                                          //构造方法
        super("一个简单的 AWT 应用程序");
        btnDisplayTime.addActionListener(this);         //为组件注册监听器
        setLayout(new BorderLayout());                  //设置布局管理器
        this.add(lblTimeDisplay,BorderLayout.NORTH);      //添加组件
        this.add(btnDisplayTime,BorderLayout.SOUTH);
        this.addWindowListener(new WindowAdapter(){       //为窗口注册监听器
            public void windowClosing(WindowEvent e){   //窗口事件处理程序
                System.exit(0); } });
    }
    public void actionPerformed(ActionEvent e){           //按钮事件处理方法
        Calendar calTime = Calendar.getInstance();
        lblTimeDisplay.setText("现在时间"+calTime.get(Calendar.HOUR_OF_DAY)
            + "时"+calTime.get(Calendar.MINUTE)+"分");
    }
    public static void main(String [] args)    {
        Frame frame = new myClock ();                         //实例化类
        frame.setSize(150,80);                                //设置窗口大小
        frame.setLocationRelativeTo(null);                    //在屏幕中间显示窗口
        frame.setVisible(true);                               //使窗口可见
    }
}
```

程序运行结果如图 6.1 所示。

(a) 运行结果 1

(b) 运行结果 2

图 6.1 例 6-1 运行结果

知识点讲解：Java 是纯面向对象的程序设计语言，因此，不管是控制台应用程序，还是图形界面的应用程序，都要先定义一个类。一个应用程序可以有多个类，但只能有一个

public 类，而且只能有一个 main()方法，这个方法一定要位于这个公共类中。

这个例子虽然简单，却体现了图形用户界面设计的主要方法。程序中用到了两个组件(一个标签，一个按钮)，组件是不能直接使用的，必须先实例化(组件是类)。组件对象可作为实例变量，也可作为局部变量，对象作为实例变量时在整个类内都可见(如本例)，而作为局部变量时只在对象所在的方法内可见，创建对象的位置可视情况而定。

一般来讲，组件是要放到容器中的。本例的容器是 this，即 myClock 实例。如果使用一个方法而不指明它所属的对象，通常是指 this，因此，一般情况下 this 可以省略。

程序执行后所显示的窗口在程序中对应的是 Frame。Java 通常用框架(Frame)和对话框(Dialog)作为独立显示的窗口，其他组件一般不具备独立显示功能。

程序的其他部分功能都有明确的注释，值得注意的是，框架的可视属性(Visible)默认为 false，也就是不可见，因此一定要在程序中将其改为可见，否则将什么都看不到。

至于监听器和事件处理机制，将会在 6.2 节介绍。

例题分析：开发图形用户界面程序的一般步骤如下。

(1) 创建组件(包括容器)对象，设置组件对象的属性。

(2) 如果需要，为组件注册监听器。

(3) 设置容器的布局管理器。

(4) 向容器中添加组件对象(使用容器的 add()方法)。

(5) 编写事件处理程序(实现监听器中的方法)。

6.1.2 容器和组件

Java 的图形用户界面是由组件组成的，例如按钮(Button)、文本域(TextField)和标签(Label)等，其中有一类特殊的组件称为容器(Container)，例如框架(Frame，是一个有边框的独立窗口，与 Windows 窗口相似)、面板(Panel，是包含在窗口中的一个不带边框的区域，它没有具体的图形表示，但却是实现 GUI 的一个重要组件，主要用于存放其他组件和并对组件进行布局管理)等。容器是用来盛放其他组件的，可以通过容器提供的 add()方法将组件添加到容器中。对于小程序(Applet)，由于其本身就是一个容器(因为它是 Panel 的子类)，因此，可以将组件直接添加到小程序上。也可以先将组件加到其他容器中，然后再将容器加到小程序中。在 Java 程序中可以使用多个容器，每个容器可以有自己的布局管理器，这样所带来的好处是使得程序界面能够满足复杂的应用需求，而单用一个容器是很难做到这一点的。

用框架 Frame 创建的窗口是一个可独立运行的主窗口，常用于开发桌面应用程序，用它创建的窗口是一个包含标题栏、系统菜单栏、最大最小化按钮以及可选菜单栏的完整窗口。创建一个 Frame 窗口后，通常需要调用 setSize()方法来设置窗口的大小，并调用 setVisible()方法来显示窗口。Frame 默认的布局管理器是 BorderLayout，默认的添加组件的位置是 BorderLayout.CENTER。

面板 Panel 不是一个独立的窗口，只是窗口中的一个区域，因此，面板必须添加到窗体(Frame)中。面板是一个不可视的容器。

在例 6-1 中，myClock 类就是一个由框架容器类 Frame 派生的类，main 方法中的 newmyClock()语句是创建一个该类的对象，也叫实例化，所以对象又称实例。在本章中，实例和对象是通用的。一个类只有实例化后才可以使用，否则只能使用类中的静态成员。在例 6-1 中，lblTimeDisplay，btnDisplayTime 分别是组件类 Label 和 Button 的对象。

例 6-2 创建组件和设置布局管理器。

程序代码：创建 LayoutFrame.java。

```
import java.awt.*;
public class LayoutFrame extends Frame{
    LayoutFrame(){
        super("带组件的窗体");                              //设置窗体标题栏
        setLayout(new BorderLayout());                      //设置布局管理器，可省略
        //添加按钮组件，并设置按钮组件在容器中的位置
        add(new Button("北"), BorderLayout.NORTH);  //上
        add(new Button("南"), BorderLayout.SOUTH);  //下
        add(new Button("西"), BorderLayout.WEST);   //左
        add(new Button("东"), BorderLayout.EAST);   //右
        //添加标签组件，文本标签中间对齐
        add(new Label("Hello ,World !",Label.CENTER), BorderLayout.CENTER);
                                                            //中
    }
    public static void main(String[] args) {
        Frame frame= new LayoutFrame();                 //设置窗体标题栏
        frame.setSize(200,200);                         //设置窗体大小
        frame.setVisible(true);                         //显示窗体
    }
}
```

程序运行结果如图 6.2 所示。

图 6.2 带组件的窗体

知识点讲解：向容器内添加对象的方法如下。

```
容器对象.add(组件对象[, 约束条件])
```

如：this.add(btnDisplayTime, BorderLayout.SOUTH);

该语句的作用是将组件对象 btnDisplayTime 添加到 myClock 对象的底部(BorderLayout.SOUTH)。BorderLayout 类中有 5 个静态常量：EAST，WEST，SOUTH，NORTH，CENTER，这 5 个常量用于指定组件在容器中的位置，分别表示东、西、南、北、中 5 个区域，这里的位置与地图坐标系相同，即上北、下南、左西、右东。由于 myClock 本身就是一个容器类，因此，如果省略容器对象，则默认是将组件添加到当前类的实例中，所以上述语句也可以写成 add(btnDisplayTime,BorderLayout.SOUTH);效果是一样的。

例题分析：setLayout(new BorderLayout());设置布局管理器为 BorderLayout，其他的布局管理器如 GridLayout、FlowLayout 等的设置与此类似。

add(new Button("北"), BorderLayout.NORTH); 先创建一个文本标签为“北”的按钮，然后将此按钮添加到窗体的上部。其中 BorderLayout.NORTH 中的 NORTH 为 BorderLayout 类中的静态常量，因此不用实例化即可引用。由于 Frame 类默认的布局管理器为 Border Layout，因此，此条语句可以省略。

```
add(new Button("北"), BorderLayout.NORTH);
```

也可以写成：

```
Button btnNorth = new Button("北");
add(btnNorth, BorderLayout.NORTH);
```

前一种写法比较简洁，为程序员所偏爱。但这种写法有一个问题，即对象没有名字，以后无法引用。同理，add(new Label("Hello ,World !", Label.CENTER), BorderLayout.CENTER); 也与此类似。

注意容器的方法 add()的使用。由于 add()前面没有容器对象，则默认是添加到当前类(也就是 LayoutFrame)的对象上。读者可以试着将 5 个组件先放在一个 Panel 上，然后再将此 Panel 放在 Frame 上，实现同样的效果。

6.1.3 标签组件

标签(Label)组件用来显示一行静态文本。静态文本通常是不变的量，主要用于显示提示信息。通过程序可以改变静态文本的内容，但用户不能改变。Label 组件没有任何特殊的边框和装饰，通常不产生事件。

1. Label 组件构造函数

```
Label()
```

创建不含文本标签的标签对象。

```
Label(String text)
```

创建含文本标签的标签对象。

```
Label(String text, int alignment)
```

创建含文本标签和对齐方式的标签对象。

2. Label 组件方法

```
getText()
```

获取标签的文本内容。

```
setText(String text)
```

设置标签的文本内容。

3. Label 组件实例

```
Label lblName1 = new Label("张三",0);   //左对齐，也可用 Label.LEFT
Label lblName2 = new Label("李四",1);   //右对齐，也可用 Label. CENTER
Label lblName3 = new Label("王五",2);   //居中对齐，也可用 Label. RIGHT
```

```
lblName1.getText();                    //获取标签 lblName1 的文本内容
lblName2.setText("李六");              //将标签 lblName2 的内容改为“李六”
```

6.1.4 文本域组件

文本域(TextField)组件可以用来显示一行文本，它是图形用户界面经常使用的输入组件。当按 Enter 键或者 Return 键时，监听器 ActionListener 可以通过 actionPerformed()方法获取这个事件。除了注册一个 ActionListener 监听器，还可以注册一个 TextListener 监听器来接收关于个别击键的通知。

1. TextField 组件构造函数

```
TextField()
```

默认构造函数，创建显示内容为“空”的文本域对象。

```
TextField(int columns)
```

创建具有指定宽度的文本域对象。

```
TextField(String text)
```

创建具有指定显示内容的文本域对象。

2. TextField 组件方法

```
getText()
```

获取文本域的内容。

```
setText(String t)
```

设置文本域的内容。

```
setFont(Font f)
```

设置文本域的字体。

3. TextField 组件实例

```
TextField txtName = new TextField(10);           //创建宽度为 10 的文本域对象
txtName.setFont(new Font("宋体",Font.BOLD,24)); //设置字体
txtName.setText("张三");                          //设置文本域内容
TextField txtSex = new TextField("男");           //创建内容为“男”的文本域对象
String name = txtSex.getText();                   //name="男"
TextField txtAge = new TextField("18");
```

注意：当指定了一个字符串为初始值但没有指定文本域长度时，字符串的长度就决定了文本域的长度。还应注意，使用文本域输入时，用户输入的任何数字都被当作文本来处理，因此，把字符串转换成数值类型的数据是必要的。

6.1.5 按钮组件

按钮(Button)组件是图形用户界面设计经常用到的组件，这个组件提供了“按下并动作”的基本操作。通常构造一个带文本标签的按钮，用来提示用户它的作用。

例 6-3 标签、文本域和按钮应用实例。

程序代码：创建 Caltulater.java。

```
import java.awt.*;
import java.awt.event.*;
public class Calculater extends Frame{
    Label lblCalculator = new Label("一个简单的计算器界面",Label.CENTER);
    TextField txtTitle = new TextField(20);
    Panel pnlCal = new Panel();
    Button btnAdd = new Button("加");
    Button btnMinus = new Button("减");
    Button btnMulti = new Button("乘");
    Button btnDivide = new Button("除");
    Calculater(){
        super("一个简单的计算器");
        setLayout(new GridLayout(3,1));
        add(lblCalculator);
        add(txtTitle);
        pnlCal.setLayout(new FlowLayout());
        pnlCal.add(btnAdd);
        pnlCal.add(btnMinus);
        pnlCal.add(btnMulti);
        pnlCal.add(btnDivide);
        add(pnlCal);
        addWindowListener(new WindowAdapter(){
            public void windowClosing(WindowEvent e){
                System.exit(0); } });
    }
    public static void main(String[] args) {
        Frame frame= new Caltulater();
        frame.setSize(200,130);
        frame.setLocationRelativeTo(null);
        frame.setVisible(true);
    }
}
```

程序运行结果如图 6.3 所示。

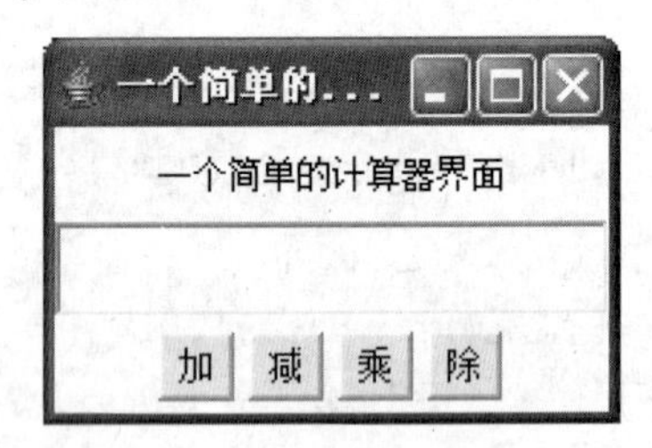

图 6.3　一个简单的计算器界面

知识点讲解如下。

1. Button 组件构造函数

```
Button()
```

默认构造函数，创建不带文本标签的按钮对象。

```
Button(String label)
```

创建带文本标签的按钮对象。

2. Button组件实例

```
Button btn = new Button("确定");
```

例题分析：该例中将4个按钮放置在一个Panel中进行统一管理，并使用Panel默认的布局管理器FlowLayout。然后再将标签、文本域和4个按钮所在的Panel以GridLayout方式进行布局。

这里引进了一种新的布局方式，即将不同的组件放在几个面板上，每个面板都可以使用不同的布局管理器，然后再将这些面板按照新的布局方式进行放置，这种布局方式可以满足复杂的界面需求。

程序中：

```
addWindowListener(new WindowAdapter(){
    public void windowClosing(WindowEvent e) {
        System.exit(0); }});
```

是一个方法调用，该方法的原型为：

```
addWindowListener(WindowListener wl);
```

其作用是为当前窗口指定一个监听器，这个监听器是一个匿名内部类(它没有名字，是WindowAdapter类的派生类)，这个新类覆盖了WindowAdapter类的windowClosing方法。有关WindowAdapter会在6.2节中介绍。

6.1.6　复选框及复选框组组件

复选框(Checkbox)由一个文本标签和一个可选框组成，它提供一种简单的“开/关”式输入方法。复选框是一个可处于“开”(true)或“关”(false)状态的图形组件。单击复选框可将其状态从“开”更改为“关”，或从“关”更改为“开”。复选框组是复选框的一个集合。

例6-4 复选框及复选框组。

程序代码：创建Check_Box.java。

```
import java.awt.*;
import java.awt.event.*;
public class Check_Box extends Frame {
    Label label1 = new Label("复选框组");
    Label label2 = new Label("复 选 框");
    Checkbox checkbox1, checkbox2, checkbox3, checkbox4;
    Check_Box() {
        addWindowListener(new WindowAdapter() {
            public void windowClosing(WindowEvent e) {
                System.exit(0);}});
        setLayout(new GridLayout(2, 2));
        CheckboxGroup cbg = new CheckboxGroup();        //创建复选框组
        checkbox1 = new Checkbox("男", false, cbg);     //创建复选框并加到复
                                                          选框组中
        checkbox2 = new Checkbox("女", false, cbg);
        add(label1);
        add(checkbox1);
        add(checkbox2);
        checkbox3 = new Checkbox("老", false);
        checkbox4 = new Checkbox("少", false);
```

```
        add(label2);
        add(checkbox3);
        add(checkbox4);
    }
    public static void main(String[] args) {
        Check_Box frame = new Check_Box();
        frame.setTitle("复选框及复选框组示例");
        frame.setSize(300, 200);
        frame.setLocationRelativeTo(null);
        frame.setVisible(true);
    }
}
```

程序运行结果如图 6.4 所示。

图 6.4　复选框及复选框组

知识点讲解如下。

1. 复选框

1) Checkbox 组件构造函数

```
public Checkbox()
```

使用空字符串标签创建一个复选框。此复选框的状态被设置为“关”，并且它不属于任何复选框组。

```
public Checkbox(String label)
```

使用指定标签创建一个复选框。

参数：

label——此复选框的字符串标签，如果没有标签，则该参数为 null。

```
public Checkbox(String label, CheckboxGroup group, boolean state)
```

使用指定标签创建一个复选框，并使它处于指定复选框组内，将它设置为指定状态。

参数：

label——此复选框的字符串标签，如果没有标签，则该参数为 null;

group——此复选框的复选框组，如果没有这样的复选框组，则该参数为 null;

state——此复选框的初始状态。

2) Checkbox 组件方法

```
public void setCheckboxGroup(CheckboxGroup g)
```

将复选框的组设置为指定复选框组。如果复选框已经在另一个复选框组中，则首先从那个组中提取该复选框。

如果此复选框的状态为 true，并且新组已经有一个选定的复选框，则将此复选框的状态更改为 false。如果此复选框的状态为 true，并且新组中没有选定的复选框，则此复选框将成为新组的选定复选框，并且其状态为 true。

参数：g——新复选框组，如果该参数为 null，则从所有复选框组中移除此复选框

```
public void addItemListener(ItemListener l)
```

添加指定的监听器，以接收来自此复选框的事件。将事件发送到监听器，以响应用户输入，但不响应对 setState()的调用。如果 l 为 null，则不会抛出异常并且不执行任何操作。

参数：l——监听器。

2. 复选框组

复选框组(CheckboxGroup)用于对 Checkbox 集合进行分组。准确地说，CheckboxGroup 中的复选框按钮可以在任意给定的时间设置为开。单击任何按钮，可将按钮状态设置为开，并且强制将任何其他开状态的按钮更改为关状态。

CheckboxGroup 组件构造方法：

```
public CheckboxGroup()
```

以下代码创建一个复选框组，其中有 3 个复选框：

```
CheckboxGroup cbg = new CheckboxGroup();
add(new Checkbox("one", cbg, true));
add(new Checkbox("two", cbg, false));
add(new Checkbox("three", cbg, false));
```

此例比较简单，主要复习和掌握复选框和复选框组的使用，需要注意的是，当复选框加到复选框组时，就变成了单选按钮，它们之间是互斥的，不管复选框组中有多少复选框，同一时刻只能有一个被选中。

6.1.7 文本区组件

文本区(TextArea)组件是显示多行文本的区域。可以将它设置为允许编辑或只读。

1. TextArea 组件构造方法

```
public TextArea()
```

构造一个指定文本为空的新文本区。此文本区是在滚动条可见性等于 SCROLLBARS_BOTH(水平和垂直两个方向)的情况下创建的，所以垂直滚动条和水平滚动条对于文本区都将是可视的。

```
public TextArea(String text)
```

构造具有指定文本的新文本区。文本区是在滚动条可见性等于 SCROLLBARS_BOTH 的情况下创建的，所以垂直滚动条和水平滚动条对于文本区都将是可视的。

参数：

text——要显示的文本。

```
public TextArea(String text, int rows, int columns, int scrollbars)
```

构造一个新文本区，该文本区具有指定的文本以及指定的行数、列数和滚动条可见性。

TextArea 类定义了一些可以作为 scrollbars 参数值的常量：

SCROLLBARS_BOTH——垂直和水平；

SCROLLBARS_VERTICAL_ONLY——仅垂直；

SCROLLBARS_HORIZONTAL_ONLY——仅水平；

SCROLLBARS_NONE——垂直和水平都没有。

参数：

text——要显示的文本，如果 text 为 null，则显示空字符串 " "；

rows——行数，如果 rows 小于 0，则将 rows 设置为 0；

columns——列数，如果 columns 小于 0，则将 columns 设置为 0；

scrollbars——确定为查看文本区创建的滚动条类型的常量。

2. TextArea 组件方法

```
public void insert(String str, int pos)
```

在文本区的指定位置插入指定文本。

参数：

str——要插入的非 null 文本；

pos——插入的位置。

```
public void append(String str)
```

将给定文本追加到文本区已有文本之后。

注意：传递 null 或不一致的参数是无效的，并且将导致不确定的行为。

参数：

str——要追加的非 null 文本。

6.1.8 面板组件

面板(Panel)是最简单也是非常重要的容器类。可以将其他组件放在面板提供的空间内，这些组件还可是其他容器。面板是一个无形的容器，它的作用主要用于窗口布局和绘制图形。

面板的默认布局管理器是 FlowLayout 布局管理器。

例 6-5 文本区及面板的应用。

程序代码：创建 Text_Area.java。

```
import java.awt.*;
import java.awt.event.*;
public class Text_Area extends Frame implements ActionListener{
    TextField txtInput = new TextField("",30);      //创建文本域实例
    TextArea txa = new TextArea();                  //创建文本区实例
    Button btnOK = new Button("确定");
    Panel panel = new Panel();                      //创建面板实例
    Text_Area() {
        addWindowListener(new WindowAdapter() {
            public void windowClosing(WindowEvent e) {
                System.exit(0);
            }
```

```
        });
        this.setLayout(new BorderLayout());           //窗口的布局管理器
        panel.setLayout(new FlowLayout());            //面板的布局管理器
        btnOK.addActionListener(this);                //为按钮注册监听器
        panel.add(txtInput);
        panel.add(btnOK);
        this.add(panel,BorderLayout.NORTH);           //面板加在窗口的上部
        this.add(txa,BorderLayout.CENTER);            //文本区加在窗口的中部
    }
    public void actionPerformed(ActionEvent e) {      //事件处理方法
        txtInput.requestFocus();
        txa.append(txtInput.getText()+"\n");
        txtInput.setText("");
    }
    public static void main(String[] args) {
        Text_Area frame = new Text_Area();
        frame.setTitle("文本区及面板示例");
        frame.setSize(300, 200);
        frame.setLocationRelativeTo(null);
        frame.setVisible(true);
    }
}
```

程序运行结果如图6.5所示。

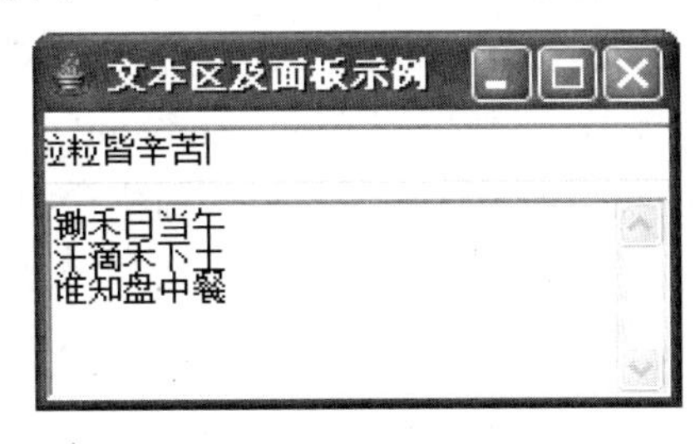

图6.5　例6-5运行结果

知识点讲解如下。

1. Panel组件构造函数

```
public Panel()
```

使用默认的布局管理器创建新面板。默认布局管理器是FlowLayout。

```
public Panel(LayoutManager layout)
```

创建具有指定布局管理器的新面板。
参数：
layout——此面板的布局管理器。

2. Panel组件方法

Panel组件最常用的方法是从java.awt.Container类继承的方法add()：

```
public Component add(Component comp)
```

将指定组件添加到此容器的尾部。当布局管理器是FlowLayout时，组件按从左到右的

顺序追加，一行到头时自动换行。如果布局管理器是 GridLayout，也是按照流水顺序追加，从左到右，从上到下，不能跳跃追加。

注：如果用程序代码将某个组件添加到显示的容器中，则必须调用此容器的 validate()方法以显示新的组件，否则，新加的组件不可见。如果添加多个组件，那么可以在添加所有组件之后，通过只调用一次 validate()方法来提高效率。

参数：

comp——要添加的组件。

例题分析：本例主要学习文本区和面板的构造方法的使用，同时也进一步介绍了布局管理器的应用。程序中将窗口的布局管理器设置为 BorderLayout，将面板的布局管理器设置为 FlowLayout，面板放在窗口的上部，文本区放在窗口的中部。

由此例可以看出，单个容器只能进行简单的布局，对于复杂的界面就需多个容器和多种布局才能实现。事实上，大部分界面都需用到多个容器和多种布局管理器。

6.1.9 布局管理器

只有容器类组件才有布局管理器，每种布局管理器都有自己特定的摆放规则，容器的 setLayout()方法可以设置布局管理器的摆放规则。布局管理器主要用于排版，也就是确定组件在容器内的大小和位置。通常情况下，每种容器都被指定了一个默认的布局管理器，如 Panel 的默认布局管理器为 FlowLayout，Frame 的默认布局管理器为 BorderLayout。每个容器都是 java.awt.Container 的子类，可使用容器的 setLayout()方法指定容器的布局管理器的摆放规则。布局管理器可以随窗口的改变而调整组件的位置和大小。

当然也可以不使用布局管理器，即将容器对象的布局管理器设为空。设置布局管理器为 null 的好处是一旦确定了组件的位置就不再改变，组件不会随窗口的改变而改变；缺点是当窗口变小时，组件可能就看不到了。因此，除非窗口大小固定不变，否则，不应采用 null 布局管理器。以下是设置布局管理器为 null 的方法：

容器对象.setLayout(null);

java.awt 包提供的 5 种主要布局管理器如下。

1. 流布局管理器

流布局管理器(FlowLayout)按照从左到右的顺序来排列组件，当一行排满后自动排在下一行。

1) FlowLayout 构造方法

```
public FlowLayout()
```

构造一个新的 FlowLayout，居中对齐，默认的水平和垂直间隙是 5 个单位。

```
public FlowLayout(int align)
```

构造一个新的 FlowLayout，对齐方式是指定的，默认的水平和垂直间隙是 5 个单位。对齐参数的值必须是以下之一：FlowLayout.LEFT、FlowLayout.RIGHT、FlowLayout.CENTER、FlowLayout.LEADING 或 FlowLayout.TRAILING。

参数：

align——对齐参数值。

2) FlowLayout 主要方法

```
public void setAlignment(int align)
```

设置此布局的对齐方式。可能的值为：FlowLayout.LEFT、FlowLayout.RIGHT、FlowLayout.CENTER、FlowLayout.LEADING、FlowLayout.TRAILING。

参数：

align——上面所示的对齐值之一。

```
public void addLayoutComponent(String name,Component comp)
```

将指定的组件添加到布局中。

参数：

name——组件的名称；

comp——要添加的组件。

```
public void removeLayoutComponent(Component comp)
```

从布局中移除指定的组件。

参数：

comp——要移除的组件。

3) FlowLayout 应用

参见例 6-3。

2. 边界布局管理器

边界布局管理器(BorderLayout)可以对容器中的组件进行排版，并自动调整其大小，使其符合下列 5 个区域：东、西、南、北、中。每个区域最多只能包含一个组件，并通过相应的常量进行标识：NORTH、SOUTH、EAST、WEST 和 CENTER，这 5 个常量是静态的，因此可以通过类名引用。当使用边界布局管理器将一个组件添加到容器中时，要使用这 5 个常量之一，默认为 CENTER。

1) BorderLayout 构造方法

```
public BorderLayout()
```

构造一个组件之间没有间距的新边界布局。

```
public BorderLayout(int hgap, int vgap)
```

用指定的组件之间的水平间距构造一个边界布局。水平间距由 hgap 指定，而垂直间距由 vgap 指定。

参数：

hgap——水平间距；

vgap——垂直间距。

2) BorderLayout 示例

```
Panel p1 = new Panel();
P1.setLayout(new BorderLayout());
```

```
    P1.add(new Button("Okay"), BorderLayout.SOUTH);
    Panel p2 = new Panel();
    p2.setLayout(new BorderLayout());
    p2.add(new  TextArea());   //等价于 p2.add(new  TextArea(),BorderLayout.
CENTER);
```

3) BorderLayout 应用

参见例 6-2。

3. 网格布局管理器

网格布局管理器(GridLayout)以矩形网格的形式对容器内的组件进行摆放。容器被分成大小相等的规则矩形，一个矩形中放置一个组件。

例 6-6 将 6 个按钮布置到 2 行 3 列中。

程序代码：创建 ButtonGrid.java。

```
import java.awt.*;
import java.applet.Applet;
public class ButtonGrid extends Applet {
    public void init() {
        setLayout(new GridLayout(2,3));
        add(new Button("1"));
        add(new Button("2"));
        add(new Button("3"));
        add(new Button("4"));
        add(new Button("5"));
        add(new Button("6"));
    }
}
```

程序运行结果如图 6.6 所示。

图 6.6　网格布局管理器

知识点讲解如下。

1) GridLayout 构造方法

```
public GridLayout(int rows, int cols)
```

创建具有指定行数和列数的网格布局。布局中的所有组件分配相同的大小空间。

rows 和 cols 中的一个可以为 0(但不能两者同时为 0)，表示可以将任何数目的对象置于行或列中。

参数：

rows——该 rows 具有表示任意行数的值 0；

cols——该 cols 具有表示任意列数的值 0。

```
public GridLayout(int rows, int cols, int hgap, int vgap)
```

创建具有指定行数和列数的网格布局。布局中的所有组件分配相同的大小空间。

此外，将水平和垂直间距设置为指定值。水平间距将置于列与列之间。将垂直间距将置于行与行之间。

rows 和 cols 中的一个可以为 0(但不能两者同时为 0)，这表示可以将任何数目的对象置于行或列中。

参数：

rows——该 rows 具有表示任意行数的值 0；

cols——该 cols 具有表示任意列数的值 0；

hgap——水平间距；

vgap——垂直间距。

2) GridLayout 方法

```
public int getRows()
```

获取此布局中的行数。

返回：

此布局中的行数。

```
public void setRows(int rows)
```

将此布局中的行数设置为指定值。

参数：

rows——此布局中的行数。

```
public int getColumns()
```

获取此布局中的列数。

返回：

此布局中的列数。

```
public void setColumns(int cols)
```

将此布局中的列数设置为指定值。如果构造方法或 setRows 方法指定的行数为非 0，则列数的设置对布局没有影响。在这种情况下，布局中显示的列数由组件的总数和指定的行数确定。

参数：

cols——此布局中的列数。

4. 卡片布局管理器

卡片布局管理器(CardLayout)将容器中的每个组件看作一张卡片。一次只能看到一张卡片，而容器则充当卡片的堆栈。容器的作用就像一叠卡片。当容器第一次显示时，第一个添加到 CardLayout 对象的组件为可见组件。

卡片的顺序由组件对象本身在容器内部的顺序决定。CardLayout 定义了一组方法，这些方法允许应用程序按顺序浏览这些卡片，或者显示指定的卡片。

GridLayout 布局处理器在放置组件时按一行从左到右，从上到下的顺序摆放组件。

例 6-7 CardLayout 应用示例。

程序代码：创建 Card_Layout.java。

```
import java.awt.*;
import java.awt.event.*;
import javax.swing.*;
public class Card_Layout extends JPanel implements ActionListener {
    CardLayout card = new CardLayout(30, 30);
    JButton button;
    public Card_Layout() {
        setLayout(card);
        for (int i = 1; i <= 5; i++) {
            button = new JButton("卡片上第" + i + "个按钮"); //按钮文本
            add(button, "Card" + i);                       //按钮添加到卡片上
            button.addActionListener(this);                //为按钮注册监听器
        }
    }
    public void actionPerformed(ActionEvent e) {           //事件处理程序
        card.next(this);                                   //切换到下一张卡片
    }
    public static void main(String[] args) {
        JFrame frame = new JFrame("CardLayout 应用示例");
        frame.setDefaultCloseOperation(JFrame.EXIT_ON_CLOSE);
        frame.getContentPane().add(new Card_Layout());
        frame.setBounds(30, 30, 400, 300);
        frame.setLocationRelativeTo(null);
        frame.setVisible(true);
    }
}
```

程序运行结果如图 6.7 所示。

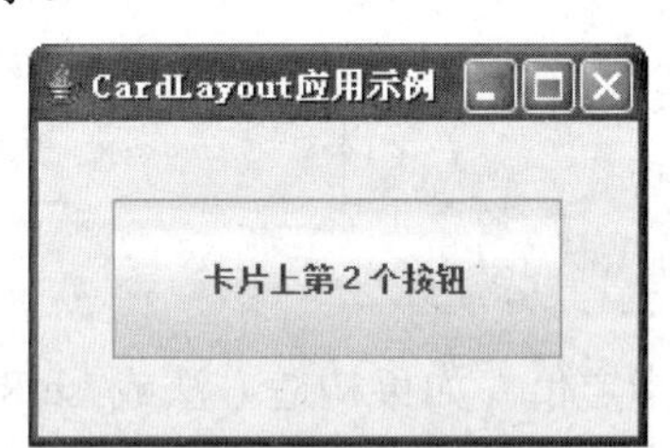

图 6.7　单击按钮可切换卡片

知识点讲解如下。

1) CardLayout 构造方法

```
public CardLayout()
```

创建一个间隙大小为 0 的新卡片布局。

```
public CardLayout(int hgap, int vgap)
```

创建一个具有指定的水平和垂直间隙(距容器边缘)的新卡片布局。水平间隙置于左右边缘。垂直间隙置于上下边缘。

参数：

hgap——水平间隙；

vgap——垂直间隙。

2) CardLayout 方法

```
public void first(Container parent)
```

翻转到容器的第一张卡片。

参数：

parent——要在其中进行布局的父容器。

```
public void next(Container parent)
```

翻转到指定容器的下一张卡片。如果当前的可见卡片是最后一个，则此方法翻转到布局的第一张卡片。

参数：

parent——要在其中进行布局的父容器。

```
public void previous(Container parent)
```

翻转到指定容器的前一张卡片。如果当前的可见卡片是第一个，则此方法翻转到布局的最后一张卡片。

参数：

parent——要在其中进行布局的父容器。

```
public void last(Container parent)
```

翻转到容器的最后一张卡片。

参数：

parent——要在其中进行布局的父容器。

例题分析：程序中将面板和布局管理器设置为 CardLayout，用一个循环产生创建 5 个按钮，同时将这 5 个按钮按前后层次顺序放置在面板上。特别值得注意的是，每次循环创建一个按钮时，就给它注册一个监听器(本例中监听器只有一个)。

程序执行时，先显示卡片上第一个按钮，当单击按钮时，触发事件处理程序，执行 card.next(this);语句，也就是显示下一张卡片，如此循环往复。

5. 网格包布局管理器

网格包布局管理器(GridBagLayout)是一个灵活的布局管理器，与 GridLayout 布局管理器不同之处是将组件垂直和水平对齐时不需要组件的大小相同。每个 GridBagLayout 对象维持一个将组件垂直和水平对齐的矩形单元网格，每个组件占用一个或多个这样的单元，称为显示区域。

每个由 GridBagLayout 管理的组件都与 GridBagConstraints 的实例相关联。Constraints 对象指定组件在网格中的显示区域及其在显示区域中的放置方式。除了 Constraints 对象之外，GridBagLayout 还考虑每个组件的最小和首选大小，以确定组件的大小。网格包布局示例如图 6.8 所示。

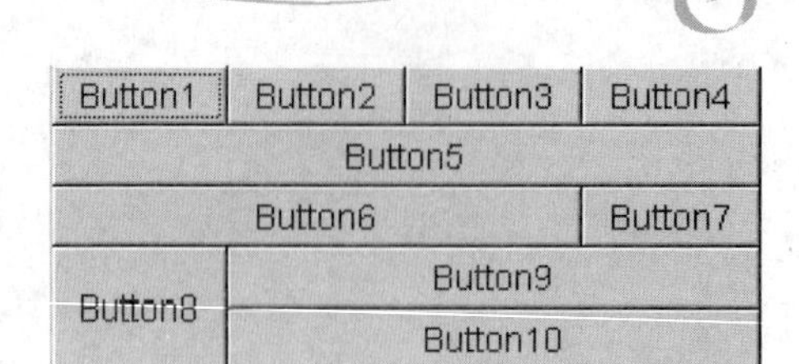

图 6.8　网格包布局示例

例 6-8 GridBagLayout 示例。

程序代码：创建 GridBag_Layout.java。

```
    import java.awt.*;
    import java.awt.event.*;
    import java.util.Vector;
    import javax.swing.*;
    public class GridBag_Layout extends JPanel implements ContainerListener,
ActionListener{
        JTextArea txaDisplay;
        JPanel panel;
        JButton addButton, removeButton, clearButton;
        Vector<JButton> buttonList;                                //按钮向量
        static final String ADD = "add";
        static final String REMOVE = "remove";
        static final String CLEAR = "clear";
        static final String newline = "\n";
        public GridBag_Layout() {
            super(new GridBagLayout());
            GridBagLayout gridbag = (GridBagLayout) getLayout();
            GridBagConstraints gbc = new GridBagConstraints();
            //初始化一组空的按钮
            buttonList = new Vector<JButton>(10, 5);  //向量初始大小为 10，增量为 5
            //以下创建所有组件
            addButton = new JButton("增加一个按钮");
            addButton.setActionCommand(ADD);  //设置此按钮激发的操作事件的命令名称
            addButton.addActionListener(this);                  //为按钮注册监听器
            removeButton = new JButton("删除一个按钮");
            removeButton.setActionCommand(REMOVE);
            removeButton.addActionListener(this);
            panel = new JPanel(new FlowLayout());               //放置按钮的面板
            panel.setPreferredSize(new Dimension(200, 50));//设置面板的尺寸
            panel.addContainerListener(this);
            txaDisplay = new JTextArea();
            txaDisplay.setEditable(false);                      //文本区不可编辑
            JScrollPane scrollPane = new JScrollPane(txaDisplay);//设置文本区滚
                                                                  动条
            scrollPane.setPreferredSize(new Dimension(200, 75));//设置文本区
                                                                  尺寸
            clearButton = new JButton("清除文本区");
            clearButton.setActionCommand(CLEAR);
            clearButton.addActionListener(this);
            //组件的显示区域大于它所请求的显示区域的大小时，在水平和垂直两个方向调整
            gbc.fill = GridBagConstraints.BOTH;
            //当窗口尺寸变化时，文本区的高度按比例自动调整
```

```
    gbc.weighty = 1.0;    //按钮区同文本区具有相同的高度，weighty 值都为 1.0
    gbc.gridwidth = GridBagConstraints.REMAINDER;  //此行后面不再有其他
                                                    组件
    gridbag.setConstraints(scrollPane, gbc);
    add(scrollPane);
    // 当窗口尺寸变化时，clearButton 按钮的高度不变
    gbc.weighty = 0.0;
    gbc.gridwidth = GridBagConstraints.REMAINDER;  //此行可省略，前面设
                                                    置过
    gridbag.setConstraints(clearButton, gbc);
    add(clearButton);
    //下面这段代码将 addButton、removeButton 两个按钮放置在同一行
    gbc.weightx = 1.0;      //使 addButton、removeButton 两个按钮宽度相同
    gbc.gridwidth = 1;      //此行后面还有其他组件
    gridbag.setConstraints(addButton, gbc);
    add(addButton);
    gbc.gridwidth = GridBagConstraints.REMAINDER;  //此行后面不再有其他
                                                    组件
    gridbag.setConstraints(removeButton, gbc);
    add(removeButton);
    gbc.weighty = 1.0;      //按钮区同文本区具有相同的高度,weighty 值都为 1.0
    gridbag.setConstraints(panel, gbc);
    add(panel);
    setPreferredSize(new Dimension(400, 400));         //设置窗口尺寸
    setBorder(BorderFactory.createEmptyBorder(20,20,20,20));
    //设置边距
}
//监听器 ContainerListener 方法，将组件添加到容器中时调用
public void componentAdded(ContainerEvent e) {
    displayMessage(" 增加到     ", e);
}
//监听器 ContainerListener 方法，从容器中移除组件时调用
public void componentRemoved(ContainerEvent e) {
    displayMessage(" 被删除从 ", e);
}
//在文本区显示所做的操作
void displayMessage(String action, ContainerEvent e) {
    txaDisplay.append(((JButton) e.getChild()).getText() + action
            + e.getContainer().getClass().getName() + newline);
txaDisplay.setCaretPosition(txaDisplay.getDocument().getLength());
}
//监听器 ActionListener 的方法
public void actionPerformed(ActionEvent e) {
    String command = e.getActionCommand();
    if (ADD.equals(command)) {
        JButton newButton = new JButton("按钮#"+(buttonList.size()+1));
        buttonList.addElement(newButton);  //将按钮加到按钮向量中
        panel.add(newButton);              //将按钮加到面板中
        panel.revalidate();                //刷新布局管理器，使按钮可见
    } else if (REMOVE.equals(command)) {
        int lastIndex = buttonList.size()-1;
        try {
            JButton nixedButton = buttonList.elementAt(lastIndex);
            panel.remove(nixedButton);          //将按钮从面板中删除
```

```
                buttonList.removeElementAt(lastIndex);
                //将按钮从按钮向量中删除
                panel.revalidate();                       //刷新布局管理器，使按钮
                                                            消失
                panel.repaint();                          //重画面板
            } catch (ArrayIndexOutOfBoundsException exc) {
            }
        } else if (CLEAR.equals(command)) {
            txaDisplay.setText("");                       //清除文本区中的信息
        }
    }
    public static void main(String[] args) {
        JFrame frame = new JFrame("GridBagLayout 应用示例");
        frame.setDefaultCloseOperation(JFrame.EXIT_ON_CLOSE);
        JComponent newContentPane = new GridBag_Layout ();
        frame.setContentPane(newContentPane);
        frame.pack();
        frame.setLocationRelativeTo(null);
        frame.setVisible(true);
    }
}
```

程序运行结果如图 6.9 所示。

图 6.9 GridBagLayout 布局管理器应用

知识点讲解如下。

1) GridBagLayout 构造方法

```
public GridBagLayout()
```

创建网格包布局管理器。

2) GridBagConstraints 构造方法

```
public GridBagConstraints()
```

创建一个 GridBagConstraint 对象，将其所有字段都设置为默认值。

例题分析：GridBagLayout 布局管理器功能非常强大，布局也非常灵活，但使用起来却非常复杂。在使用 GridBagLayout 布局管理器时，主要考虑组件摆放的位置和顺序，以及组件所占空间的比例。由于 GridBagLayout 使用起来非常复杂，因此对代码进行了非常详细的注释，希望能够仔细阅读。

程序中的 Vector<JButton> buttonList = new Vector<JButton>(10, 5);用于创建按钮向量，也就是按钮数组，这个向量开始大小为 10，当向其中添加元素超过 10 个时，自动为其增加 5 个长度。由此可以看出向量数组是一个可变长的数组，而普通数组则不具备此特性。

程序中，为窗口下部的面板注册了一个监听器 ContainerListener，ContainerListener 有两个方法：componentAdded(ContainerEvent e)和 componentRemoved(ContainerEvent e)，其中的参数 ContainerEvent 为事件类。当向面板中增加或删除一个按钮时，触发 ContainerEvent 事件并将该事件提交给事件处理程序，事件处理程序将所发生的动作写在上面的文本区中。

6.1.10　下拉列表框组件

下拉列表框(Choice)提供下拉列表，它可以看作是一个弹出式选择菜单。当前的选择显示为菜单的标题。

例 6-9 下拉列表框示例。

程序代码：创建 DropdownList.java。

```
import java.awt.*;
import java.awt.event.*;
public class DropdownList extends Frame implements ItemListener{
    Choice CityChooser = new Choice();                //创建下拉列表框实例
    Label label1 = new Label("您选择的城市是：");
    Label label2 = new Label();
    Panel panel = new Panel();
    DropdownList(){
        addWindowListener(new WindowAdapter() {
            public void windowClosing(WindowEvent e) {
                System.exit(0);
            }
        });
        panel.setLayout(new GridLayout(2,1));
        panel.add(label1);
        panel.add(label2);
        add(panel, BorderLayout.NORTH);
        CityChooser.add("上海市");                      //为下拉列表框增加一项
        CityChooser.add("杭州市");
        CityChooser.add("南京市");
        add(CityChooser, BorderLayout.CENTER);          //将下拉列表框加到窗口上
        CityChooser.addItemListener(this);              //为下拉列表框注册监听器
    }
    public void itemStateChanged(ItemEvent e){          //下拉列表框事件处理程序
        int intSelectedIndex = CityChooser.getSelectedIndex();
                                                        //获取选中项索引
        String s = CityChooser.getItem(intSelectedIndex); //获取选中项内容
        label2.setText(s);
    }
    public static void main(String[] args) {
        DropdownList frame = new DropdownList();
        frame.setTitle("下拉列表框示例");
```

```
        frame.setSize(200, 200);
        frame.setLocationRelativeTo(null);
        frame.setVisible(true);
    }
}
```

程序运行结果如图 6.10 所示。

(a) 运行结果 1

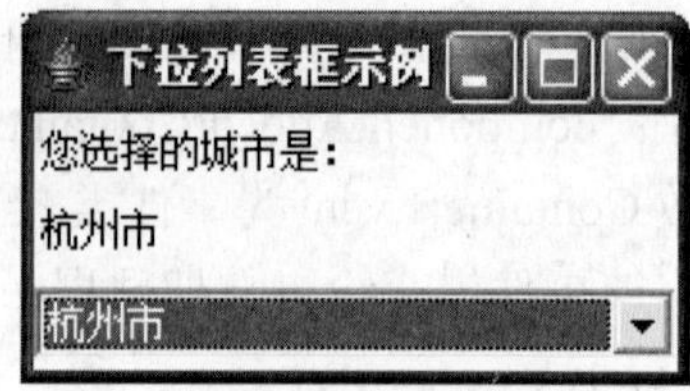

(b) 运行结果 2

图 6.10 下拉列表框

知识点讲解如下。

1. Choice 构造方法

```
public Choice() throws HeadlessException
```

创建一个新的 Choice 菜单。最初，此菜单中没有任何项。在默认情况下，在用户通过调用 select 方法进行不同的选择之前，给 Choice 菜单添加的第一个项将成为选定项。

2. Choice 方法

```
public void add(String item)
```

将一个项添加到此 Choice 菜单中。

参数：

item——要添加的项。

```
public void insert(String item, int index)
```

将一个项插入此 Choice 菜单的指定位置上。如果 index 大于或等于此选择中项的数目，则将 item 添加到此 Choice 菜单的结尾处。

如果此项是第一个添加到该选择中的项，则这个项将成为选定项。否则，如果选定项是上移项中的一个，则该选择中的第一个项将成为选定项。如果选定项不在这些上移项中，则它仍然是选定项。

参数：

item——将插入的非 null 项；

index——应该插入项的位置。

```
public void remove(String item)
```

移除 Choice 菜单中第一个出现的 item。如果正被移除的项是目前选定的项，则该 Choice 中的第一个项将成为选定项。否则，当前的选定项仍然是选定项(并且选定的索引被相应地更新)。

参数：

item——将从此 Choice 菜单中移除的项。

```
public void removeAll()
```

从 Choice 菜单中移除所有的项。

```
public String getSelectedItem()
```

获得当前选择的字符串表示形式。

返回：

此选择菜单中当前选定项的字符串表示形式。

```
public void addItemListener(ItemListener l)
```

添加指定项监听器，以接收来自此 Choice 菜单的项事件。通过发送项事件来响应用户输入，但不响应对 select 的调用。如果 l 为 null，则不会抛出异常，并且不执行任何操作。

参数：l - 项监听器。

例题分析：下拉列表框 Choice 所对应的的监听器为 ItemListener，ItemListener 只有一个方法 itemStateChanged()。当选择了下拉列表中的某一项时，触发一个 ItemEvent 事件，并将这一事件传递给事件处理程序进行处理。

程序窗口用 GridLayout 分为上下两半，上半部分是一个面板，内有两个 Label 组件，用于显示选中的下拉列表框内容；下半部分是一个下拉列表框。

6.1.11　列表框组件

列表框(List)组件可提供一个可滚动的文本项列表。List 组件允许用户进行单项或多项选择。

例 6-10 列表框示例。

程序代码：创建 MyList.java。

```
import java.awt.*;
import java.awt.event.*;
public class MyList extends Frame  implements ItemListener {
    List lst = new List();                                   //创建列表框实例
    TextArea txa = new TextArea();
    MyList() {
        addWindowListener(new WindowAdapter() {
            public void windowClosing(WindowEvent e) {
                System.exit(0);
            }
        });
        setLayout(new GridLayout(1, 2));
         lst.add("中华人民共和国");                           //为列表框增加项目
         lst.add("美国");              lst.add("俄罗斯");
         lst.add("英国");              lst.add("德国");
         lst.add("加拿大");            lst.add("巴西");
         lst.add("西班牙");            lst.add("阿根廷");
         lst.addItemListener(this);                          //为列表框注册监听器
         add(lst);
         add(txa);
```

```
    }
    public void itemStateChanged(ItemEvent e) {
            txa.append(lst.getItem(lst.getSelectedIndex()) + "\n");
    }
    public static void main(String[] args) {
        MyList frame = new MyList();
        frame.setTitle("列表框示例");
        frame.setSize(300, 200);
        frame.setLocationRelativeTo(null);
        frame.setVisible(true);
    }
}
```

程序运行结果如图 6.11 所示。

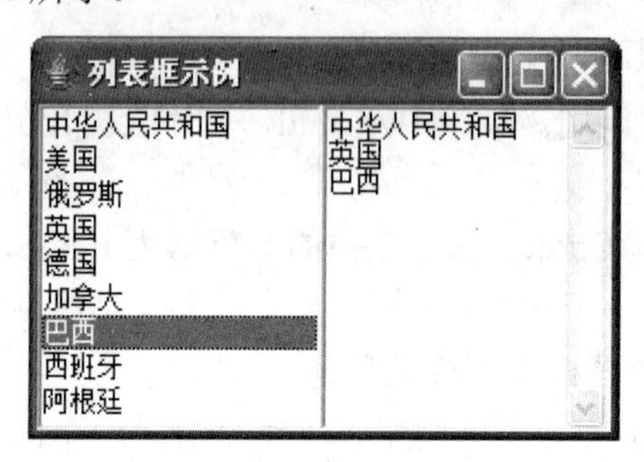

图 6.11　列表框示例

知识点讲解如下。

1. List 构造方法

```
public List()
```

创建新的滚动列表。在默认情况下，有 4 个可视行，并且不允许多项选择。注意，这是 List(0, false)的一种便捷方法。还要注意，列表中的可视行数一旦创建就不能更改。

```
public List(int rows, boolean multipleMode)
```

创建一个初始化为显示指定行数的新滚动列表。注意，如果指定了 0 行，则会按默认的 4 行创建列表。还要注意，列表中的可视行数一旦创建就不能更改。如果 multipleMode 的值为 true，则用户可从列表中选择多项。如果为 false，则一次只能选择一项。

参数：

rows——要显示的项数；

multipleMode——如果为 true，则允许多项选择，否则，一次只能选择一项。

2. List 方法

```
public void add(String item)
```

向滚动列表的末尾添加指定的项。

参数：

item——要添加的项。

```
public void add(String item, int index)
```

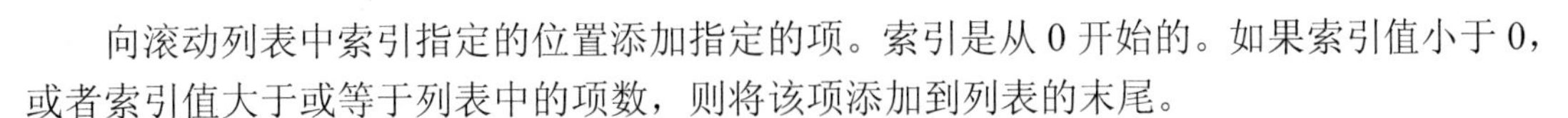

向滚动列表中索引指定的位置添加指定的项。索引是从 0 开始的。如果索引值小于 0，或者索引值大于或等于列表中的项数，则将该项添加到列表的末尾。

参数：

item——要添加的项，如果此参数为 null，则该项被视为空字符串"";

index——要添加项的位置。

```
public void addActionListener(ActionListener l)
```

为列表框添加监听器。当用户双击列表项时或者在此列表具有键盘焦点时按 Enter 键，将发生事件并交由监听器处理。

如果监听器 l 为 null，则不会抛出异常，并且不执行操作。

参数：l——监听器。

```
public String getSelectedItem()
```

获取此滚动列表中选中的项。

返回：

列表中选中的项。如果没有选中的项，或者选中了多项，则返回 null。

例题分析：同下拉列表框一样，List 所对应的的监听器也为 ItemListener。下拉列表框和列表框非常相似，所不同的是，下拉列表框只显示一行，只有单击时才显示全部内容。列表框直接显示全部内容。

6.1.12　滚动窗格组件

滚动窗格(ScrollPane)是用于实现单个组件自动水平、垂直滚动的容器类。其显示策略可设置为以下 3 种。

(1) as needed: 创建滚动条，且只在滚动窗格需要时显示。

(2) always: 创建滚动条，且滚动窗格总是显示滚动条。

(3) never: 滚动窗格永远不创建或显示滚动条。

1. ScrollPane 构造方法

```
public ScrollPane()
```

创建一个具有滚动条策略 as needed 的新滚动窗格容器。

```
public ScrollPane(int scrollbarDisplayPolicy)
```

创建新的滚动窗格容器。

参数：

scrollbarDisplayPolicy——显示滚动条时使用的策略，可以取 SCROLLBARS_ALWAYS、SCROLLBARS_AS_NEEDED、SCROLLBARS_NEVER。

2. ScrollPane 方法

```
public Component add(Component comp)
```

将指定组件追加到此容器的尾部。

注：如果已经将某个组件添加到正在显示的容器中，则必须在此容器上调用 validate()

方法，以显示新的组件，否则，新加的组件将看不到。如果添加多个组件，那么可以在添加所有组件之后，通过只调用一次 validate()方法来提高效率。

参数：

comp——要添加的组件。

3. ScrollPane 示例

```
ScrollPane scp = new ScrollPane();
Scp.add(list);                                          //list 为 List 对象
```

6.1.13 菜单栏、菜单、菜单项组件

菜单大家都比较熟悉，要注意区分关于菜单的 3 个术语：菜单栏、菜单、菜单项，如图 6.12 所示。它们的概念是从大到小的，菜单栏包含若干菜单，而菜单又包含若干菜单项。

菜单栏(MenuBar)：位于标题栏下的一行，是所有菜单的集合。菜单栏由菜单组成。

菜单(Menu)：菜单栏中某一菜单(如“文件”)。菜单由菜单项组成。

菜单项(MenuItem)：菜单中具体的一项，如“文件”菜单中的“打开”。

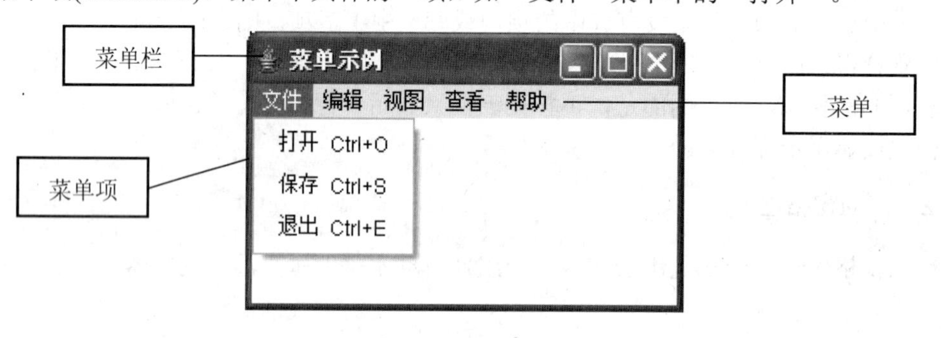

图 6.12 菜单术语示例

例 6-11 菜单示例。

程序代码：创建 MyMenu.java。

```
import java.awt.*;
import java.awt.event.*;
public class MyMenu extends Frame implements ActionListener {
    private String mnuName[] = {"登录","添加","查询","删除","更新","退出"};
    public MyMenu() {
        addWindowListener(new WindowAdapter() {
            public void windowClosing(WindowEvent e) {
                System.exit(0);}});
        MenuBar mnuBar = new MenuBar();                      //菜单栏
        setMenuBar(mnuBar);       //将此 Frame 的菜单栏设置为指定的菜单栏
                                  //“登录”菜单
        Menu mnuLogin = new Menu(mnuName[0]);                //菜单
        MenuItem admin = new MenuItem("管理员");             //菜单项
        admin.addActionListener(this);                       //为菜单项注册监听器
        mnuLogin.add(admin);                                 //将菜单项加到菜单上
        MenuItem teacher = new MenuItem("教师");
        admin.addActionListener(this);
```

```
        mnuLogin.add(teacher);
        MenuItem student = new MenuItem("学生");
        student.addActionListener(this);
        mnuLogin.add(student);
        mnuBar.add(mnuLogin);                               //将菜单加到菜单栏上
        //“添加”菜单
        Menu mnuAdd = new Menu(mnuName[1]);
        //此处为“添加”菜单的菜单项及相关操作的代码
        mnuBar.add(mnuAdd);
        Menu mnuQuery = new Menu(mnuName[2]);               //“查询”菜单
        //此处为“查询”菜单的菜单项及相关操作的代码
        mnuBar.add(mnuQuery);
        Menu mnuDelete = new Menu(mnuName[3]);              //“删除”菜单
        //此处为“删除”菜单的菜单项及相关操作的代码
        mnuBar.add(mnuDelete);
        Menu mnuUpdate = new Menu(mnuName[4]);              //“更新”菜单
        //此处为“更新”菜单的菜单项及相关操作的代码
        mnuBar.add(mnuUpdate);
        Menu mnuExit = new Menu(mnuName[5]);                //“退出”菜单
        MenuItem mniExit = new MenuItem("退出程序");
        mnuExit.add(mniExit);
        mniExit.addActionListener(this);
        mnuBar.add(mnuExit);
    }
    public void actionPerformed(ActionEvent e) {
        //所有菜单项的事件处理程序都应在这里，此处仅以菜单项“退出程序”为例
        String ac = e.getActionCommand();                   //获取菜单项的名字
        if(ac.equals("退出程序"))                    //菜单项“退出程序”的事件处理程序
            System.exit(0);
    }
    public static void main(String[] args) {
        MyMenu frame = new MyMenu ();
        frame.setTitle("菜单示例");
        frame.setSize(400, 300);
        frame.setVisible(true);
    }
}
```

程序运行结果如图 6.13 所示。

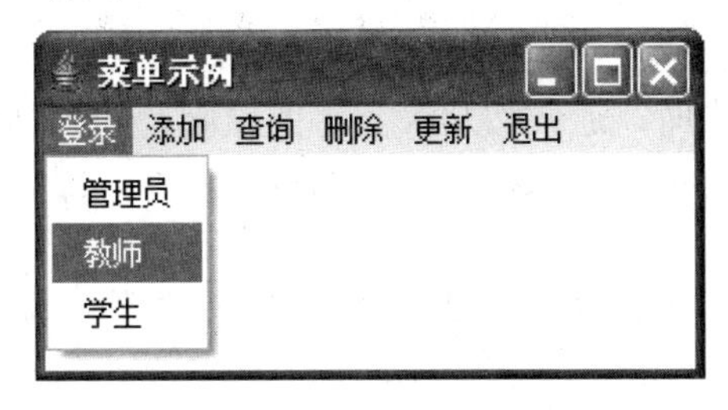

图 6.13　菜单示例

知识点讲解如下。

1. 菜单栏

```
public MenuBar()
```

构造方法，创建新的菜单栏。

```
public Menu add(Menu m)
```

方法，将指定的菜单添加到菜单栏上。如果该菜单已经是另一个菜单栏的一部分，则从该菜单栏移除它。

参数：m——要添加的菜单。

返回：已添加的菜单。

2. 菜单

```
public Menu(String label)
```

构造方法，构造具有指定标签的新菜单。

参数：label——菜单栏或其他菜单(此菜单是其子菜单)中菜单的标签。

```
public void add(String label)
```

方法，将带有指定标签的菜单项添加到此菜单上。

参数：label——该项上的文本。

3. 菜单项

```
public MenuItem(String label)
```

构造方法，构造具有指定的标签且没有键盘快捷方式的新菜单项。

参数：label——此菜单项的标签。

```
public MenuItem(String label, MenuShortcut s)
```

构造方法，创建具有关联的键盘快捷方式的菜单项。

参数：label——此菜单项的标签；

s——与此菜单项关联的 MenuShortcut 的实例。

```
public void addActionListener(ActionListener l)
```

方法，添加监听器，以从此菜单项接收事件。

参数：l——监听器。

例题分析：菜单的监听器为 ActionListener，ActionListener 只有一个方法 actionPerformed()。

在创建菜单的各个元素时，通常按从大到小的原则，即先创建菜单栏，再创建菜单，最后创建菜单项。在组装菜单时，则按照相反的方向进行，即先将菜单项加到菜单上，再将菜单加到菜单栏上。

创建好菜单后，应将其加到窗口框架上，完成这项工作必须使用 Frame 的方法：

```
public void setMenuBar(MenuBar mb)
```

将所在 Frame 的菜单栏设置为指定的菜单栏。

参数：

mb——正被设置的菜单栏。如果此参数为 null，则移除此 Frame 上所有现有的菜单栏。

6.1.14　本节小结

应用程序的图形用户界面设计在实际项目开发中具有重要作用。图形用户界面对用户来说比较友好，能方便用户的操作，是程序设计者追求的目标。Java 语言在开发图形用户界面方面具有独特优势，可以实现不同平台的一致性。

学习组件时，重点掌握每一个组件的主要功能和构造方法，只有这样，才能掌握组件的精华并灵活运用。.

6.1.15　自测练习

问答题

什么是组件？

6.2　Java 事件处理机制

6.2.1　Java 事件处理机制基本概念

在一个 GUI 程序中，为了能够接收用户的输入、键盘命令和鼠标操作，程序应该能够识别这些操作并做出相应的响应。通常，一个键盘操作或一个鼠标操作将引发一个系统预先定义好的事件，在程序中需要编写事件的处理程序。在 Java 系统中，事件处理程序会在它们对应的事件发生时由系统自动调用，这就是 GUI 程序中事件和事件响应的基本原理。

在 Java 语言中，产生事件的组件称为事件源，不同事件源所产生的事件种类可能是不同的。若希望事件源上引发的事件能被处理，需要为事件源注册一个能够处理该事件源上所产生事件的监听器。监听器具有监听和处理某类事件的功能，它可以是事件源所在的类，此时，事件处理程序就在事件源所在的类中；也可以是单独的类，也就是说，事件源和事件处理程序属于不同的类。一般情况下，组件都不处理自己的事件，而是将事件处理委托给监听器来处理，这种事件处理模型称为委托处理模型。

事件的行为是多种多样的，所对应的监听器也各不相同，编写事件处理程序时应首先确定这种事件对应于何种监听器类型，然后在事件监听器中编写对应事件的处理程序。事件处理程序也就是方法，这些方法是由系统定义的，通常都是抽象方法，用户必须重写。

Java 事件处理机制主要涉及以下 3 个概念。

(1) 事件源：产生事件的组件。

(2) 事件监听器：接收事件源所产生的事件消息的对象，通常是一个接口或是适配器。

(3) 事件处理程序：对接收到的事件进行处理的程序代码，通常是一个方法，它包含在事件监听器中，方法的结构是由系统预先定义好的。由于接口中的方法是抽象的，而适配器中的方法虽有方法体，但是是空的，所以必须重写。通常，一个事件监听器包含不止一个事件处理程序。如果用接口做监听器，必须实现所有的方法；适配器是一个类，可以实例化对象，所以，如果用适配器做监听器，只需实现部分感兴趣的方法。

Java 事件处理机制工作过程如下。

首先，为事件源注册监听器，事件源产生事件后，监听器监听到事件并将该事件交给相应的事件处理程序，由事件处理程序完成对事件的处理。

每当用户在组件上进行某种操作时，事件处理系统便会产生一个与操作对应的事件类的对象(实例)。例如，当用户单击鼠标时，事件处理系统便会产生一个代表此事件的 ActionEvent 事件类的对象。用户进行的操作不同，所产生的事件类对象也会不同。

每一类事件对应一个监听器接口，该接口规定了接收并处理该类事件的方法规范。例如，对于 ActionEvent 事件，对应的是 ActionListener 接口，该接口的原型为：

```
public interface ActionListener extends EventListener {
    /**
     * Invoked when an action occurs.
     */
    public void actionPerformed(ActionEvent e);
}
```

该接口只定义了一个方法，即 actionPerformed()方法，当有 ActionEvent 事件产生时，该方法才被调用。

为了接收并处理用户事件，组件必须注册相应的事件监听器，每个组件都有若干形如 addXXXListener(XXXListener l)的方法，通过这类方法可以为组件注册事件监听器。例如在 Button 类中有如下方法：

```
public void addActionListener(ActionListener l)
```

该方法为 Button 组件注册 ActionEvent 事件监听程序，其中的参数应是一个实现了 ActionListener 接口的类的实例。

图 6.14 所示为事件触发及处理过程示意图。

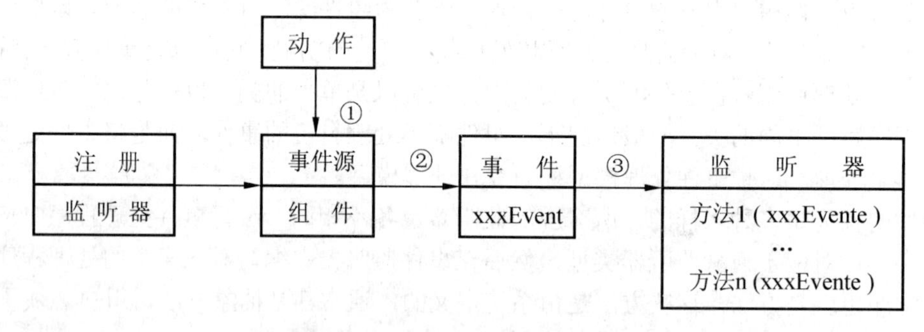

图 6.14 事件及处理过程示意图

表 6-1、表 6-2、表 6-3 对事件源、事件类、监听器和事件处理方法的关系进行了详细的描述。特别是要注意理解表 6-1、表 6-2：当用户行为作用于某一事件源(组件)时，系统自动产生一个与用户行为对应的事件类的实例(事件)，然后将这一事件作为参数传递给这个事件源所注册的监听器，由监听器找到与之匹配的事件处理程序并交给该程序进行处理。表 6-3 列出了组件与监听器的对应关系。

表 6-1 用户行为、事件源和事件类型

用户行为	事件源	触发的事件类型
单击按钮	JButton	ActionEvent

续表

用户行为	事件源	触发的事件类型
在文本域中按回车键	JTextField	ActionEvent
选定一个新项	JComboBox	ItemEvent，ActionEvent
选定(多)项	JList	ListSelectionEvent
单击复选框	JCheckBox	ItemEvent，ActionEvent
单击单选按钮	JRadioButton	ItemEvent，ActionEvent
选定菜单项	JMenuButton	ActionEvent
移动流动条	JScrollBar	AdjustmentEvent
窗口打开、图标化(最小化)或关闭	Window	WindowEvent
从容器中添加或删除组件	Container	ContainerEvent
组件移动、改变大小、隐藏或显示	Component	ComponentEvent
组件获得或失去焦点	Component	FocusEvent
释放或按键盘上的键	Component	KeyEvent
按下、释放、单击、移入或移出鼠标	Component	MouseEvent
移动或拖动鼠标	Component	MouseEvent

表6-2 AWT事件类型、监听器接口及方法

事件类型	监听器接口	监听器接口中的方法
ActionEvent	ActionListener	actionPerformed (ActionEvent e)
ItemEvent	ItemListener	itemStateChanged (ItemEvent e)
MouseEvent	MouseListener	mousePressed (MouseEvent e) mouseReleased (MouseEvent e) mouseEntered (MouseEvent e) mouseExited (MouseEvent e) mouseClicked (MouseEvent e)
	MouseMotionListener	mouseDragged (MouseEvent e) mouseMoved (MouseEvent e)
KeyEvent	KeyListener	keyPressed (KeyEvent e) keyReleased (KeyEvent e) keyTyped (KeyEvent e)
WindowEvent	WindowListener	windowClosing (WindowEvent e) windowOpened (WindowEvent e) windowIconified (WindowEvent e) windowDeiconified (WindowEvent e) windowClosed (WindowEvent e) windowActivated (WindowEvent e) windowDeactivated (WindowEvent e)
ContainerEvent	ContainerListener	componentAdded (ContainerEvent e) componentRemoved (ContainerEvent e)
ComponentEvent	ComponentListener	componentMoved (ComponentEvent e) componentHidden (ComponentEvent e) componentResized (ComponentEvent e) componentShown (ComponentEvent e)
TextEvent	TextListener	textValueChanged (TextEvent e)

续表

事 件 类 型	监听器接口	监听器接口中的方法
FocusEvent	FocusListener	focusGained (FocusEvent e) focusLost (FocusEvent e)
AdjustmentEvent	AdjustmentListener	adjustmentValueChanged (AdjustmentEvent e)

表 6-3　组件与监听器接口的对应关系

监听器接口 / 组　件	Action- Listener	Adjustment- Listener	Component- Listener	Container- Listener	Focus-Listener	Item- Listener	Key- Listener	Mouse- Listener	MouseMotion- Listener	Text- Listener	Window- Listener
Button	●		●		●		●	●	●		
Canvas			●		●		●	●	●		
Checkbox			●		●	●	●	●	●		
CheckboxMenuItem						●					
Choice			●		●	●	●	●	●		
Component			●		●		●	●	●		
Container			●	●	●		●	●	●		
Dialog			●	●	●		●	●	●		●
Frame			●	●	●		●	●	●		●
Label			●		●		●	●	●		
List	●		●		●	●	●	●	●		
MenuItem	●										
Panel			●	●	●		●	●	●		
Scrollbar		●	●		●		●	●	●		
ScrollPane			●	●	●		●	●	●		
TextArea			●		●		●	●	●	●	
TextField	●		●		●		●	●	●	●	
Window			●	●	●		●	●	●		●

6.2.2　接口作为监听器

接口是一种特殊的类，该类内的方法都是抽象方法，也就是说，在接口中，只有方法规范，而没有方法体。

在 AWT 中，系统提供了一些接口作为监听器(表 6-1)。用户在使用这些接口作为事件监听器时，必须实现监听器中所有的方法(也就是添加方法体)，即使有些方法用不到。一种有效的方法是将不用的方法体设为空({})。

使用接口作为监听器时，类的首部的一般格式：

```
class 类名 implements 接口监听器
```

需要注意的是，在类的内部必须实现监听器中所有的方法，即使有的方法用不到，也要写一个空的方法体({})。对于包含较多事件处理方法的监听器，这可能是一种负担(这时，最好使用适配器做监听器)。还应注意，接口是不能被继承的。

例 6-12 使用接口做监听器。

程序代码：创建 InterfaceListener.java。

```
import java.awt.*;
import java.awt.event.*;
public class InterfaceListener implements WindowListener{
    InterfaceListener(){
        Frame frm = new Frame("使用接口做监听器");
        frm.addWindowListener(this);                //注册监听器
        frm.setLayout(new BorderLayout());
        frm.add(new Button("北"), BorderLayout.NORTH);
        frm.add(new Button("南"), BorderLayout.SOUTH);
        frm.add(new Button("西"), BorderLayout.WEST);
        frm.add(new Button("东"), BorderLayout.EAST);
        frm.add(new Label("Hello ,World !",Label.CENTER), BorderLayout.
CENTER);
        frm.setSize(200,200);
        frm.setVisible(true);
    }
    public void windowClosing(WindowEvent e){       //窗口关闭事件处理方法
        System.exit(0);
    };
    public void windowClosed(WindowEvent e){};          //窗口事件处理方法
    public void windowDeiconified(WindowEvent e){};     //窗口事件处理方法
    public void windowIconified(WindowEvent e){};       //窗口事件处理方法
    public void windowOpened(WindowEvent e){};          //窗口事件处理方法
    public void windowActivated(WindowEvent e){};       //窗口事件处理方法
    public void windowDeactivated(WindowEvent e){};     //窗口事件处理方法
        public static void main(String[] args) {
        new InterfaceListener ();
    }
}
```

程序运行结果如图 6.15 所示。

图 6.15　使用接口做监听器

知识点讲解如下。

(1) 由于要使用监听器和编写事件处理程序，因此要引入 java.awt.event 包。

(2) 类首部的书写规范。由于 WindowListener 是接口，因此必须用关键字 implements。

(3) 注册监听器是由组件的 add()方法完成的。

(4) 实现监听器方法。由于监听器是一个接口，因此监听器中所有的方法都要实现。对于不感兴趣的方法，解决的办法是写一个空的方法体({})。还有一个更好的办法，就是下面介绍的使用适配器做监听器。

6.2.3 适配器作为监听器

前面讲过，当一个监听器有较多方法时，实现起来可能是一种负担，因为用户可能只对其中几种方法感兴趣，而对其他方法不感兴趣。

与接口不同，首先，适配器是抽象类。其次，适配器类是这样一种类，在类的内部，所有方法都有方法体，只不过都为空{}，因此，用户只需对感兴趣的方法重写即可，可以省掉很多麻烦。

使用接口作为监听器时，类的首部的一般格式：

```
class 类名 extends 适配器类监听器
```

在类的内部只需实现感兴趣的方法，不感兴趣的方法可以不去理它。

注意：适配器类是抽象类，只能被继承，因此使用保留字 extends。

例 6-13 适配器监听器。

程序代码：创建 AdapterListener.java。

```
import java.awt.*;
import java.awt.event.*;
public class AdapterListner extends WindowAdapter{
    AdapterListener(){
        Frame frm = new Frame("使用适配器做监听器");
        frm.addWindowListener(this);                    //注册监听器
        frm.setLayout(new BorderLayout());
        frm.add(new Button("北"), BorderLayout.NORTH);
        frm.add(new Button("南"), BorderLayout.SOUTH);
        frm.add(new Button("西"), BorderLayout.WEST);
        frm.add(new Button("东"), BorderLayout.EAST);
        frm.add(new Label("Hello ,World !",Label.CENTER), BorderLayout.
CENTER);
        frm.setSize(200,200);
        frm.setVisible(true);
    }
    public void windowClosing(WindowEvent e){       //窗口关闭事件处理方法
        System.exit(0);
    }
    public static void main(String[] args) {
        new AdapterListener ();
    }
}
```

程序运行结果如图 6.15 所示。

知识点讲解如下。

(1) 由于要使用监听器和编写事件处理程序，因此要引入 java.awt.event 包。

(2) 本程序使用的是适配器类 WindowAdapter 作为监听器，由于 WindowAdapter 不是接口，因此只需重写感兴趣的代码即可，本例只重写了 windowClosing()方法。

6.2.4　匿名内部类作为监听器

Java只允许单继承，不允许多继承，但是有时可能会遇到这样一种情况，新建的类既要继承某一个类，又想使用适配器类作为监听器。这就产生的矛盾，因为适配器类也是类，新类不能同时有两个父类，如何解决这样一类问题呢？使用Java语言的内部类或匿名内部类作为监听器就可以解决这一问题！

如果声明了一个内部类(有一个名字)，则先要定义这个类，然后再实例化这个类。对于匿名类来说，并不需要按名字引用该类的对象，因此可以将类的声明和实例化两个步骤合二为一，它通常作为方法调用的参数或是给一个变量赋值。

利用匿名内部类作为组件添加监听器的方法如下。

```
组件对象名.addXXXListener(new XXXAdapter(){
        public void 事件处理方法(XXXEvent e){          //方法名
        …                                              //方法体
        }
        …                                              //其他方法
});
```

其中，方法addXXXListener()是为组件添加某种监听器。

```
new XXXAdapter(){
        public void 事件处理方法(XXXEvent e){
        … ;
        }
}
```

这里直接实例化一个匿名类(只有类体，没有类名)，但这个匿名类有一个父类(XXXAdapter)，在匿名类中必须实现监听器中的方法。

例6-14　使用匿名内部类做监听器。

程序代码：创建AnonyInnerClassListener.java。

```
import java.awt.*;
import java.awt.event.*;
public class AnonyInnerClassListener{
    AnonyInnerClassListener(){
        Frame frm = new Frame("使用匿名内部类做监听器");
        frm.setLayout(new BorderLayout());
        frm.add(new Button("北"), BorderLayout.NORTH);
        frm.add(new Button("南"), BorderLayout.SOUTH);
        frm.add(new Button("西"), BorderLayout.WEST);
        frm.add(new Button("东"), BorderLayout.EAST);
        frm.add(new Label("Hello ,World !",Label.CENTER), BorderLayout.
CENTER);
        frm.setSize(200,200);
        frm.setVisible(true);
        //利用匿名内部类实现窗口关闭事件处理方法
        frm.addWindowListener(new WindowAdapter(){
            public void windowClosing(WindowEvent e){
                System.exit(0); } });
    }
    public static void main(String[] args) {
```

```
            new AnonyInnerClassListener();
        }
    }
```

程序运行结果如图6.15所示。

知识点讲解如下。

(1) 注意匿名内部类书写规范。

(2) 使用匿名内部类作为监听器的注册方法。可以这样理解：定义一个匿名内部类实际上是由两部分工作组成的，即定义这个类同时实例化这个类(与有名类不同，匿名类只能使用一次)。因此定义后得到的是一个类的实例，当然这个实例可以作为参数被注册成监听器。

6.2.5 外部类作为监听器

如果事件处理代码较长且又复杂，建议使用外部类做监听器。需要注意的是，使用外部类做监听器时，一定要继承一个适配器或实现一个接口。

例6-15 自定义监听器类。

程序代码：创建CustomListener.java。

```
    import java.awt.*;
    import java.awt.event.*;
    public class CustomListener{
        CustomListener(){
            Frame frm = new Frame("使用自定义类做监听器");
            frm.addWindowListener(new myAdapter());         //注册自己的监听器
            frm.setLayout(new BorderLayout());
            frm.add(new Button("北"), BorderLayout.NORTH);
            frm.add(new Button("南"), BorderLayout.SOUTH);
            frm.add(new Button("西"), BorderLayout.WEST);
            frm.add(new Button("东"), BorderLayout.EAST);
            frm.add(new Label("Hello ,World !",Label.CENTER), BorderLayout.
CENTER);
            frm.setSize(200,200);
            frm.setVisible(true);
        }
        public static void main(String[] args) {
            new CustomListener();
        }
    }
    class myAdapter extends WindowAdapter{          //继承WindowAdapter
        public void windowClosing(WindowEvent e){  //窗口关闭事件处理方法
            System.exit(0);
        };
    }
```

程序运行结果如图6.15所示。

知识点讲解如下。

自定义的监听器一定要实现某一监听器接口或继承某一适配器，系统并不认可一个完全由用户自己设计的监听器。引入用户自定义监听器的一个好处是解决了多继承的问题。

例 6-16 多事件多监听器程序。

程序代码：创建 EventListener.java。

```
    import java.awt.*;
    import java.awt.event.*;
    public class EventListener extends WindowAdapter implements MouseMotion
Listener, MouseListener {
        Frame frm = new Frame("多事件、多监听器");
        Label lblMouseAction = new Label("鼠标动作",Label.CENTER);
        EventListener(){
            frm.setLayout(new BorderLayout());
            frm.add(lblMouseAction,BorderLayout.NORTH);
            frm.addWindowListener(this);              //为 frm 添加窗口监听器
            frm.addMouseMotionListener(this);         //为 frm 添加鼠标移动监听器
            frm.addMouseListener(this);               //为 frm 添加鼠标监听器
            frm.setSize(200,200);
            frm.setVisible(true);
        }
        //关闭窗口事件处理程序
        public void windowClosing(WindowEvent e){
            System.exit(0);
        }
        //鼠标移动事件处理程序
        public void mouseDragged(MouseEvent e){
            String strMouseAction = "拖动鼠标: X="+e.getX()+", Y="+e.getY();
            lblMouseAction.setText(strMouseAction);
        }
        public void mouseMoved(MouseEvent e){
            String strMouseAction = "移动鼠标: X="+e.getX()+", Y="+e.getY();
            lblMouseAction.setText(strMouseAction);
        }
        //鼠标事件处理程序
        public void mouseClicked(MouseEvent e){
            String strMouseAction = "鼠标单击";
            lblMouseAction.setText(strMouseAction);
        }
        public void mouseEntered(MouseEvent e){
            String strMouseAction = "鼠标进入";
            lblMouseAction.setText(strMouseAction);
        }
        public void mouseExited(MouseEvent e){
            String strMouseAction = "鼠标离开";
            lblMouseAction.setText(strMouseAction);
        }
        public void mousePressed(MouseEvent e){
            String strMouseAction = "鼠标按下";
            lblMouseAction.setText(strMouseAction);
        }
        public void mouseReleased(MouseEvent e){
            String strMouseAction = "鼠标释放";
            lblMouseAction.setText(strMouseAction);
        }
        public static void main(String[] args) {
            new EventListener();
```

```
        }
    }
```

程序运行结果如图 6.16 所示。

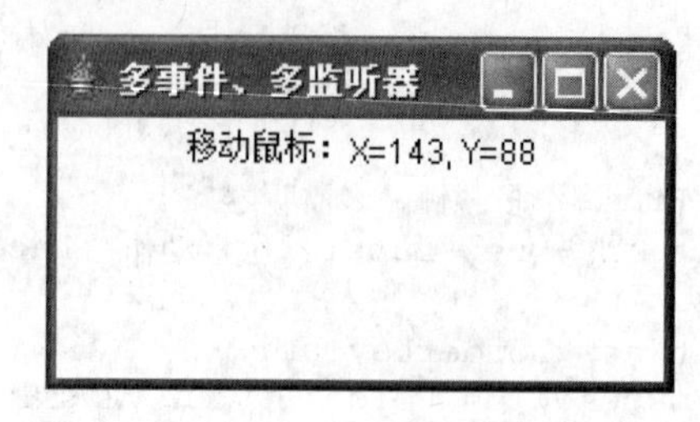

图 6.16　跟踪鼠标位置

知识点讲解如下。

(1) 使用多个监听器时，监听器之间要用逗号分开，如 implements MouseMotionListener, MouseListener。

(2) 注意用户行为和事件处理程序之间的对应关系。

(3) 掌握事件方法的使用。例如，本例中的 e.getX()就是调用事件类实例 e 的 getX()方法。

6.2.6　本节小结

Java 组件对象本身并不处理所发生的事件，而是委托给监听器进行处理，监听器监听到事件后，将该事件作为参数传递给与之对应的事件处理程序来处理，这种处理机制又称委托处理机制。Java 为每一种类型的 GUI 事件都提供了监听器接口，监听器接口中包含了系统提供的处理事件的方法，即事件处理程序。

组件、监听器和事件类以及三者之间的对应关系都是系统定义好的，换句话说，一个组件能产生哪些事件、这些事件对应哪些监听器；一个事件类对应哪些监听器(只有 MouseEvent 有两个监听器，其他只有一个监听器)；一个监听器有哪些方法都是系统定义好的，程序员所要做的工作就是确定要处理的组件及其所产生的事件、确定与之对应的监听器、给组件注册监听器、实现监听器接口中方法(编写事件处理程序)。

6.2.7　自测练习

问答题

什么是监听器？接口和监听器的区别是什么？

6.3　应用 Swing 组件开发图形用户界面程序

AWT 是一个非常简单的具有有限 GUI 组件、布局管理器和事件的工具包。因为 Sun 公司决定为 AWT 使用一种最小公分母(LCD)的方法，它只会使用为所有 Java 主机环境定义的 GUI 组件。最终的结果非常不幸，有些经常使用的组件，例如表、树、进度条等，AWT 都不支持。对于需要更多组件类型的应用程序来说，就显得很困难。

Java Swing 是 Java Foundation Classes(JFC)的一部分，它是试图解决 AWT 缺点的一个

尝试。在 Swing 中，Sun 开发了一个经过仔细设计的、灵活而强大的 GUI 工具包。

Swing 是在 AWT 组件的基础上构建的。所有 Swing 组件实际上也是 AWT 的一部分。Swing 使用了 AWT 的事件模型和支持类，例如 Colors、Images 和 Graphics。Swing 组件比 AWT 组件更为丰富、功能更为强大。为了克服 AWT 组件在不同硬件上行为也许会不同的缺点，Swing 组件将对主机控件的依赖性降至了最低，实际上，Swing 只为诸如窗口和框架之类的顶层组件使用对等体(与硬件有关)。大部分组件(JComponent 及其子类)都是使用纯 Java 代码来模拟的，这意味着 Swing 天生就具有良好的可移植性。

利用 Swing 组件开发应用程序是 Java 程序设计的发展方向，建议将学习的重点放在用 Swing 组件开发应用程序上。

6.3.1　应用 Swing 组件简介

大部分 AWT 组件都有与之对应的 Swing 组件，它们功能和使用方法也极为相似，它们在名字上的区别是在 AWT 组件名前加了一个 J 就是对应的 Swing 组件名，例如，AWT 组件 Panel 对应的 Swing 组件为 JPanel。

前面学习了许多 AWT 组件，这些 AWT 组件都有对应的 Swing 组件，而且功能和使用方法也极为相似，在此不再赘述，本节主要介绍 Swing 独有的组件。

Swing 组件都是 Container 类的直接子类和间接子类，类之间层次关系如下。

```
java.lang.Object
-java.awt.Component
       -java.awt.Container
           -java.awt.Window
               -java.awt.Frame
                  -javax.swing.JFrame
                  -javax.Dialog
                         -javax.swing.JDialog
                  -java.awt.Panel
                      -java.awt.Applet
                         -javax.swing.JApplet
                  -javax.swing.Jcomponet
```

Swing 组件有以下 3 种类型。

(1) 顶层容器(JFrame、JApplet 和 JDialog)。

(2) 中间层组件(JPanel、JScrollPane、JSplitPane 和 JToolBar)。

(3) 基本组件(JButton、JLable、JList、JMenu、JSlider、JTextField 等)。

顶层容器是可以独立显示的窗口类容器，它主要放置中间层组件；中间层组件主要用于放置基本组件，当然也可以放置中间层组件。

所有的容器组件都有一个布局管理器，如 JPanel 的默认布局管理器为 FlowLayout，JFrame 的默认布局管理器为 BorderLayout。

与 AWT 组件不同，Swing 组件不能直接加到顶层容器中。每个 Swing 顶层容器都含有一个内容窗格(ContentPane)，除菜单外，所有的组件只能放在内容窗格中。所以，在 Swing 容器中设置布局管理器是针对于内容窗格的。

注意，JDK 1.5 及以后版本允许直接将组件加到顶层容器上，可实际执行过程是：在将组件直接加到顶层容器时，系统自动将组件加到顶层容器的内容窗格上。内容窗格还是有

的，组件也还是要加到内容窗格上的，只不过中间的环节由系统代劳了。

JDK 1.4 及以前版本组件必须加在内容窗格中。要想将组件放入内容窗格，有以下两种方法。

(1) 通过顶层容器的 getContenPane()方法获得其默认的内容窗格(注：getContenPane()方法返回的类型为 java.awt.Container，仍然为一容器)，然后，将组件添加到内容窗格中，例如：

```
Container contentpane = frame.getContenPane();      // frame 为 JFrame 对象
contentpane.add(button, BorderLayout.CENTER);       // button 为 JButton 对象
```

上面两条语句也可以合并为一条：

```
frame.getContenPane().add(button, BorderLayout.CENTER);
```

(2) 创建一个新的内容窗格取代顶层容器默认的内容窗格。通常的做法是创建一个 JPanel 实例，然后将组件添加到这个实例中，再通过顶层容器的 setContentPane()方法将此 JPanel 实例设置为容器新的内容窗格。例如：

```
JPanel contentpane = new JPanel();
contentpane.setLayout(new BorderLayout());
contentpane.add(button, BorderLayout.CENTER);
frame. setContentPane(contentpane);
```

注：顶层容器默认内容窗格的布局管理器是 BorderLayout，而 JPanel 默认的布局管理器是 FlowLayout。

对于 JDK 1.5 及以后版本，可以直接将组件加到顶层容器中，例如：

```
frame.add(button, BorderLayout.CENTER);
```

6.3.2 分隔窗格

分隔窗格(JSplitPane)用于分隔两个(只能两个)组件。放在分隔窗格上的两个组件可以通过拖动鼠标在水平或垂直两个方向上改变大小。

使用 JSplitPane.HORIZONTAL_SPLIT 可让分隔窗格中的两个 Component 从左到右排列，或者使用 JSplitPane.VERTICAL_SPLIT 使其从上到下排列。

例 6-17 分隔窗格示例。

程序代码：创建 JSplit_Pane.java。

```
import java.awt.*;
import javax.swing.*;
public class JSplit_Pane{
    public static void main(String args[]) {
        JLabel jlb1 = new JLabel("标签 1");
        JLabel jlb2 = new JLabel("标签 2");
        JLabel jlb3 = new JLabel("标签 3");
        JLabel jlb4 = new JLabel("标签 4");
        JFrame frame = new JFrame("分隔窗格示例");
        frame.setDefaultCloseOperation(JFrame.EXIT_ON_CLOSE);  //关闭窗口
        // 以下两行创建两个分隔窗格，一个水平分隔，另一个垂直分隔
        JSplitPane splitPane1 = new JSplitPane(JSplitPane.HORIZONTAL_ SPLIT);
        JSplitPane splitPane2 = new JSplitPane(JSplitPane.VERTICAL_SPLIT);
```

```
        splitPane1.setDividerLocation(135);          //设置水平分隔条的位置
        splitPane1.add(jlb1);                        //将分隔条 jlb1 加在左边
        splitPane1.add(jlb2);                        //将分隔条 jlb2 加在右边
        splitPane2.setDividerLocation(60);           //设置垂直分隔条的位置
        splitPane2.add(jlb3);                        //将分隔条 jlb3 加在上面
        splitPane2.add(jlb4);                        //将分隔条 jlb4 加在下面
        frame.setLayout(new GridLayout(2, 1, 5, 5));
        frame.getContentPane().add(splitPane1);      //分隔条 splitPane1 加在
                                                       窗口上面
        frame.getContentPane().add(splitPane2);      //分隔条 splitPane2 加在
                                                       窗口下面
        frame.setSize(300, 300);
        frame.setLocationRelativeTo(null);
        frame.setVisible(true);
    }
}
```

程序执行结果如图 6.17 所示。

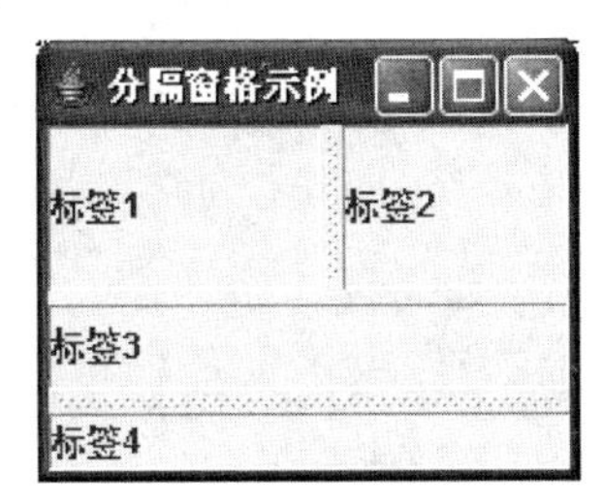

图 6.17　分隔窗格示例

知识点讲解如下。

1. JSplitPane 构造方法

```
public JSplitPane()
```

创建一个配置为将其子组件水平排列、无连续布局、为组件使用的新 JSplitPane。

```
public JSplitPane(int newOrientation)
```

创建一个配置为指定方向且无连续布局的新 JSplitPane。

参数：

newOrientation——JSplitPane.HORIZONTAL_SPLIT 或 JSplitPane.VERTICAL_SPLIT。

2. JSplitPane 方法

```
public Component add(Component comp)
```

将指定组件追加到此容器的尾部。

注：如果已经将某个组件添加到显示的容器中，则必须在此容器上调用 validate()方法，以显示新的组件。

```
public Component add(Component comp, int index)
```

将指定组件添加到此容器的给定位置上。

注：如果已经将某个组件添加到显示的容器中，则必须在此容器上调用 validate()方法，

以显示新的组件。

参数：comp——要添加的组件；

index——插入组件的位置，-1 表示将组件追加到尾部。

返回：组件 comp。

```
public void remove(Component component)
```

移除窗格中的子组件 component。如有必要，可重设 leftComponent 或 rightComponent 实例变量。

参数：component——要移除的 Component。

```
public void remove(int index)
```

移除指定索引处的 Component。如果有必要，可更新 leftComponent 和 rightComponent 实例变量，然后通知超类。

参数：index——指定要移除的组件的一个整数，为 1 时指定左边或顶部的组件，为 2 时指定底部或右边的组件。

3. JSplitPane 字段

```
public static final int VERTICAL_SPLIT
```

垂直分隔，表示 Component 沿 y 轴分隔。

```
public static final int HORIZONTAL_SPLIT
```

水平分隔，表示 Component 沿 x 轴分隔。

```
public static final String LEFT
```

用于添加一个 Component 到另一个 Component 的左边。

```
public static final String RIGHT
```

用于添加一个 Component 到另一个 Component 的右边。

```
public static final String TOP
```

用于添加一个 Component 到另一个 Component 的上面。

```
public static final String BOTTOM
```

用于添加一个 Component 到另一个 Component 的下面。

例题分析：这个例子比较简单，主要掌握分隔窗格实例的创建、分隔的方向，以及分隔条位置的设置。需要注意的是，先放入分隔窗格的组件放在左侧或上面，后放入的分隔窗格的组件放在右侧或下面。

6.3.3 表格

表格(JTable)用来显示二维表。与前面所学的组件相比，JTable 功能强大，结构复杂，因此学习起来比较困难，这里只做简单的介绍。

JTable 有 3 个支持模型(分别对应 3 个类)：表格模型(TableModel)用来存储和处理数据；列模型(TableColumnModel)用来表示表格中所有的列；列表选择模型(ListSelectionModel)用来在表格中选择行、列和单元格。通常用表格模型来存储和处理数据。

JTable 只能显示数据，通常将数据的存储和处理任务委托给它的表格数据模型来处理。

表格数据模型必须实现 TableModel 接口，该接口中定义了许多方法，包括注册表格模型监听器、管理单元格以及获得表格的行数、列数和列名等。

AbstractTableModel 类对 TableModel 接口中大部分方法提供了具体实现，但不是完全实现。DefaultTableModel 类继承了 AbstractTableModel 类且实现了 AbstractTableModel 类中没有实现的方法，通常都是用 DefaultTableModel 类来处理表格。

使用表格时，首先要准备好表格所需的数据，包括表格数据和标题数据。这些数据可存放在数组、向量或哈希表中，每一个元素就是一个单元格的值。

DefaultTableModel 类包含在 javax.swing.table 包中，使用时应引入此包。如：

import javax.swing.table.*; 或 import javax.swing.table.DefaultTableModel;

例 6-18 JTable 示例。

程序代码：创建 J_Table.java。

```
import java.awt.*;
import javax.swing.*;
public class J_Table extends JFrame {
//表格中的数据，左下标代表行数，右下标代表列数
    Object[][] rowData = new Object[][] {
            { "张茜", "女", "程序设计", new Integer(90), "优秀" },
            { "王萌", "男", "高等数学", new Integer(80), "良好" },
            { "李斯", "女", "大学语文", new Integer(65), "及格" },
            { "王明", "女", "大学英语", new Integer(55), "不及格" } };
    //表格的列标题
    Object[] columnNames = new Object[] { "姓名","性别","科目","成绩","等级" };
    public J_Table() {
        JTable jtable = new JTable(rowData, columnNames);  //创建表格
        jtable.setRowHeight(20);                            //设置表格行高
        jtable.setAutoResizeMode(JTable.AUTO_RESIZE_ALL_COLUMNS);
        //自动调列宽
        add(new JScrollPane(jtable), BorderLayout.CENTER); //后面有介绍
    }
    public static void main(String arg[]) {
        J_Table frame = new J_Table();
        frame.setDefaultCloseOperation(JFrame.EXIT_ON_CLOSE);
        frame.setTitle("JTable示例");
        frame.setSize(400, 200);
        frame.setLocationRelativeTo(null);
        frame.setVisible(true);
    }
}
```

程序执行结果如图 6.18 所示。

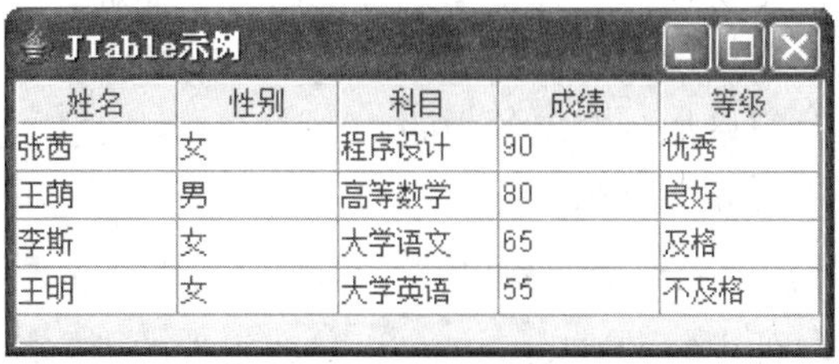

JTable示例

姓名	性别	科目	成绩	等级
张茜	女	程序设计	90	优秀
王萌	男	高等数学	80	良好
李斯	女	大学语文	65	及格
王明	女	大学英语	55	不及格

图 6.18　JTable 示例

知识点讲解如下。

1. JTable 构造方法

```
public JTable()
```

构造默认的 JTable，并使用默认的数据模型、默认的列模型和默认的选择模型对其进行初始化。

```
public JTable(TableModel dm)
```

构造 JTable 并用 dm 作为数据模型、默认的列模型和默认的选择模型对其进行初始化。

参数：dm——表的数据模型。

```
public JTable(Object[][] rowData, Object[] columnNames)
```

构造 JTable，用来显示二维数组 rowData 中的值，其列名称为 columnNames。

参数：rowData——表的数据(每个数组元素就是一个单元格的值)；

columnNames——列的名称。

2. DefaultTableModel 构造方法

```
public DefaultTableModel(Object[][] data, Object[] columnNames)
```

构造 DefaultTableModel。Object[][]数组中第一个索引是行索引，第二个索引是列索引。

参数：data——表的数据；

columnNames——列的名称。

说明：通常用 DefaultTableModel 对象作为参数传递给 JTable 的构造方法来构造一个表格。

例题分析：JTable 是一个非常实用的 Swing 组件，也是一个比较复杂的组件，这里只是一个简单的应用。

程序中，new Integer(90)是强制类型转换。因为数组 rowDat 是一个对象数组，因此将整形数 90 强制转换为对象类型。因为 Object 是所有类的超类，按照 Java 对象赋值规则，子类对象可以赋值给父类对象，反之则不允许。因此，虽然 JTable 的构造方法参数要求是对象数组，在此例中可用字符串数组和整型数组代替。注：字符串是一个对象，而不是简单数据类型。

JTable jtable = new JTable(rowData, columnNames)；用指定的列标题数组和表格数据数组创建一个表格。

add(new JScrollPane(jtable), BorderLayout.CENTER)；一句中，由于 JTbale 不直接支持滚动，因此，要创建一个可滚动的表格，需要先创建一个滚动窗格 JScrollPane，再将 JTbale 对象加到滚动窗格中。如果表格没有放在滚动窗格中，它的列首将不可见，因为列首存放在滚动窗格视图的首部。这条语句的作用是：创建一个滚动窗格实例并将表格 jtable 加到其上，然后再将这个滚动窗格加到窗口的中间。

创建一个滚动窗格可用如下方法：

```
public JScrollPane(Component c)
```

创建一个显示指定组件内容的 JScrollPane，只要组件的内容超过视图大小就会显示水平和垂直滚动条。

参数：c——将显示在滚动窗格视口中的组件。

例 6-19 DefaultTableModel 示例。

程序代码：创建 Default_TableModel.java。

```
import java.awt.*;
import javax.swing.*;
import javax.swing.table.*;
public class Default_TableModel extends JFrame {
//表格中的数据，左下标代表行数，右下标代表列数
    Object[][] rowData = new Object[][] {
                { "张茜", "女", "程序设计", new Integer(90), "优秀" },
                { "王萌", "男", "高等数学", new Integer(80), "良好" },
                { "李斯", "女", "大学语文", new Integer(65), "及格" },
                { "王明", "女", "大学英语", new Integer(55), "不及格" } };
    //表格的列标题
    Object[] columnNames = new Object[]{"姓名","性别","科目","成绩","等级"};
    public Default_TableModel() {
        DefaultTableModel tableModel=new DefaultTableModel(rowData,
            columnNames);                                   //创建表格模型
        JTable jtable = new JTable(tableModel);             //创建表格
        jtable.setRowHeight(20);                            //设置表格行高
        jtable.setAutoResizeMode(JTable.AUTO_RESIZE_ALL_COLUMNS);
        //自动调整列
        add(new JScrollPane(jtable), BorderLayout.CENTER);
        //设置滚动条及位置
    }
    public static void main(String arg[]) {
        Default_TableModel frame = new Default_TableModel();
        frame.setDefaultCloseOperation(JFrame.EXIT_ON_CLOSE);
        frame.setTitle("DefaultTableModel 示例");
        frame.setSize(400, 200);
        frame.setLocationRelativeTo(null);
        frame.setVisible(true);
    }
}
```

程序执行结果如图 6.19 所示。

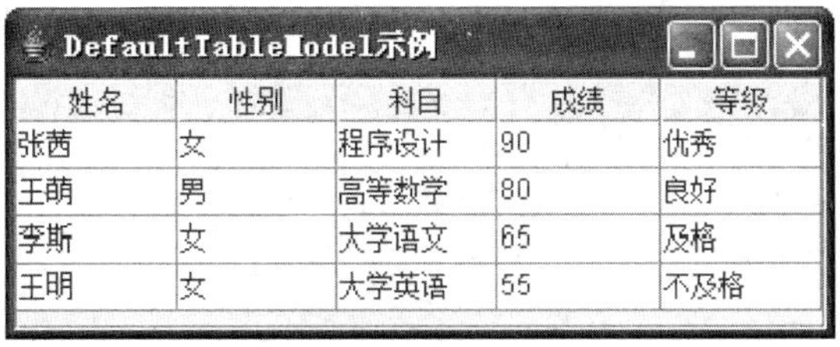

DefaultTableModel示例

姓名	性别	科目	成绩	等级
张茜	女	程序设计	90	优秀
王萌	男	高等数学	80	良好
李斯	女	大学语文	65	及格
王明	女	大学英语	55	不及格

图 6.19　用表格模型 DefaultTableModel 创建表格

例题分析：JTable 只能用于显示表格数据，它通常将数据的存储和处理任务交给它表格数据模型。DefaultTableModel 就是其中的一个表格数据模型，利用它可实现对表格数据的存储和处理。表格模型并不创建表格，它是通过作为 JTable 的参数来创建表格的。此例是通过如下语句来创建表格的：

```
DefaultTableModel tableModel=new
```

```
    DefaultTableModel(rowData,columnNames);
        JTable jtable = new JTable(tableModel);
```

6.3.4 树

树(JTree)是一个 Swing 组件，它用树形层次结构显示数据，如图 6.20 所示。

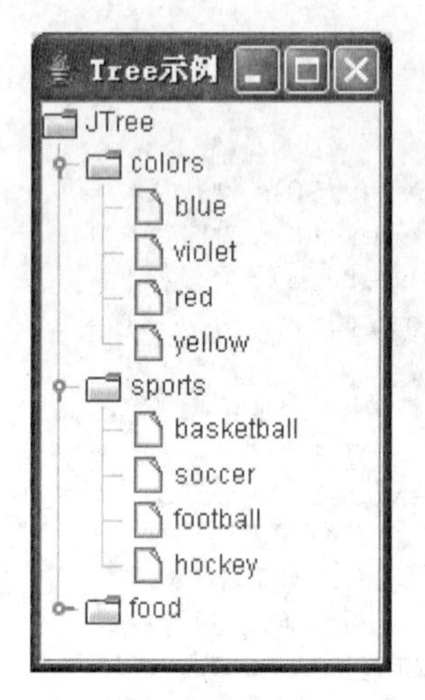

图 6.20 树示例

树中所有节点都是按层次索引表的形式显示的。一个节点可以有子节点(叶节点)，也可以没有子节点，没有父节点的节点称为根节点。通过双击节点或节点前的叶柄能够展开或折叠非叶节点。一个树最多可以有一个父节点、0 或多个子节点。节点的索引从 0 开始。

和 JTable 一样，JTree 也是一个非常复杂的组件，它具有许多支持接口和类。JTree 在 javax.swing 包中，但它的支持接口和类却包含在 javax.swing.tree 包中。

当 JTree 显示一棵树时，数据表示由 TreeModel(接口)、TreeNode(接口)和 TreePath 来处理。TreeModel 代表整棵树，TreeNode 代表一个节点，TreePath 代表到节点的路径。树的数据是由 TreeNode 和 TreePath 来存储和管理的。DefaultTreeModel 是 TreeModel 的具体实现；MutableTreeNode 是 TreeNode 的子接口，表示树的节点。DefaultMutableTreeNode 是 MutableTreeNode 的具体实现。

创建一棵树的过程如下。

(1) 创建树根。

(2) 创建一级节点并将其加到根节点下。

(3) 创建二级节点并将其加到一级节点下。

(4) 按上述方法继续创建下一级节点。

(5) 创建叶节点并将其加到父节点下。

例 6-20 JTree 示例。

程序代码：创建 J_Tree.java。

```
    import java.awt.*;
    import javax.swing.*;
    import javax.swing.tree.DefaultMutableTreeNode;
    public class J_Tree{
        public static void main(String args[]) {
            JFrame frame = new JFrame("JTree 示例");
            frame.setDefaultCloseOperation(JFrame.EXIT_ON_CLOSE);
            //创建根节点
            DefaultMutableTreeNode root = new DefaultMutableTreeNode("太阳系(根
节点)");                                         //创建一级子节点
            DefaultMutableTreeNode mercury = new DefaultMutableTreeNode("水星
(一级子节点)");
            root.insert(mercury, 0);          //将子节点 mercury 加到根节点 root 下
            DefaultMutableTreeNode venus = new DefaultMutableTreeNode("金星(一
级子节点)");
            root.insert(venus, 1);
```

```
            DefaultMutableTreeNode  earth = new DefaultMutableTreeNode("地球(一级子节点)");
            root.insert(earth, 2);
            DefaultMutableTreeNode mars = new DefaultMutableTreeNode("火星(一级子节点)");
            root.insert(mars, 3);
            DefaultMutableTreeNode jupiter = new DefaultMutableTreeNode("木星(一级子节点)");
            root.insert(jupiter, 4);
            DefaultMutableTreeNode saturn = new DefaultMutableTreeNode("土星(一级子节点)");
            root.insert(saturn, 5);
            DefaultMutableTreeNode uranus = new DefaultMutableTreeNode("天王星(一级子节点)");
            root.insert(uranus, 6);
            DefaultMutableTreeNode neptune = new DefaultMutableTreeNode("海王星(一级子节点)");
            root.insert(neptune, 7);
            DefaultMutableTreeNode pluto = new DefaultMutableTreeNode("冥王星(一级子节点)");
            root.insert(pluto, 8);
            //创建二级子节点
            DefaultMutableTreeNode  moon = new DefaultMutableTreeNode("月球(二级子节点)");
            earth.insert(moon, 0);      //将二级子节点 moon 加到一级子节点 earth 下
            DefaultMutableTreeNode  phobos = new DefaultMutableTreeNode("火卫一(二级子节点)");
            mars.insert(phobos, 0);
            DefaultMutableTreeNode  deimos = new DefaultMutableTreeNode("火卫二(二级子节点)");
            mars.insert(deimos, 1);
            JTree tree = new JTree(root);                           //创建树
            JScrollPane scrollPane = new JScrollPane(tree); //将树加到内容窗格上
            frame.add(scrollPane,  BorderLayout.CENTER);
            frame.setSize(300, 300);
            frame.setLocationRelativeTo(null);
            frame.setVisible(true);
        }
    }
```

程序执行结果如图 6.21 所示。

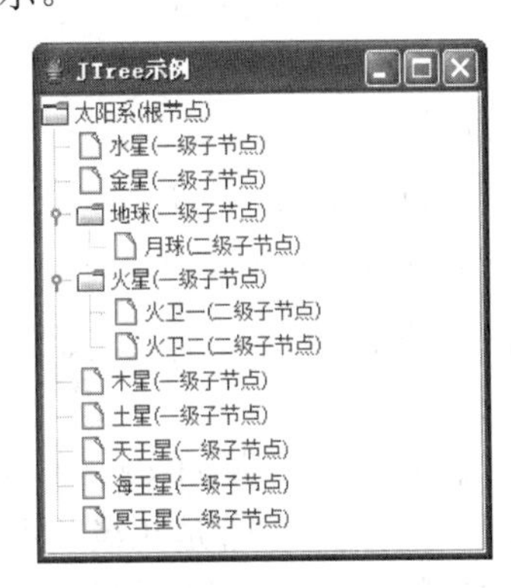

图 6.21 JTree 示例

知识点讲解如下。

1. JTree 构造方法

```
public JTree()
```

返回带示例模型的 JTree。

```
public JTree(Object[] value)
```

创建一个 JTree，并用指定数组的每个元素作为不被显示的新根节点的子节点。

参数：value——Object 的数组。

```
public JTree(TreeNode root)
```

用给定的节点作为根节点，创建一棵树。

参数：root——TreeNode 实例。

2. DefaultMutableTreeNode 构造方法

DefaultMutableTreeNode 是树数据结构中的通用节点。它既可以表示根节点，也可以表示非根节点(包括叶节点)。

```
public DefaultMutableTreeNode()
```

创建没有父节点和子节点的树节点，该树节点允许有子节点。

```
public DefaultMutableTreeNode(Object userObject)
```

创建没有父节点和子节点、但允许有子节点的树节点，并使用指定的用户对象对它进行初始化。

参数：userObject——用户提供的 Object，它构成节点的数据。

```
public void add(MutableTreeNode newChild)
```

从其父节点移除 newChild，并通过将其添加到此节点的子数组的结尾，使其成为此节点的子节点。

参数：newChild——作为此节点的子节点添加的节点。

```
public void insert(MutableTreeNode newChild, int childIndex)
```

从其现有父节点移除 newChild(如果它有父节点)，将子节点的父节点设置为此节点，然后，将该子节点添加到此节点位于索引 childIndex 处的子节点数组。newChild 不能为 null，也不能为此节点的祖先。

参数：newChild——要插入的节点；

childIndex——节点的索引，索引从 0 开始。

```
public void remove(int childIndex)
```

从此节点的子节点中移除指定索引处的子节点，并将该节点的父节点设置为 null。要移除的子节点必须是 MutableTreeNode。

例题分析：JTree 的使用比较简单，主要掌握 JTree 的构造方法，DefaultMutableTreeNode 的构造方法和 insert()方法。需要注意的是，不管是几级节点，都用 DefaultMutableTreeNode 来创建，至于树的层次的体现，是通过调用不同节点的 insert()方法来实现的。

通常情况下，设计一棵树的步骤如下。

(1) 创建根节点。

(2) 创建非根节点(包括子节点和叶节点)。

(3) 将子节点插入父节点。

(4) 将叶节点插入父节点。

(5) 用根节点创建树。

(6) 将树加到滚动窗格上。

(7) 将滚动窗格加到窗口上。

6.3.5 工具栏

在图形界面程序中，工具栏(JToolBar)用来代表菜单中常用的命令。为便于快速访问，通常将一些常用的命令放到工具栏上。在工具栏上找一个命令要比在菜单栏中找一个命令快得多。

Swing 提供的 JToolBar 类用作存入工具栏上的组件的容器。在默认情况下，JToolBar 使用 BoxLayout 布局管理器。如果需要，也可以为工具栏设置不同的布局管理器。工具栏组件通常是以图标的形式出现的，由于图标不是组件，因此它们不能直接放到工具栏上。通常将图标放置在按钮上，然后再将按钮放置到工具栏上。

JToolBar 对象通常放在 BorderLayout 布局的北、西或东区，当然也可将其放在南区，但通常很少这样做。

例 6-21 工具栏示例。

程序代码：创建 JTool_Bar.java。

```
import java.awt.*;
import java.awt.event.*;
import javax.swing.*;
public class JTool_Bar extends JFrame {
    Container frameContainer;
    JToolBar toolBar = new JToolBar();      //创建工具栏对象
    String[] iconFiles = { "new.gif", "open.gif", "save.gif", "cut.gif",
"copy.gif", "paste.gif" };                  //工具按钮上显示的图标文件名
    //鼠标移到工具按钮上时显示的提示信息
    String[] toolButtonTips = { "新建", "打开", "保存", "剪切", "复制", "粘贴
" };
    ImageIcon[] icons = new ImageIcon[iconFiles.length];
    //图像图标对象数组
    JButton[] buttons = new JButton[toolButtonTips.length];
    //工具按钮对象数组
    JMenuBar menuBar = new JMenuBar();      //菜单栏
    JMenu fileMenu = new JMenu("文件");     //菜单
    JMenuItem fileExit = new JMenuItem("退出");          //菜单项
    public JTool_Bar() {
        setTitle("工具栏示例");
        //组装菜单
        fileMenu.add(fileExit);
        menuBar.add(fileMenu);
        setJMenuBar(menuBar);
```

```
        frameContainer = getContentPane();
        frameContainer.setLayout(new BorderLayout());
        //初始化图像图标、工具按钮、提示信息数组
        for (int i = 0; i < toolButtonTips.length; ++i) {
            icons[i] = new ImageIcon(iconFiles[i]);          //获取图像图标
            buttons[i] = new JButton(icons[i]);              //创建按钮
            buttons[i].setToolTipText(toolButtonTips[i]);    //工具提示的文本
            if (i == 3)
                toolBar.addSeparator();              //每隔 3 个按钮加一个分隔条
            toolBar.add(buttons[i]);                 //将按钮加到工具栏上
        }
        frameContainer.add("North", toolBar);   //将工具栏加到窗口的上面
        //窗口关闭按钮处理方式-直接关闭
        this.setDefaultCloseOperation(JFrame.EXIT_ON_CLOSE);
        //为"退出"菜单项注册监听器
        fileExit.addActionListener(new MenuItemHandler());
        setSize(400, 300);
        setLocationRelativeTo(null);
        setVisible(true);
    }
    //内部类监听器
    public class MenuItemHandler implements ActionListener {
        //事件处理程序
        public void actionPerformed(ActionEvent e) {
            String cmd = e.getActionCommand();
            if (cmd.equals("退出"))
                System.exit(0);
        }
    }
    public static void main(String[] args) {
        new JTool_Bar();
    }
}
```

程序执行结果如图 6.22 所示。

图 6.22　带工具栏的窗口示例

知识点讲解如下。

1. JToolBar 常用属性

orientation: JToolBar.HORIZONTAL 或 JToolBar. VERTICAL。

2. JToolBar构造方法

```
public JToolBar()
```

创建新的工具栏。默认的方向为JToolBar.HORIZONTAL。

```
public JToolBar(int orientation)
```

创建具有指定orientation的新工具栏。

参数：orientation——预期的方向(JToolBar.HORIZONTAL或JToolBar. JToolBar. VERTICAL)。

```
public JToolBar(String name)
```

创建一个具有指定 name 的新工具栏。默认的方向为JToolBar.HORIZONTAL。

参数：name——工具栏的名称。

```
public JToolBar(String name, int orientation)
```

创建一个具有指定name和orientation的工具栏。所有其他构造方法均调用此构造方法。如果orientation是一个无效值，则将抛出异常。

参数：name——工具栏的名称；

orientation——初始方向(JToolBar.HORIZONTAL或JToolBar.VERTICAL)。

3. JToolBar方法

```
public JButton add(Component comp)
```

为工具栏添加一个新的组件。

参数：comp——要添加的组件实例。

```
public void addSeparator()
```

将默认大小的分隔符追加到工具栏的末尾。默认大小由当前外观确定。

例题分析：工具栏是一个常用的组件，应用也比较简单。创建工具栏的过程如下。

(1) 创建工具栏对象。

(2) 创建工具栏上的按钮(可以给按钮加图像)。

(3) 将按钮加到工具栏上。

(4) 将工具栏加到窗口上。

6.3.6　本节小结

Swing是在AWT组件的基础上构建的，Swing组件比AWT组件更为丰富、功能更为强大，Swing天生就具有良好的可移植性。

利用Swing组件开发应用程序是Java程序设计的发展方向，建议将学习的重点放在用Swing组件开发应用程序上。

6.3.7　自测练习

程序设计

试写一个Swing组件综合应用程序。

6.4 Java 小程序

按照 Java 的定义，小程序(Java applet)是一种不适合单独运行但可嵌入在其他应用程序中的小程序。

Java 语言的成功离不开小程序的应用，可以肯定地说，没有小程序也就没有 Java 的今天。小程序是一种嵌入到网页中并在浏览器上运行的应用程序，它给静态的 HTML 网页带来了动态交互和生动的动画效果。Java 一开始主要用于小程序，随着 Java 的不断完善，Java 逐步走向开发独立的应用程序，并成为开发服务器端应用程序和移动设备的程序设计语言。

在本书前面的章节中，学习和编写的都是 Java 应用程序。然而，编写应用程序的相关知识都可以用到小程序中，也就是说，前面学习过的程序设计方法和组件都可以用到小程序中。小程序与应用程序的主要区别：一是程序结构稍有不同，Java 应用程序必须有 main()方法，而小程序没有 main()方法；二是 Java 应用程序能够独立运行，而小程序不能单独运行，它必须嵌入到网页中通过浏览器解释执行。

6.4.1 Applet 类和 JApplet 类

Applet 类提供了一个基本框架，使得小程序可以通过浏览器来运行。每一个小程序都是 java.applet.Applet 的子类，而 Applet 又是 Panel 的子类，因此，由此类派生出的小程序的默认布局管理器为 FlowLayout。

JApplet 是一个 Swing 组件，是 Applet 类的派生类。因此，在使用 JApplet 类时要引入 javax.swing.JApplet。swing.JApplet 是 java.applet.Applet 的一个子类，它继承了 Applet 类的所有方法，并且支持放置各种 Swing 组件。

在 Swing 组件中，每个顶层容器(JFrame，JApplet，JDialog 及 JWindow)都有一个内容窗格，除菜单组件外，其他组件只能添加到小程序的内容窗格中(不像 AWT 组件，可以直接将组件加到 AWT 容器中)。在默认情况下，JApplet 的内容窗格使用的是 BorderLayout 布局管理器。

注：JDK 1.5 的内容窗格的委托特性允许通过调用 applet 的 add()方法将组件放到内容窗格中。具体情况可参见 6.3.1 节。

例 6-22 小程序结构。

```
Public class MyApplet extends Java.applet.Applet {
    …
    //构造方法
    public MyApplet(){
        …
    }
    //小程序载入后，浏览器先调用 init()方法，此方法只执行一次
    public void init(){
        …
    }
    //执行完 init()方法，或者网页每次被访问时，浏览器都要调用 start()方法
    public void start(){
        …
```

```
    }
    //网页变成非活动状态时，浏览器调用 stop()方法
    public void stop(){
        …
    }
    //浏览器关闭时，调用 destroy()方法，此方法只执行一次
    public void destroy(){
        …
    }
    //其他方法
    …
}
```

知识点讲解如下。

1. Init()方法

打开含有 applet 的网页后，浏览器自动调用 init()方法。如果 applet 有自己的初始化方法 init()，则执行 applet 的 init()方法，这时 applet 的 init()方法覆盖了 Applet 类的 init()方法。如果 applet 没有自己的 init()方法，则调用父类 Applet 的 init()方法，其实什么也没做。通常情况下，init()方法实现的功能包括创建用户界面组件、装载图像和音频以及从网页的<applet>标记中获取参数等。

2. Start()方法

执行完 init()方法后，浏览器就会调用 start()方法。当用户浏览过别的网页又回到包含 applet 的网页时，还会调用 start()方法。因此，只要网页可见时有要执行的操作，就应该重写此方法。例如，重启定时器重新开始动画，每次回来都要调用此方法。

3. Stop()方法

与 start()方法刚好相反，stop()方法在用户离开网页时调用的。每次离开都要调用此方法。

当网页不可见时，如果还有其他需要执行的操作，就应该覆盖此方法。例如，通过停止定时器来暂停动画。

4. Destroy()方法

浏览器在退出时会通知 applet 不再需要它了，并且应该释放所占有的资源，这时，就会调用 destroy()方法。值得注意的是，stop()方法总是在 destroy()方法之前被调用。

如果 applet 在被注销之前还有需要执行的操作，就应该覆盖这一方法。通常，不需要覆盖这一方法，除非 applet 创建了特定的资源需要释放。

例题分析：每一个小程序都是 Applet 或 JApplet 的派生类。

载入小程序时，浏览器通过调用小程序的无参构造方法创建一个小程序实例。因此，小程序必须有一个显示或隐式声明的无参构造方法。浏览器通过调 init()、start()、stop()和 destroy()方法来控制小程序的行为。在默认情况下，这些方法什么也不做。如果 Applet 的子类(小程序)要执行初始化，则应该重写此方法，以便浏览器能够正确地调用相应的代码。例如，带有线程的小程序将使用 init()方法来创建线程，并使用 destroy()方法销毁它们。

图 6.23 说明了浏览器如何调用这些方法。

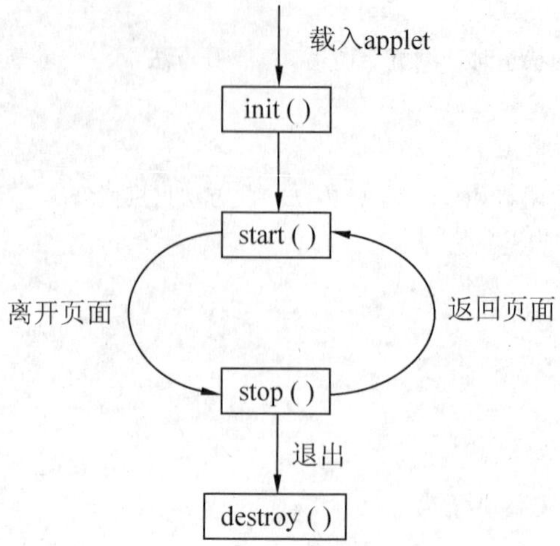

图 6.23　浏览器利用 4 个方法控制 applet 行为

6.4.2　小程序和 HTML 语言

由于没有 main()方法，所以，小程序不能独立性运行。要运行它，必须创建一个包含引用这个小程序标记的 HTML 文件。在编写 Java 应用程序时，必须创建一个框架存放图形组件、设定框架大小并将框架设置为可见。小程序是在浏览器上运行的，浏览器会自动将小程序放在指定的位置并使其可见。下面通过一个具体的例子来介绍小程序是如何在浏览器上运行的。

例 6-23 小程序应用。

(1) 创建小程序 MyApplet.java。

```
import javax.swing.*;
Public class MyApplet extends Applet {
    public void init(){
        add(new JLabel("Hello World !", JLabel.CENTER));
    }
}
```

(2) 编译小程序，生成字节码文件 MyApplet.class，编译命令为 javac MyApplet.java。

(3) 创建一个包含引用这个小程序标记的 HTML 文件 MyApplet.html。

```
<html>
    <head>
        <title> Hello World </title>
    </head>
<body>
    <applet
            code = "MyApplet.class"
            width = 300
            height = 200>
        </applet>
    </body>
</html>
```

(4) 浏览小程序。

① 在 DOS 窗口中，将当前目录设为小程序所在的目录。

② 输入命令：Appletviewer MyApplet.html。

当然，也可以用浏览器来浏览小程序。

知识点讲解：在HTML语言中小程序的标记是<applet>。<applet>标记的完整语法如下：

```
<applet
    [codebase = applet_url]
    code = classfilename.class
    width = applet_width
    height = applet_height
    [archive = archivefile]
    [vspace = vertical_margin]
    [hspace = horizontal_margin]
    [align = applet_alignment]
    [alt = alternative_text]
>
    <param name = param_name1 value = param_value1>
    <param name = param_name2 value = param_value2>
    …
    <param name = param_namen value = param_valuen>
</applet>
```

<applet>标记的属性中带[]的是可选项，各属性含义如下。

Codebase——指定要装入的类的来源，也就是小程序所在的路径。路径可以是绝对的，也可以是相对的，还可以没有。如果没有，则小程序文件默认是在当前目录下。

code——指的是小程序的字节码文件属性，文件属性一定要放在引号内。当然，也可以指定文件的路径。

width——指的是小程序所占矩形区域的宽度。

height——指的是小程序所占矩形区域的高度。

archive——指示浏览器装载一个存档文件，该文件包含运行小程序所需的所有类文件。

vspace——小程序周边垂直空白的大小。

hspace——小程序周边水平空白的大小。

align——小程序在浏览器中对齐方式，它有9个值：left、right、top、texttop、middle、absmiddle、baseline、bbottom、absbottom。

alt——浏览器不能显示小程序时将要显示的文本。

<param> 标记指定传递给小程序的参数，其中：

param_name1——变量名；

param_value1——值。

例题分析：要想让小程序能通过网络被访问，必须将小程序和包含它的HTML文件放在Web服务器上。

6.4.3 本节小结

小程序是一种不适合单独运行但可嵌入在其他应用程序中的程序。小程序必须是嵌入在Web页中或用AppletViewer命令查看的包含Applet标签的网页文件。当用户访问包含小程序的网页时，小程序被下载到用户的计算机上执行，前提是用户使用的是支持Java的网络浏览器。由于Java Applet是在用户的计算机上执行的，因此它的执行速度不受网络带宽

存取速度的限制。

6.4.4 自测练习

程序设计

通过 HTML 文件向小程序传递字符串参数。

6.5 SWT 图形用户界面简介

SWT(Standard Widget Toolkit，标准小窗口工具箱)是 IBM 公司推出的一种在 Eclipse 中使用的集成开发环境，SWT 提供可移植的 API，并与本机底层操作系统 GUI 平台紧密集成，它是一个与本地窗口系统集成在一起的小部件集和图形库。SWT 由 JNI(Java Native Interface，Java 本机接口)调用操作系统的内部 API，因此运行速度快，能够获得与操作系统的内部应用程序相同的外观。

JFace 是一个用户界面工具箱，也是一个易用、功能强大的图形包，它简化了常见的图形用户界面的编程任务。SWT 和 JFace 都是 Eclipse 平台上的主要组件。JFace 是在 SWT 的基础上创建的，但 JFace 并不能完全覆盖 SWT 的功能，JFace 和 SWT 的关系如图 6.24 所示。由于 JFace 的功能更强大，因此在开发图形界面时一般优先选用 JFace。

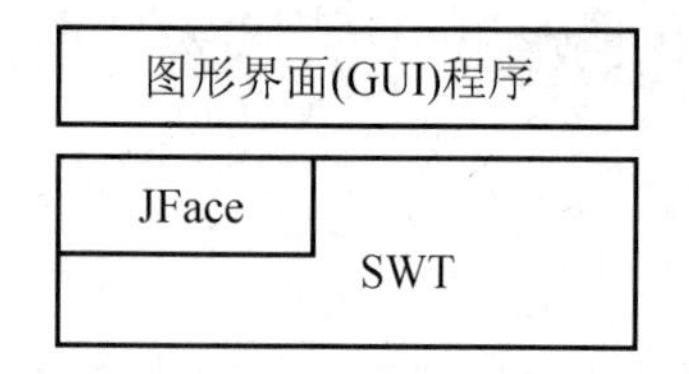

图 6.24 JFace 和 SWT 的关系图

6.5.1 SWT 程序开发步骤

在使用 SWT 开发应用程序时，应先建立开发环境，具体方法是，在 Eclipse 的 plugins 目录下，找到文件 org.eclipse.swt.win32.win32.x86_3.2.1.v3235.jar(文件名中 3.2.1 是 Eclipse 的版本号，v3235 是 SWT 的序列号，不同的 Eclipse 版本这两个数字也不同)。

在 DOS 状态下，用 jar 命令将该文件解压，命令格式如下：

```
jar xf org.eclipse.swt.win32.win32.x86_3.2.1.v3235.jar
```

该命令将指定的文件 org.eclipse.swt.win32.win32.x86_3.2.1.v3235.jar 解压到当前目录下。解压后得到 4 个 DLL 文件：swt-win32-3235.dll，swt-awt-win32-3235.dll，swt-gdip-win32-3235.dll 和 swt-wgl-win32-3235.dll。这 4 个文件就是 SWT 的原生库文件。原生库文件为 SWT 通过 JNI 访问 Windows 本地 API 提供了接口，为了使 Java 程序在启动时能够访问这些文件，可以通过以下方法进行设置。

方法 1：将这 4 个 DLL 文件复制到 jre 的 bin 目录下。

方法 2：设置环境变量，在 Path 中加入这几个 DLL 文件所在的目录。

方法 3：在 Eclipse 的 Java 项目中导入原生库文件。操作方法如下：

在 Eclipse 的包资源管理器中，右击项目名→导入→常规→文件系统→下一步→浏览→选择 DLL 文件所在目录→确定→勾选 DLL 文件→完成。

导入 SWT 的原生库文件后，还要在 Eclipse 的 Java 项目中配置构建路径，添加外部 JAR 文件，将文件 org.eclipse.swt.win32.win32.x86_3.2.1.v3235.jar 加入到项目中，操作方法是：

在 Eclipse 的包资源管理器中，右击项目名→构建路径→配置构建路径→库(L)→添加外部 JAR→在 Eclipse 的 plugins 文件夹中找到该 JAR 文件→打开→确定。

例 6-24 在 Java 应用程序中使用 SWT 的组件。

操作步骤如下。

(1) 新建一个 Java 项目，项目名为：HelloSWT。

(2) 采用方法 3 在项目中导入原生库文件。

(3) 配置构建路径，将 org.eclipse.swt.win32.win32.x86_3.2.1.v3235.jar 加入到项目中。

(4) 在项目中新建一个类，文件名为 HelloSWTWorld.java。

(5) 在类文件中写入代码。

程序代码：创建 HelloSWTWorld.java。

```
import org.eclipse.swt.SWT;
import org.eclipse.swt.widgets.Display;
import org.eclipse.swt.widgets.Text;
import org.eclipse.swt.widgets.Shell;
import org.eclipse.swt.graphics.*;
class HelloSWTWorld {
    public static void main(String[] args) {
        Display display = new Display();                  //创建一个 display 对象
        Shell shell = new Shell(display);                 //shell 是程序的主窗体
        shell.setLayout(null);                            //设置 shell 的布局方式
        Text hello = new Text(shell, SWT.MULTI);          //显示多行信息的文本框
        shell.setText("Java SWT 应用程序");               //设置主窗体的标题
        shell.setSize(200, 100);                          //设置主窗体的大小
        Color color = new Color(Display.getCurrent(),255, 255, 255);//颜色对象
        shell.setBackground(color);                       //设置窗体的背景颜色
        hello.setText("\n Hello, SWT World!\n");          //设置文本框信息
        hello.pack();                                     //自动调整文本框的大小
        // shell.pack();                                  //自动调整主窗体的大小
        shell.open();                                     //打开主窗体
        while (!shell.isDisposed()) {                     //如果主窗体没有关闭则一直循环
            if (!display.readAndDispatch()) {             //如果 display 不忙
                display.sleep();                          //休眠
            }
        }
        display.dispose();                                //销毁 display
    }
}
```

在包资源管理器中，右击文件名 HelloSWT.java 在弹出的快捷菜单中选择“运行方式”→“Java 应用程序”命令，程序运行结果如图 6.25 所示。该窗体具有典型的 Windows 风格。

图 6.25　一个简单的 SWT 程序

知识点讲解：SWT 是 Eclipse 图形 API 的基础，在程序设计时须引入相关的 SWT 包。

1. org.eclipse.swt.widgets

最常用的组件基本都在此包中，如 Button、Text、Label、Combo 等。其中有两个最重要的组件是 Shell 和 Composite。Shell 相当于应用程序的主窗体；Composite 是容纳组件的容器，相当于 Swing 中的 JPanel 对象。

2. org.eclipse.swt.layout

主要的界面布局方式在此包中。SWT 对组件的布局也采用了 AWT/Swing 中的 Layout 的方式。

3. org.eclipse.swt.custom

一些基本图形组件的扩展在此包中，比如其中的 CLabel 就是对标准 Label 组件的扩展，在 CLabel 上可以同时加入文字和图片。

4. org.eclipse.swt.event

SWT 采用了和 AWT/Swing 一样的事件模型。比如鼠标事件监听器 MouseListener，MouseMoveListener 等，以及对应的事件对象 MouseEvent。

5. org.eclipse.swt.graphics

此包中包含针对图片、光标、字体或绘图的 API。比如，可通过 Image 类调用系统中不同类型的图片文件。

6. org.eclipse.swt.ole.win32

对于不同平台，SWT 有一些针对性的 API。例如，在 Windows 平台，通过此包可以很容易地调用 OLE 组件，这使得 SWT 程序可以嵌入 IE 浏览器或 Word、Excel 等应用程序。

7. SWT 常用组件

SWT 常用组件有按钮(Button 类)、标签(Label 类)、文本框(Text 类)、下拉框(Combo 类)和列表框(List 类)等。

SWT 组件的使用方法与 SWT/Swing 类似，由于篇幅所限，本书只对其进行简单介绍，不做详细讨论，希望对 SWT 感兴趣的读者参考相关的资料自我学习。

例题分析：创建一个典型的 SWT 应用程序需要以下步骤。

(1) 创建一个 Display。
(2) 创建一个或多个 Shell。
(3) 设置 Shell 的布局。
(4) 创建 Shell 中的组件。
(5) 用 open()方法打开 Shell 窗体。
(6) 写一个事件转发循环。
(7) 销毁 Display。

6.5.2　本节小结

基于Java桌面程序开发的图形库主要有3种，分别是AWT、Swing和SWT。用前两种库编写的桌面程序不够美观而且执行效率低，响应速度慢，SWT克服了AWT和Swing的缺点，它丰富的组件可以使程序员开发出功能很完善的图形界面程序。SWT是由IBM牵头的开源项目Eclipse的一个子项目，但SWT应用上也存在不足，SWT库反映的是本地操作系统的基本窗口小部件，在许多环境下，这种方法较低级。JFace库作为SWT的增强库很好地弥补了它的缺点，JFace对SWT的功能进行了很好的扩展。

6.5.3　自测练习

程序设计

试着将常用SWT组件放在窗体中。

6.6　本章小结

本章主要介绍了AWT和Swing组件的概念和应用、布局管理器，以及事件处理机制。

每一种组件都有很多方法，特别要注意的是构造方法，因为只要用到组件，就一定用到构造方法。一般来讲，构造方法是重载的，使用不同的构造方法创建出来的组件对象会有不同，建议将每一种组件的构造方法都研究一下。

布局管理器是用来组织程序界面的，一个好的应用程序必定有一个人性化的界面。只有容器类组件才有布局管理器，通常一个界面要用到多个容器和多种布局管理器。

事件处理机制是面向对象程序设计的一个核心问题，Java事件处理机制采用的委托处理机制，也就是说，组件对象只产生事件而不处理所产生的事件，产生的事件交给注册到组件上的监听器去处理。监听器可以是接口，也可以是适配类。如果监听器是接口，必须实现其中的所有方法；如果监听器是适配类，可以仅实现感兴趣的方法，因为适配器类中的所有方法都有方法体，只不过这些方法体是空的。

任何教材都不可能面面具到，最好在计算机中存有一份Java 2 Platform Standard Edition 5.0的API规范，这样就可以随时查阅相关帮助资料。

6.7　本章习题

一、简答题

1．简述Java语言中AWT组件与Swing组件的联系及其特点。
2．简述组件与容器的概念。
3．Java语言中采用的布局管理器有哪几种？
4．简述Java语言的事件机制的工作过程。
5．简述Java Application与Java Applet在程序运行机制方面的不同。

二、填空题

1. ____________用于管理容器内的 GUI 组件。

2. 当单击鼠标时，将产生____________事件。

3. Java 为多数监听接口提供了一个对应的____________，在该类中实现了对应接口的所有方法。

4. Java 将组件可能产生的事件进行了分类，具有共同特征的事件被抽象为一个____________。

5. 图形用户界面通过____________响应用户和程序的交互。

三、选择题

1. 若希望控件在界面按 3 行 2 列均匀排列，应使用下列_______布局管理器。

A. BoxLayout　　B. GridLayout

C. BorderLayout　　D. FlowLayout

2. Applet 是下列_______类的直接子类。

A. java.awt.Container　　B. java.awt.Component

C. java.awt.Window　　D. java.awt.panel

3. 下列监听器中，_______接口在 Java 中没有定义相对应的 Adapter 类。

A. MouseListener　　B. KeyListener

C. ActionListener　　D. WindowListener

4. Frame 的默认布局管理器是_______。

A. FlowLayout　　B. BorderLayout

C. GridLayout　　D. CardLayout

5. 下面的_______用户界面组件不是容器。

A. Jpanel　　B. JFrame

C. Windows　　D. TextAre

四、程序设计

1. 设计一个用户登录界面，如图 6.26 所示，不必为各组件提供功能。

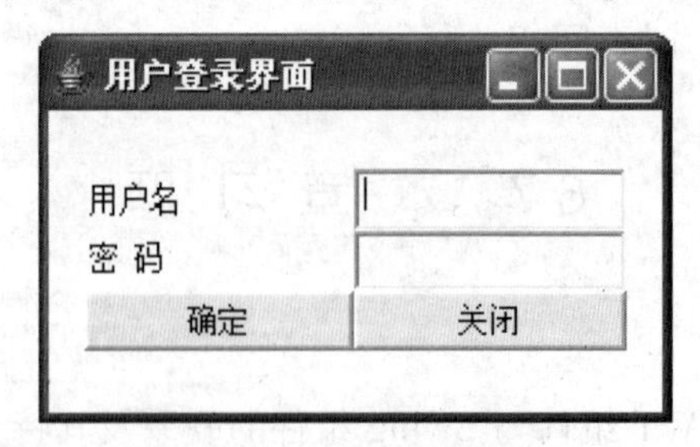

图 6.26　一个用户登录界面

2. 接上题，为“关闭”按钮添加事件处理程序。

3. 接上题，为“确定”按钮添加事件处理程序，用户名和密码都正确时打开新的窗口。

6.8 综合实验项目6

实验项目：设计一个图6.27所示的界面。

实验要求：该程序至少能够正常退出。

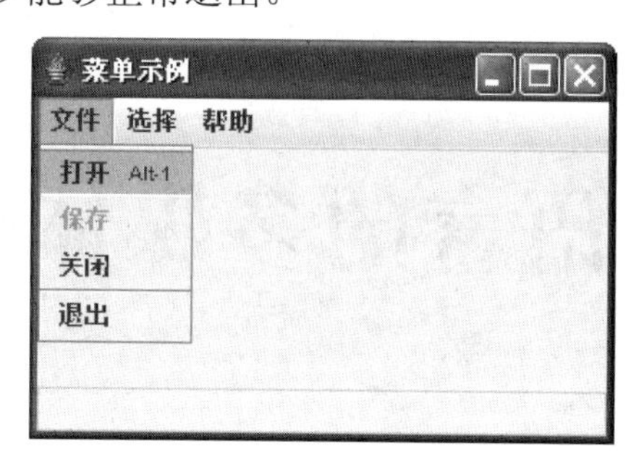

图6.27 综合实验项目6界面

第 7 章

Java 语言的多媒体技术

教学目标

在本章中，读者将学到以下内容：

- 设置字体及颜色
- 绘制图形
- 图像显示
- 动画制作
- 播放声音

章节综述

多媒体主要是指文字、图形、图像、动画和声音等多种表达信息的形式和媒体，它强调多媒体信息的综合和集成处理。多媒体技术依赖于计算机的数字化和交互处理能力，相比其他高级语言，Java 语言包含的 API 类库对多媒体技术的支持能力非常强大，尤其是对文本、图形、图像、声音等媒体的处理与展示都提供了极其方便而又丰富的接口。

本章主要介绍 Java 语言在文字处理、图形绘制、图像处理、动画效果和声音处理等方面的简单应用。通过本章学习，要求能够熟练掌握 Java 语言包中与上述多媒体相关的 Graphics、Image、ImageIcon、AudioClip、Timer 等类的应用，并能开发一些简单的多媒体应用程序。

7.1 字体和颜色

7.1.1 字体

为了美化图形用户界面，使界面具有层次感，改变字体和字型是必不可少的。

Java 常用的修改字体的方法有两种，一种是修改组件的字体属性，另一种是修改组件的 Graphics 对象的字体属性。不论用哪种方式，都要用到 Font 类，通过 Font 类可以修改字体、字型、字号等属性。

例 7-1 通过设置组件的字体属性来改变字体。

程序代码：创建 FontTest.java。

```
import java.awt.*;
import java.awt.event.*;
public class FontTest extends Frame{
    Label label = new Label("当前所使用的字体：宋体，粗体，24 号字",Label.CENTER);
                                                // Label.CENTER 表示中间对齐
    Font font = new Font("宋体", Font.BOLD, 24);        //设置字体、字型、字号
    FontTest(){
        super("字体示例");
        label.setFont(font);
        add(label);
        this.addWindowListener(new WindowAdapter(){     //匿名内部类做监听器
            public void windowClosing(WindowEvent e){
                System.exit(0);}});
        setSize(500,200);
        setLocationRelativeTo(null);                    //在屏幕中间显示窗口
        setVisible(true);
    }
    public static void main(String [] args){
        new FontTest();
    }
}
```

程序执行结果如图 7.1 所示。

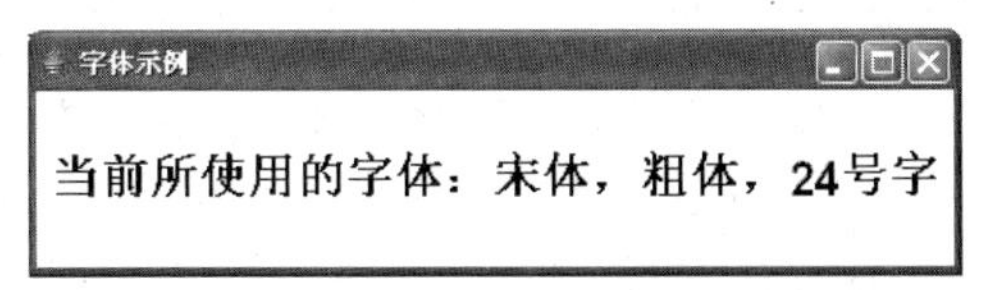

图 7.1 通过修改组件的字体属性改变字体

知识点讲解：通常都是使用 Font 类来修改字体、字型和大小，因此掌握 Font 类的用法非常重要。

1. Font 类的构造方法

```
Font(String name, int style, int size)
```

参数：

name——字体名称，可以是字体外观名称或字体系列名称，如宋体、Dialog、

DialogInput、Monospaced、Serif 或 SansSerif 等；

style——Font 的样式常量，样式参数是整数位掩码，可以为 PLAIN，或 BOLD 和 ITALIC 的按位或(如 ITALIC 或 BOLD|ITALIC)，如果样式参数不符合任何一个期望的整数位掩码，则将样式设置为 PLAIN；

size——字号。

2. 通过修改组件的字体属性来改变字体

```
Label label = new Label("宋体,Font.BOLD,24");
```

或

```
Font font = new Font("宋体", Font.BOLD, 24);
label.setFont(font);
```

此例中：

```
super("字体示例");                               //设置窗口标题
Font font = new Font("宋体", Font.BOLD, 24);     //创建字体对象，包括字体、字型、字号
    label.setFont(font);                         //为标签对象 label 设置字体
//除非对其进行改变，否则，以后对标签对象 label 的所有操作都是这一字体
   setLocationRelativeTo(null);                  //在屏幕中间位置显示窗口
   setSize(500,200);                             //设置窗口的大小
setVisible(true);                                //显示窗口
```

7.1.2 颜色

例 7-2 通过设置组件的前景色来设置显示颜色。

程序代码：创建 ColorTest.java。

```
import java.awt.*;
import javax.swing.*;
public class ColorTest extends JFrame {
    JLabel label = new JLabel();
    ColorTest(){
        Color color = new Color(255,0,0);
        label.setForeground(color);
        label.setFont(new Font("宋体",Font.BOLD,24));
        label.setText("同一个世界，同一个梦想");
        add(label);
    }
    public static void main(String [] args){
        ColorTest frame = new ColorTest();
        frame.setLocationRelativeTo(null);
        frame.setSize(300,150);
        frame.setDefaultCloseOperation(JFrame.EXIT_ON_CLOSE);
        frame.setVisible(true);
    }
}
```

程序执行结果如图 7.2 所示。

图7.2 设置字体颜色

知识点讲解：漂亮的布局离不开颜色的点缀，使用 java.awt.Color 类可以设置 GUI 组件的颜色。和其他语言一样，Java 语言的颜色也是使用 RGB 模式，即颜色由红、绿、蓝三原色组成，每种原色的强度用一个无符号的 byte 值表示，每一种颜色值从 0(最暗)到 255(最亮)。3 种颜色混在一起，便可形成丰富多彩的颜色。

在 Java 语言中，使用 Color 类的构造方法来创建颜色对象：

```
public Color(int r, int g, int b, int a)
```

用指定的红、绿、蓝色值创建一种不透明的颜色，这 3 种颜色值都在 0～255 的范围内。

参数：r——红色分量；g——绿色分量；b——蓝色分量。

例如：

```
Color color = new Color(100, 150, 200);
```

创建颜色对象后，就可使用定义在 java.awt.Component 类中的 setForeground (Color c)和 setBackground(Color c)方法设置组件的前景色和背景色。

例如：设置按钮的前景色和背景色的代码如下。

```
Button btnOK = new Button();
btnOK.setForeground(color);
btnOK.setBackground(new Color(100, 150, 200));
```

除了使用上述方法，还可以使用 java.awt.Color 类中定义的 13 种标准颜色(BLACK、BLUE、CYAN、DARK_GRAY、GRAY、GREEN、LIGHT_GRAY、MAGENTA、ORANGE、PINK、RED、WHITE、YELLOW)来设置颜色。例如，设置按钮 btnOK 前景色为红色：

```
btnOK.setForeground(Color.RED);
```

注：标准颜色为 Color 类中的静态常量，可以通过类名直接访问。

例题分析：

Color color = new Color(255,0,0); 定义颜色对象，当然也可以使用标准颜色值。如:

Color color = Color.RED;

label.setForeground(color); 设置标签的前景色；

frame.setDefaultCloseOperation(JFrame.EXIT_ON_CLOSE); 设置用户在此窗体上单击“关闭”按钮时默认执行的操作。用此操作可简化关闭窗体的操作，可以不注册监听器和实现事件处理程序，但如果当前窗口正在对文件或数据库操作时，可能造成文件的破坏或数据的丢失，此时应该有专门的事件处理程序。

7.1.3 本节小结

字体和颜色是组件的常用属性，设置也比较简单。应注意的是，字体和颜色属性是针对某一特定的组件的(它是属于某一组件的)，不是针对整个窗口的(所有组件)，这一点要特

别注意。

7.1.4 自测练习

程序设计

1. 通过设置组件的图形对象来改变显示字体。
2. 通过设置组件的图形对象来设置前景颜色。

7.2 绘制图形

7.2.1 坐标系

绘制图形需要知道画在哪里，这就需要一个坐标系作为参考。在 Java 中，每个组件都有一个坐标系，原点(0, 0)在组件的左上角，计量单位为像素，x 坐标向右增加，y 坐标向下增加。注意，Java 的坐标系不同于传统的坐标系，如图 7.3 所示。

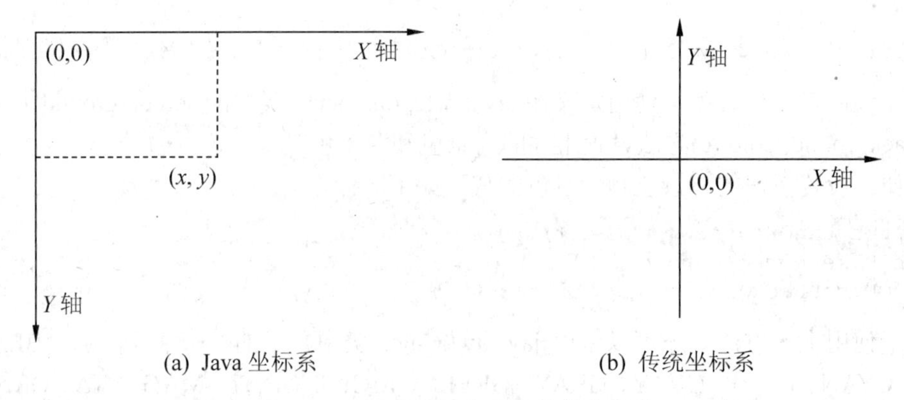

图 7.3 Java 图形坐标系与传统坐标系

7.2.2 Java 图形对象

Graphics 类是所有图形的抽象基类，应用程序通过组件的 Graphics 对象在组件上绘制图形。可以利用 Graphics 类提供的方法绘制字符串和各种图形，如直线、矩形、椭圆、弧、多边形和折线等。

Graphics 类是提供设备无关图形界面的抽象类，当要显示组件时，如面板、按钮、标签，JVM 自动在本地平台上为组件创建一个 Graphics 对象，可通过组件的 getGraphics()方法得到该对象。例如，要得到标签 lblTitle 的 Graphics 对象：

```
Graphics graphics = lblTitle.getGraphics();
```

如果将 GUI 组件想象成一张白纸，getGraphics 对象就是一支画笔，可以用 getGraphics 类提供的方法在 GUI 组件上绘制各种图形。

注意：用 Graphics 对象绘制图形是与组件相关的，也就是说，Graphics 对象属于哪个组件，就在哪个组件上绘制图形。

例 7-3 利用 Graphics 类绘制一个静止的风扇。

程序代码：创建 StillFan.java。

```
import java.awt.*;
import java.awt.event.*;
import javax.swing.*;
public class StillFan extends JFrame{
    StillFan(){
        setTitle("风扇静图");
        add(new ArcsPanel());
    }
    public static void main(String [] args){
        StillFan frame = new StillFan();
        frame.setLocationRelativeTo(null);
        frame.setDefaultCloseOperation(JFrame.EXIT_ON_CLOSE);
        frame.setSize(300,300);
        frame.setVisible(true);
    }
}

class ArcsPanel extends JPanel {
    protected void paintComponent(Graphics g){
        super.paintComponent(g);                       //调用父类方法
        int xCenter = getWidth() / 2;
        int yCenter = getHeight() / 2;
        int radius = (int)((getWidth() < getHeight() ? getWidth() :
                              getHeight()) * 0.45);        //确定扇形的半径
        int x = xCenter - radius;                   //确定绘制扇形的 x 起始坐标
        int y = yCenter - radius;                   //确定绘制扇形的 y 起始坐标
        g.fillArc(x, y, 2*radius, 2*radius,   0, 30);   //绘制第 1 个扇形
        g.fillArc(x, y, 2*radius, 2*radius,  90, 30);   //绘制第 2 个扇形
        g.fillArc(x, y, 2*radius, 2*radius, 180, 30);   //绘制第 3 个扇形
        g.fillArc(x, y, 2*radius, 2*radius, 270, 30);   //绘制第 4 个扇形
    }
}
```

程序执行结果如图 7.4 所示。

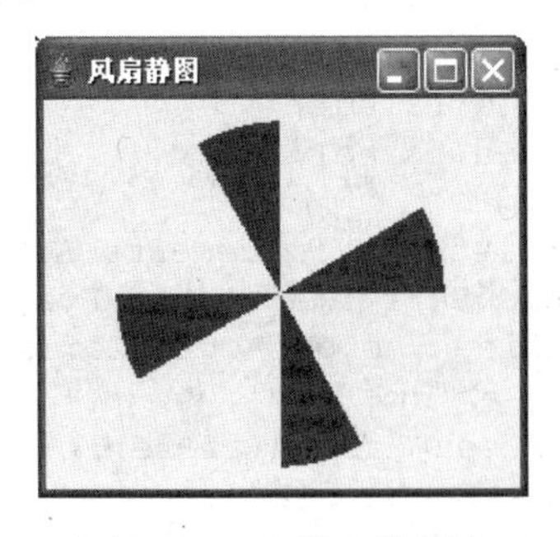

图 7.4　一个静止的风扇

例题分析：此例是通过扩展 JPanel 类并覆盖此类的 paintComponent()方法实现绘图操作的。

面板是不可见的，面板的作用之一是作为容器，用于盛放其他组件；另一重要用途是用于绘图。虽然可以在任意 GUI 组件上绘图，但通常应该使用面板作为画布来绘图。

至于为什么要用组件的 paintComponent()方法来绘图，是因为当窗口大小发生变化时，JVM 会自动调用组件的 paintComponent()方法重新显示(重画)组件上的图形。由于 paintComponent()方法没有绘图功能，当窗口大小改变时，组件上的图形就不见了，所以通常将绘制图形的操作放在 paintComponent()方法中。

扩展 JPanel 类的目的就是为了重写 paintComponent()方法。

例 7-4 设计一个会动的风扇。

程序代码：创建 MoveFan.java。

```
import java.awt.*;
import java.awt.event.*;
import javax.swing.*;
public class MoveFan extends JFrame{
    Timer timer  = new Timer(200, new TimerListener());
    static int speed = 200;
    JButton btnStart = new JButton("开始");
    JButton btnAdd = new JButton("加速");
    JButton btnDown = new JButton("减速");
    JButton btnStop = new JButton("停止");
    MoveFan (){
        setTitle("会动的风扇");
        add(new ArcsPanel(), BorderLayout.CENTER);
        JPanel panel = new JPanel();
        add(panel, BorderLayout.SOUTH);
        btnStart.setPreferredSize(new Dimension(70, 30));
        btnStart.setFont(new Font("宋体", Font.BOLD, 16));
        btnStop.setForeground(Color.RED);
        btnStart.addActionListener(new TimerListener());
        btnAdd.addActionListener(new TimerListener());
        btnDown.addActionListener(new TimerListener());
        btnStop.addActionListener(new TimerListener());
        panel.add(btnStart);
        panel.add(btnAdd);
        panel.add(btnDown);
        panel.add(btnStop);
        btnAdd.setEnabled(false);
        btnDown.setEnabled(false);
        btnStop.setEnabled(false);
    }
    private class TimerListener implements ActionListener{
        public void actionPerformed(ActionEvent e){
            String acChoice = e.getActionCommand();
            if(acChoice == "开始" ){
                btnStart.setEnabled(false);
                btnAdd.setEnabled(true);
                btnDown.setEnabled(true);
                btnStop.setEnabled(true);
                timer.start();
            }
            if(acChoice == "加速" ){
                if(speed == 50){
                    btnAdd.setEnabled(false);
                    speed = 0;
```

```
                }
                else speed -= 50;
                timer.setDelay(speed);
                btnStart.setEnabled(false);
                btnDown.setEnabled(true);
            }
            if(acChoice == "减速" ){
                if(speed == 400) btnDown.setEnabled(false);
                speed += 50;
                timer.setDelay(speed);
                btnStart.setEnabled(false);
                btnAdd.setEnabled(true);
            }
            if(acChoice == "停止" ){
                timer.stop();
                btnStart.setEnabled(true);
                btnAdd.setEnabled(false);
                btnDown.setEnabled(false);
                btnStop.setEnabled(false);
            }
            repaint();
        }
    }
    public static void main(String [] args){
        MoveFan frame = new MoveFan();
        frame.setDefaultCloseOperation(JFrame.EXIT_ON_CLOSE);
        frame.setSize(300,300);
        frame.setLocationRelativeTo(null);
        frame.setVisible(true);
    }
}
class ArcsPanel extends JPanel {
    static int fan1 = 0;
    static int fan2 = 90;
    static int fan3 = 180;
    static int fan4 = 270;
    protected void paintComponent(Graphics g){
        super.paintComponent(g);
        fan1 = (fan1 + 15) % 360;
        fan2 = (fan2 + 15) % 360;
        fan3 = (fan3 + 15) % 360;
        fan4 = (fan4 + 15) % 360;
        int xCenter = getWidth() / 2;
        int yCenter = getHeight() / 2;
        int radius=(int)((getWidth()<getHeight()?getWidth():getHeight())*
0.45);
        int x = xCenter - radius;
        int y = yCenter - radius;
        g.fillArc(x, y, 2 * radius, 2 * radius, fan1, 30);
        g.fillArc(x, y, 2 * radius, 2 * radius, fan2, 30);
        g.fillArc(x, y, 2 * radius, 2 * radius, fan3, 30);
        g.fillArc(x, y, 2 * radius, 2 * radius, fan4, 30);
    }
}
```

程序执行结果如图 7.5 所示。

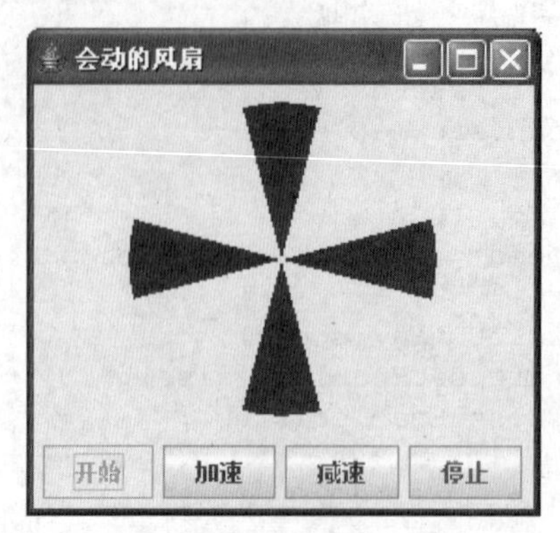

图 7.5　一个会动的风扇

知识点讲解如下。

1. Graphics 构造方法

```
protected Graphics()
```

构造一个新的 Graphics 对象。此构造方法是用于图形的默认构造方法。

因为 Graphics 是一个抽象类，所以不能直接调用此构造方法。图形可从其他图形获取，或者通过在组件上调用 getGraphics()方法来创建。

2. Graphics 主要方法

```
public abstract void setColor(Color c)
```

将此图形的当前颜色设置为指定颜色。使用此图形的所有后续图形操作均使用这个指定的颜色。

参数：c——新的颜色对象。

```
public abstract void setFont(Font font)
```

将此图形的字体设置为指定字体。使用此图形的所有后续文本操作均使用此字体。

参数：font——字体对象。

```
public abstract void drawLine(int x1, int y1, int x2, int y2)
```

在此图形的坐标系统中，使用当前颜色在点(x1, y1)和(x2, y2)之间画一条线。

参数：x1——第一个点的 x 坐标；

　　　y1——第一个点的 y 坐标；

　　　x2——第二个点的 x 坐标；

　　　y2——第二个点的 y 坐标。

```
public abstract void drawString(String str, intx, int y)
```

使用此图形的当前字体和颜色绘制由指定 str 给定的文本。最左侧字符的基线位于此图形坐标系统的(x, y)位置处。

参数：str——要绘制的 String；

　　　x——x 坐标；

y——y 坐标。

```
public void drawRect(int x, int y, int width, int height)
```

绘制指定矩形的边框。矩形的左边和右边位于 x 和 x + width。顶边和底边位于 y 和 y + height。使用图形的当前颜色绘制该矩形。

参数：x——要绘制矩形的 x 开始坐标；

y——要绘制矩形的 y 开始坐标；

width——要绘制矩形的宽度；

height——要绘制矩形的高度。

```
public abstract void fillRect(int x, int y, int width, int height)
```

填充指定的矩形。该矩形的左边和右边位于 x 和 x + width-1。顶边和底边位于 y 和 y+height-1。得到的矩形的覆盖区域宽度为 width 像素，高度为 height 像素。使用图形的当前颜色填充该矩形。

参数：与 drawRect 方法相同。

```
Publicabstractvoid drawRoundRect(int x,int y,int width,int height, int
arcWidth,int arcHeight)
```

用此图形的当前颜色绘制圆角矩形的边框。矩形的左边和右边分别位于 x 和 x+width。矩形的顶边和底边位于 y 和 y+height。

参数：x——要绘制矩形的 x 坐标；

y——要绘制矩形的 y 坐标；

width——要绘制矩形的宽度；

height——要绘制矩形的高度；

arcWidth——4 个角弧度的水平直径；

arcHeight——4 个角弧度的垂直直径。

```
public abstract void fillRoundRect(int x,int y,int width,int height, int
arcWidth, int arcHeight)
```

用当前颜色填充指定的圆角矩形。矩形的左边和右边分别位于 x 和 x+width-1，矩形的顶边和底边位于 y 和 y+height-1。

参数：与 drawRoundRect 方法相同。

```
public void draw3DRect(int x,int y,int width, int height, boolean raised)
```

绘制指定矩形的 3D 突出显示边框。矩形的边是突出显示的，从而它们从左上角看上去呈斜面并加亮。

突出显示效果所用的颜色根据当前颜色确定。得到的矩形覆盖的区域为 width+1 像素宽，height +1 像素高。

参数：x——要绘制矩形的 x 坐标；

y——要绘制矩形的 y 坐标；

width——要绘制矩形的宽度；

height——要绘制矩形的高度；

raised——一个用于确定矩形是凸出平面显示还是凹入平面显示的 boolean 值。

```
public void fill3DRect(int x,int y,int width,int height, boolean raised)
```

绘制一个用当前颜色填充的 3D 突出显示矩形。矩形的边是突出显示的，从而它们从左上角看上去呈斜面并加亮。突出显示效果所用的颜色根据当前颜色确定。

```
public abstract void drawArc(int x, int y,int width,int height,int startAngle,int arcAngle)
```

绘制一个覆盖指定矩形的圆弧或椭圆弧边框。

得到的弧由 startAngle 开始，并以当前颜色扩展 arcAngle 度。角度的 0° 位于 3 点钟位置。正值指示逆时针旋转，负值则指示顺时针旋转。

弧的中心是矩形的中心，此矩形的原点为(x, y)，大小由 width 和 height 参数指定。

得到的弧覆盖的区域宽度为 width +1 像素，高度为 height +1 像素。

角度是相对于外接矩形的非正方形区域指定的，例如 45° 角始终落在从椭圆中心到外接矩形右上角的连线上。因此，如果外接矩形在一个轴上远远长于另一个轴，则到弧段的起点和结束点的角度沿着边框长轴会发生更大的偏斜。

参数：x——要绘制弧的左上角的 x 坐标；

y——要绘制弧的左上角的 y 坐标；

width——要绘制弧的宽度；

height——要绘制弧的高度；

startAngle——开始角度；

arcAngle——相对于开始角度而言，弧跨越的角度。

```
public abstract void fillArc(int x,int y,int width,int height,int startAngle,int arcAngle)
```

填充覆盖指定矩形的圆弧或椭圆弧。

参数：与 drawArc 方法相同。

```
public abstract void drawOval(int x,int y,int width,int height)
```

绘制椭圆的边框。得到的是一个圆或椭圆，它恰好适合放在由 x、y、width 和 height 参数指定的矩形内。

椭圆覆盖区域的宽度为 width+1 像素，高度为 height+1 像素。

参数：x——要绘制椭圆的左上角的 x 坐标；

y——要绘制椭圆的左上角的 y 坐标；

width——要绘制椭圆的宽度；

height——要绘制椭圆的高度。

```
public abstract void fillOval(int x,int y,int width, int height)
```

使用当前颜色填充外接指定矩形框的椭圆。

参数：与 drawOval 方法相同。

```
public abstract void drawPolygon(int[] xPoints,int[] yPoints,int nPoints)
```

绘制一个由 x 和 y 坐标数组定义的闭合多边形。每对(x, y)坐标定义了一个点。

此方法绘制由 nPoint 个线段定义的多边形，其中前面的 nPoint−1 个线段是当 $1 \leqslant i \leqslant$nPoints 时，从(xPoints[i−1], yPoints[i−1])到(xPoints[i], yPoints[i])的线段。如果最后一

个点和第一个点不同，则图形会通过在这两点间绘制一条线段来自动闭合。

参数：xPoints——x 坐标数组；

　　　yPoints——y 坐标数组；

　　　nPoints——点的总数。

```
public abstract void fillPolygon(int[] xPoints,int[] yPoints,int nPoints)
```

填充由 x 和 y 坐标数组定义的闭合多边形。

此方法绘制由 nPoint 个线段定义的多边形，其中前面的 nPoint-1 个线段是当 $1 \leqslant i \leqslant 1$ 时，从(xPoints[i-1], yPoints[i-1])到(xPoints[i], yPoints[i]) 的线段。如果最后一个点和第一个点不同，则图形会通过在这两点间绘制一条线段来自动闭合。

多边形内部的区域使用奇偶填充规则定义，此规则也称为交替填充规则。

参数：与 drawPolygon 方法相同。

例题分析如下。

(1) 此例中先设计一个 ArcsPanel 类用于绘制风扇的一幅画面，并重写父类的 paintComponent()方法。当触发时间到，执行 repaint()方法使得窗口上的组件重画并引发 paintComponent()方法的自动执行，从而实现画面的重画。重画的画面在原画面基础上逆时针旋转 15°，4 个静态变量用于保存上一个画面的扇形位置。

(2) 设计一个事件监听器 TimerListener 类，此类实现了 ActionListener 接口。该类有两个作用，一是处理用户操作，如单击“开始”、“加速”、“减速”、“停止”按钮；二是响应时间触发器，绘制下一幅画面。

(3) 创建一个时间触发器对象，用于定时触发重画风扇画面，从而实现动画。

时间触发器构造方法：

```
public Timer(int delay, ActionListener listener)
```

创建一个每过 delay 毫秒将通知其监听器的 Timer。如果 delay 小于或等于 0，则该计时器将在一启动就开始工作。如果 listener 不为 null，则它会在计时器上注册为监听器。

参数：delay——操作事件之间的毫秒数；

　　　listener——初始监听器，可以为 null。

例：Timer timer= new Timer(200, new TimerListener());

创建一个时间触发器，每 200 毫秒触发一次，触发时执行监听器 TimerListener 中 actionPerformed()方法。

timer.start(); 启动时间触发器。

7.2.3　本节小结

在 Java 中，每个组件都有一个坐标系，这个坐标系的原点(0, 0)在组件的左上角，x 坐标向右增加，y 坐标向下增加。

Graphics 类是所有图形的抽象基类。应用程序通过组件的 Graphics 对象在组件上绘制图形。可以利用 Graphics 类提供的方法绘制字符串和各种图形，如直线、矩形、椭圆、弧、多边形和折线等。

7.3 图 像 显 示

7.3.1 图像显示

Java 语言中显示图像有两种方法，一种是使用 javax.swing.ImageIcon 类，这种方法通常用来显示固定大小、用于装饰组件的小图片；另一种方法是使用 java.awt.Image 类，该方法可以显示大小灵活的图像。

例 7-5 利用 javax.swing.ImageIcon 类创建和显示图像。

程序代码：创建 Image_Icon.java。

```
import javax.swing.*;
import java.awt.*;
public class Image_Icon extends JFrame {
    ImageIcon chIcon = new ImageIcon("china.gif"); //创建图像图标实例
    ImageIcon usIcon = new ImageIcon("us.gif");
    ImageIcon caIcon = new ImageIcon("can.gif");
    public Image_Icon() {
        setLayout(new GridLayout(1, 3, 5, 5));
        add(new JLabel(chIcon));     //创建具有图像的标签并将标签加到窗口上
        add(new JLabel(usIcon));
        add(new JLabel(caIcon));
    }
    public static void main(String[] args) {
        Image_Icon frame = new Image_Icon();
        frame.setDefaultCloseOperation(JFrame.EXIT_ON_CLOSE);
        frame.setTitle("利用 javax.swing.ImageIcon 类创建和显示图像对象");
        frame.setSize(1000, 240);
        frame.setLocationRelativeTo(null);
        frame.setVisible(true);
    }
}
```

程序执行结果如图 7.6 所示。

图 7.6 在标签上显示图像图标

知识点讲解如下。

1. 创建图像图标对象

ImageIcon 类原型：

```
public class ImageIcon extends Object implements Icon, Serializable,
```

```
Accessible
```

一个 Icon 接口的实现，它根据 Image 绘制 Icon。

ImageIcon 构造方法：

```
public ImageIcon(String filename)
```

根据指定的文件创建一个 ImageIcon。指定 String 可以是一个文件名或是一条文件路径。在指定一条路径时，可使用 Internet 标准正斜杠(/)作为分隔符(该字符串被转换成一个 URL，正斜杠适用于所有系统)。例如：

```
new ImageIcon("images/myImage.gif")该描述被初始化为 filename 字符串
```

参数：filename——指定文件名或路径的 String。

ImageIcon 类构造方法还有很多，可以参考 Java API 文档。

2. 显示图像图标对象

```
ImageIcon imageIcon = new ImageIcon("zhongguo.gif");
JLabel jlabel = new JLabel(imageIcon);
```

此例中：ImageIcon imageIcon = new ImageIcon("zhongguo.gif"); 用于创建图像图标对象。由于没有指定文件所在的目录，该图像图标文件在默认目录下，也就是当前项目目录下，当然也可以指定一个具体的目录，如"e:\myjava\myprojiect\zhongguo.gif"。

```
JLabel jlabel = new JLabel(imageIcon); 将图像图标对象加到标签上
```

例题分析：此例重点掌握图像图标实例的创建和具有图像图标的标签实例的创建。其中的语句：

```
ImageIcon chIcon = new ImageIcon("china.gif"); 用于获取图像图标对象
```

setLayout(new GridLayout(1, 3, 5, 5)); 设置布局管理器为表格布局管理器，1 行 3 列；

add(new JLabel(chIcon)); 这一语句有两个动作，一是创建具有图像图标的无名标签实例，二是将此实例加到窗口上，默认的布局是 BorderLayout 的中部。

例 7-6 利用 java.awt.Image 类创建和显示图像。

程序代码：创建 ImageTest.java。

```
import javax.swing.*;
import java.awt.*;
public class ImageTest extends JFrame {
    JPanel jpanel = new JPanel();
    public ImageTest() {
        add(new imgPanel());                                //创建个性化面板
    }
    public static void main(String[] args) {
        ImageTest frame = new ImageTest();
        frame.setDefaultCloseOperation(JFrame.EXIT_ON_CLOSE);
        frame.setTitle("利用 java.awt.Image 类创建和显示图像对象");
        frame.setSize(380, 240);
        frame.setLocationRelativeTo(null);
        frame.setVisible(true);
    }
    class imgPanel extends JPanel {
```

```
        ImageIcon imgIcon = new ImageIcon("china.gif");//创建图像图标对象
        Image image = imgIcon.getImage();  //通过图标对象获取图像对象
        //Image image = getToolkit().getImage("china.gif");此行与上两行作用
同
        public void paintComponent(Graphics g) {
            super.paintComponent(g);        //调用父类的方法，重画面板上的组件
            if(image != null)
                g.drawImage(image, 0, 0, this);        //在面板上绘制图像
        }
    }
}
```

程序执行结果如图 7.7 所示。

图 7.7　在面板上显示图像

知识点讲解如下。

1. 创建图形对象

获取图形对象需要用到 Image 类和 java.awt.Window 类的 getToolkit()方法。

Image 类原型：

```
public abstract class Image extends Object
```

Image 构造方法：

```
public Image()
```

抽象类 Image 是表示图形图像的所有类的超类，不能直接创建对象，必须以特定于平台的方式获取图像。通常使用 java.awt.Window 类的 getToolkit()方法来返回框架的工具包。注意，包含组件的框架控制该组件使用哪个工具包。因此，如果组件从一个框架移到另一个框架中，那么它所使用的工具包可能改变。

getToolkit()方法的原型：

```
public Toolkit getToolkit()
```

通过工具包 Toolkit 的方法 getImage()返回一幅图像，该图像从指定 URL 获取像素数据。通过指定 URL 引用的像素数据必须使用以下格式之一：GIF、JPEG 或 PNG。底层工具包试图对具有相同 URL 的多个请求返回相同的 Image。因为便于同享 Image 对象所需的机制可能在不再使用图像的一段不明确时间后仍然继续保存图像，所以鼓励开发者在任何可用处通过 createImage 变体实现自己的图像缓存。

getImage()方法的原型：

```
public abstract Image getImage(URL url)
```

参数：url——用来获取像素数据的 URL。

例如：Image image = this.getToolkit().getImage();　　　　// this 为当前应用程序

2. 显示图形对象

显示图形对象使用 graphics 类的 drawImage()方法：

```
public abstract boolean drawImage(Image img,int x,int y, ImageObserver
observer)
```

绘制指定图像中当前可用的图像。图像的左上角位于该图形坐标空间的(x, y)。

此方法在任何情况下都立刻返回，甚至在整个图像尚未装入，并且它还没有为当前输出设备完成抖动和转换的情况下也是如此。

如果图像已经完全装入，并且其像素不再发生改变，则 drawImage 返回 true。否则 drawImage 返回 false，并且随着更多的图像可用或者到了绘制动画另一帧的时候，装入图像的进程就会通知指定的图像观察者。

参数：img——要绘制的指定图像，如果 img 为 null，则此方法不执行任何动作；

x——x 坐标；

y——y 坐标；

observer——显示图像的对象。

返回：如果图像像素仍在改变，则返回 false；否则返回 true。

例：Image image = getToolkit().getImage("china.gif");　　　　//创建图像对象

组件对象.getGraphics().drawImage(image,0,20,this);　　　　//在组件上绘制图像

例题分析：创建图像对象有两种方式，一是通过图像图标对象来创建，例如：

```
ImageIcon imgIcon = new ImageIcon("china.gif");          //创建图像图标对象
Image image = imgIcon.getImage();//通过图像图标对象方法 getImage()获得图像对象
```

二是通过 Frame 组件的方法 getToolkit()先获取该组件的工具包对象，然后再利用这个工具包对象的方法 getImage()得到所需的图像对象，例如：

Image image = getToolkit().getImage("china.gif");

通常情况下，绘制或显示图像或图形最好在组件 JPanel 上进行，并且要重写 JPanel 的方法 paintComponent()。

之所以要用组件的 paintComponent()方法来绘图，是因为当窗口大小发生变化时，JVM 会自动调用组件的 paintComponent()方法重新显示(重画)组件上的图形。由于 paintComponent()方法没有绘图功能，当框架大小改变时，组件上的图形就不见了，所以通常将绘制图形的操作放在 paintComponent()方法中。

扩展 JPanel 类的目的就是为了重写 paintComponent()方法。

7.3.2 双缓冲图像技术

在程序测试运行时，常常发现当窗口的大小发生改变时，窗口中的图像不能马上显示，这是因为图像的显示有一个滞后过程，这时可以使用双缓存技术来解决这一问题。

例 7-7 显示双缓冲图像。

程序代码：创建 DoubleCach.java。

```
import java.awt.*;
import java.applet.*;
public class DoubleCach extends Applet{
    Image image;
    public void init() {
        setSize(350,200);
        Dimension d = getSize();                        //获得小程序窗口的尺寸
        image = getToolkit().getImage("china.gif");//获得当前目录下的图像
        Image dblImage = createImage(d.width, d.height);//创建后台图像对象
        Graphics dblGraphics = dblImage.getGraphics();
        //获得 dblImage 的图形对象
        dblGraphics.drawImage(image, 0, 0, this);
        //将 image 写到缓冲区 dblImage 中
    }
    public void paint(Graphics g){                      //Java Applet 的绘图方法
        g.drawImage(image, 0, 0, null);                 //绘制图像
    }
}
```

程序执行结果如图 7.7 所示。

知识点讲解：双缓存技术在动画 Applet 中被经常使用。主要原理是先创建一幅后台图像对象，然后将每一帧画入后台图像对象，最后调用后台图像对象所应的 Graphics 对象的 drawImage()方法将整个后台图像一次性画到屏幕上去。这种方法的优点在于大部分绘制是离屏的，将后台图像一次性画到屏幕上，比直接在屏幕上绘制要有效得多。在创建后台图像前，首先要通过调用 createImage()方法生成合适的后台缓冲区，然后获得在缓冲区做图的环境(Graphics 类对象)，再通过 Graphics 对象来画图像。

createImage()方法原型：

```
public Image createImage(int width, int height)
```

创建一幅用于双缓冲的、可在屏幕外绘制的图像。

参数：width——指定的宽；

height——指定的高度。

返回：一幅屏幕外可绘制的图像，可用于双缓冲。如果组件是不可显示的，则返回值可能为 null。

例题分析：双缓冲图像显示的设计思路是，先将图像写到一个后台图像对象中：

```
image = getToolkit().getImage("china.gif");    //获得当前目录下的图像对象
Image dblImage = createImage(d.width, d.height);   //创建后台图像对象
Graphics dblGraphics = dblImage.getGraphics(); //获得后台图像对象的图形对象
dblGraphics.drawImage(image, 0, 0, this);  //将 image 写到缓冲区后台图像对象中
```

当上述过程完成后(也就是图像已经完全写到后台图像中)，再将存放在后台的图像画到窗口上：

```
g.drawImage(image, 0, 0, null); //绘制图像
```

由于在绘制窗口图像时，图像对象已完全装入内存，由于内存读取速度快，因此不会

出现闪烁现象，图像显示非常连贯。

7.3.3　本节小结

绘制图形至少要掌握以下知识并能熟练运用。

(1) Java坐标系。

(2) Graphics类的画图方法。

7.3.4　自测练习

程序设计

使用选项卡片显示图像。

7.4　动 画 制 作

7.4.1　利用时间触发器制作动画

利用时间触发器制作动画的原理很简单，就是利用时间触发器的工作机制定时执行一段代码，在代码中更换图像，或者改变图像显示的位置，从而形成动画效果。其设计思路如下。

(1) 创建定时器对象。

(2) 创建下一幅要显示图像对象(或一次性将所有图像对象全部创建好)。

(3) 启动定时器。

(4) 执行事件处理程序，清除原有的图像，显示新的图像。

(5) 重复步骤(2)。

例7-8 利用时间触发器制作动画。

程序代码：创建TimerMovingBall.java。

```
import java.awt.*;
import java.awt.event.*;
import javax.swing.*;
public class MovingBall extends JApplet implements ActionListener{
    private Timer timer = new Timer(10, this);      //创建定时器对象
    private Image screenImage = null;               //定义图像缓冲区对象
    private Graphics screenBuffer = null;       //定义图像缓冲区的图像对象
    private int x = 5;                          //小球位置
    private int move = 1;                       //小球移动步长
    public void init( ){
        setSize(400,200);
        screenImage = createImage(300, 150);        //创建图像缓冲区对象
        screenBuffer = screenImage.getGraphics( );//获取图像缓冲区的图像对象
    }
    public void start( ){
        timer.start();                              //启动定时器
    }
    public void actionPerformed(ActionEvent e){     //定时执行的事件处理程序
        x += move;
```

```
        if((x > 205) || (x < 5))                        //判断小球是否出界
            move *= -1;
        repaint( );          //重画小程序面板，此操作将引发 paint()方法自动执行
    }
    public void drawCircle(Graphics g){
        g.setColor(Color.GREEN );
        g.fillRect(0, 0, 300, 100);                     //画长方形

        g.setColor (Color.RED );
        g.fillOval(x, 5, 90, 90);                       //画圆
    }
    public void paint(Graphics g){
        drawCircle(screenBuffer);                       //将图像写入缓冲区(后台)
        g.drawImage(screenImage, 50, 50, this);         //显示缓冲区中的图像
    }
}
```

程序执行结果如图 7.8 所示。

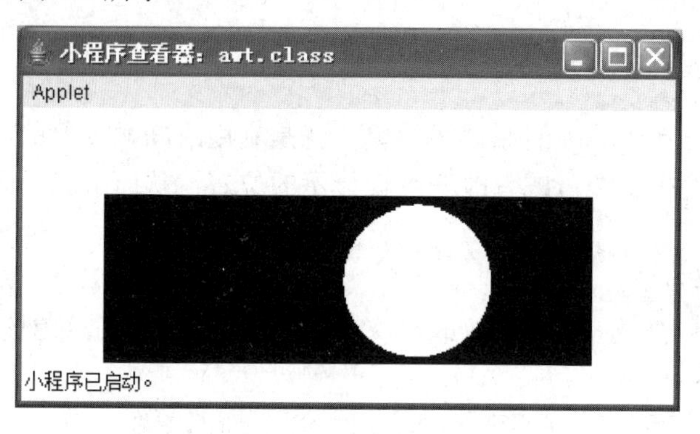

图 7.8　移动的球

例题分析：程序的设计思路如下。

(1) 创建一个具有固定时长和监听器的定时器(Timer timer = new Timer(10, this);)。

(2) 创建图像缓冲区对象(screenImage = createImage(300, 150);)。

(3) 启动定时器(timer.start();)。

(4) 执行的事件处理程序，修改下次画小球的位置，重画小程序面板。

(5) 执行 paint()方法，重画小球。

7.4.2　利用线程制作动画

线程是控制动画的理想选择。将实现动画的工作放在线程上，可以释放出程序的其他部分来处理别的任务。

线程是通过 java.lang 中的 Thread 类来实现的。要使某一个类能使用线程，必须实现 Runnable 接口，该接口包含唯一一个方法 run()，run()方法是线程类的核心。

利用线程制作动画要先创建一个线程，将实现动画的代码放在线程的 run()方法中，然后通过调用线程的 start()方法，该方法将触发 run()方法的执行。

例 7-9 利用线程制作动画。

程序代码：创建 ThreadMovingBall.java。

```
import java.awt.*;
import javax.swing.*;
public class ThreadMovingBall extends JApplet implements Runnable {
    Image screenImage = null;
    Graphics screenBuffer = null;
    private Thread thread;                                    //定义线程对象
    private int x = 5;
    private int move = 1;
    public void init() {
        setSize(400, 200);
        screenImage = createImage(300, 150);
        screenBuffer = screenImage.getGraphics();
    }
    public void start() {
        thread = new Thread(this);                            //创建线程对象
        thread.start();                                       //启动线程
    }
    public void run() {
        while (true) {                                        //无限循环
            x += move;
            if ((x > 205) || (x < 5))
                move *= -1;
            repaint();
            try {
                Thread.sleep(20);                             //线程休眠20毫秒
            } catch (InterruptedException e) {                /捕获异常并处理
            }
        }
    }
    public void drawCircle(Graphics g) {
        g.setColor(Color.GREEN);
        g.fillRect(0, 0, 300, 100);

        g.setColor(Color.RED);
        g.fillOval(x, 5, 90, 90);
    }
        public void paint(Graphics g) {
        drawCircle(screenBuffer);

        //将缓冲区的图像复制到主缓冲区中
        g.drawImage(screenImage, 50, 50, this);
    }
}
```

程序执行结果如图7.8所示。

例题分析：这是一个用线程设计动画的程序，动画显示代码放在线程实例的run()方法中，在run()方法中利用一个无限循环来移动小球。为了降低小球移动速度，每循环一次，使线程休眠一段时间，需要注意的是，使用静态方法sleep()时必须捕获InterruptedException异常。代码如下：

```
try {
    Thread.sleep(20);
} catch (InterruptedException e) {        //此处为异常处理代码
}
```

7.4.3 本节小结

计算机动画是采用连续播放静止图像的方法产生景物运动的效果。

Java 实现动画主要有如下两种方法。

(1) 用定时器实现动画。

(2) 用线程实现动画。

7.4.4 自测练习

程序设计

设计一个模拟电梯。

7.5 声 音 播 放

7.5.1 声音播放

Java 2 之前的版本只支持一种音频格式，即扩展名为.au 格式的文件。Java 2 能够播放 wav、aiff、madi、au 和 rfm 等格式的音频文件。

例 7-10 设计一个循环播放音乐的 Applet 程序。当包含此小程序的 HTML 文件打开时即播放，离开时停止播放，程序界面如图 7.11 所示。

程序代码：创建 AudioTest.java。

```
import java.awt.Graphics;
import java.applet.*;
public class AudioTest extends Applet {
    AudioClip sound;
    public void init() {
        sound = getAudioClip(getDocumentBase(), "china.wav");
        this.setSize(200, 100);
    }
    public void paint(Graphics g) {
        g.drawString("Audio Test", 25, 25);
    }
    public void start() {
        sound.loop();                                        //循环播放
    }
    public void stop() {
        sound.stop();                                        //停止播放
    }
}
```

程序执行结果如图 7.9 所示。

知识点讲解：Java 语言包提供了两种播放声音文件的机制，一种是利用 Applet 类中提供的 play()方法直接播放声音文件，play()方法原型如下。

```
public void play(URL url)
```

播放在指定的 url 处的音频剪辑文件。如果未找到音频剪辑文件，则不播放任何内容。

```
public void play(URL url,String name)
```

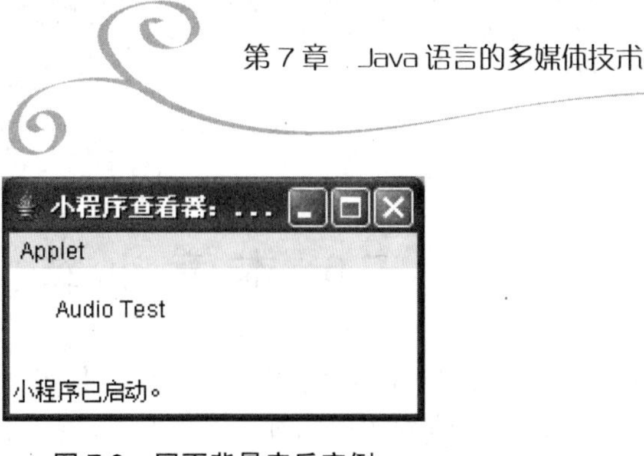

图 7.9　网页背景音乐实例

播放指定 url 和与其相关的说明符的音频剪辑文件。如果未找到音频剪辑文件，则不播放任何内容。

另一种方法是先为声音文件创建一个音频剪辑对象。该对象一旦创建，不需要重新加载就能重复播放。创建音频剪辑对象有两种方法，一种方法是使用 java.applet.Applet 类中的静态方法 newAudioClip()，格式如下：

```
AudioClip AudioClip = Applet.newAudioClip(url)
```

另一种方法通过调用 Applet 类的 getAudioClip()方法得到 AudioClip 对象，格式如下：

```
AudioClip AudioClip = getAudioClip(URL url, String name)
```

getAudioClip()方法原型为：

```
public AudioClip getAudioClip(URL url, String name)
```

该方法返回由参数 url 和 name 指定的 AudioClip 对象。不管音频剪辑存在与否，此方法总是立即返回。

获得 AudioClip 对象后就可以调用该对象中的方法来操作音频剪辑对象了。音频剪辑对象主要方法有如下 3 种。

(1) void play()——开始播放音频剪辑。每次调用此方法时剪辑都从头开始重新播放。

(2) void loop()——循环播放此音频剪辑。

(3) void stop()——停止播放此音频剪辑。

例题分析：当进入包含此小程序的网页时，执行小程序的 start()方法，音乐开始；当离开时，执行小程序的 stop()方法，音乐停止；当返回时，又执行小程序的 start()方法，音乐又开始。

7.5.2　本节小结

关于声音播放实现起来比较简单，主要注意两个问题，一是获取音频剪辑，二是播放音频剪辑。例子中用的是指定位置的音频剪辑文件，读者试着写一个播放任意位置的音频剪辑文件的程序。

7.5.3　自测练习

问答题

如何通过文件打开窗口选择播放任意音频文件？

7.6 本 章 小 结

本章主要介绍了常用的Java语言多媒体技术，包括组件的文本属性，使用Graphics对象进行绘图，使用定时器和线程实现动画以及编写音频播放程序等。

(1) 设置字体属性。可以通过修改组件的字体的颜色、字体和字号属性来设置文字外观，也可通过修改组件的Graphics对象的字体属性来设置文字外观。

(2) 使用Graphics对象进行绘图。绘图时，需要注意的是Java坐标系的顶点在左上角，另外每一个组件都有一个Graphics对象，在使用Graphics对象进行画图时，是画在Graphics对象所在的组件上的。

(3) 使用定时器和线程实现动画。使用定时器实现动画的设计思路为：

① 创建定时器对象。

② 创建下一幅要显示图像对象(或一次性将所有图像对象全部创建好)。

③ 启动定时器。

④ 执行的事件处理程序，清除原有的图像，显示新的图像。

⑤ 重复步骤②。

使用线程实现动画的设计思路为：

先创建一个线程，将实现动画代码放在线程的run()方法中，然后，通过调用线程的start()方法触发run()方法的执行。

(4) 播放音频比较简单，但有一点要注意，在编写音频播放程序时，先要检查一下是否有相关的音频播放软件。

7.7 本 章 习 题

一、简答题

1．简述Java坐标系与数学坐标系之不同。

2．简述Graphics对象及其作用。

3．简述paintComponent方法及其作用。

4．在显示图像方面，java.awt包中的Image类与javax.swing包中的ImageIcon类所采用方式的有何不同？

5．简述Java语言实现动画的原理。

二、填空题

1．修改字体属性需要用到___________类。

2．绘制图形需要用到___________类。

3．JVM在本地平台上为每个组件创建一个Graphics对象。使用___________方法可获得该对象。

4．当第一次显示或任何时候需要重新显示组件时，都会自动调用___________方法。

5．Java坐标系的顶点在屏幕的＿＿＿＿＿＿。

三、程序设计题

1．在Java Applet中加载图像文件test.jpg。程序执行结果如图7.10所示。

2．编写一个绘制直线、矩形、椭圆、圆弧和多边形的程序，程序界面如图7.11所示。

图7.10 程序设计题1界面

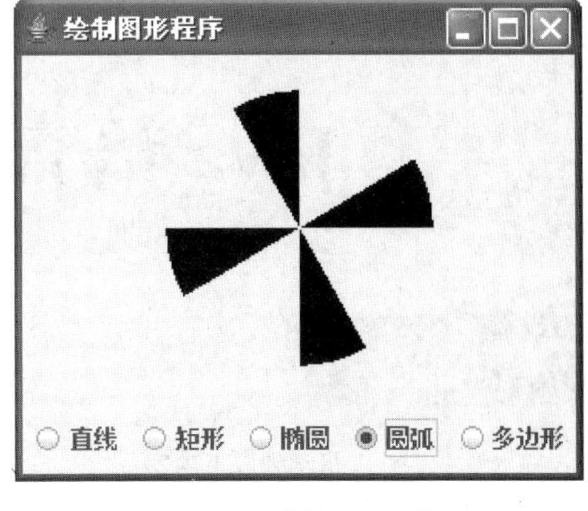

图7.11 程序设计题2界面

3．在Java Applet中实现音乐播放器的功能，程序界面如图7.12所示。

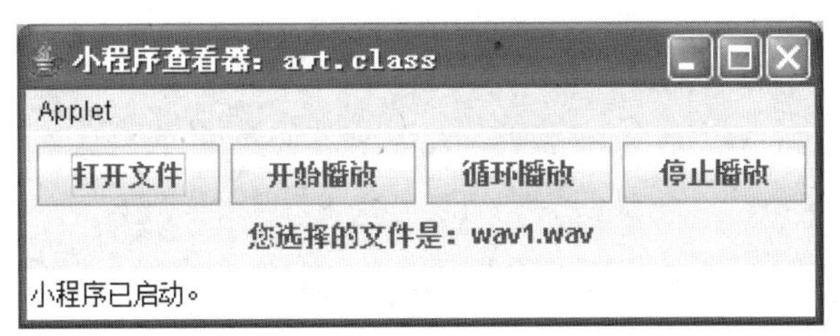

图7.12 程序设计题3界面

7.8 综合实验项目7

实验项目：设计一个简易的画板程序。

实验要求：该程序能画各种常见的图形。

第 8 章

Java 语言的异常处理

教学目标

在本章中，读者将学到以下内容：

- 异常的基本概念和异常处理机制
- 在 Java 平台定义异常类
- 创建自定义的 Java 异常类的方法

章节综述

用户在设计和开发程序时，经常会出现错误，包括语法错误、逻辑错误以及异常错误。异常通常指程序运行过程中出现的非正常情况，例如用户输入错误、需要的文件不存在、数组的下标超出范围等。

通过对异常的学习，从整体上应掌握异常引入的起因以及异常的相关概念、其层次结构以及异常的处理，从而把握异常处理的技术。本章在介绍异常处理语句 try，throw 和 throws 后，简单归纳出编程中使用异常处理的一般原则，目的是使读者能根据自己的实际需要，准确定义自己的异常处理。

8.1　异 常 概 述

任何一个应用软件，无论多大，无论是编译执行还是解释执行，都可能存在错误。要么是编译时就出现语法、语义错误，要么是在运行中出错或算法出错。特别是随着软件规模的不断扩大，应用程序出错的可能性会越来越大。

所谓异常，是一个描述在代码段中发生的不正常(也就是出错)情况的对象，也就是程序运行到该处时出现问题，程序需要明确以后的运行方向以及对该问题的处理方法。

异常可以分为必然异常、条件异常和偶然异常。必然异常是无论如何在程序运行时都会出现的异常；条件异常则是在一定的条件下可能发生的异常；偶然异常则多为外界环境变化而产生。

Java 具有强大的扩展能力，它在语言层提供了异常处理机制，使设计者可以采取更有效的措施增强程序的强健性。异常是指在程序运行过程中发生的会打断程序正常执行的事件。对这些事件的处理就是异常(例外)处理。

例 8-1 验证异常情况出现。

```
public class ArrayException
{   public static void main(String args[])
    {  char x[]={'A','B','C','D'};
       x[4]= 'E';                                    //数组下标越界异常，程序退出
       System.out.println("The array x[] is:");      //输出一个字符串
       for(int i=0; i<x.length; i++)
          System.out.println("x["+i+"]: " +x[i]);    //输出整个数组x[i]的值
  }
}
```

程序运行结果如图 8.1 所示。

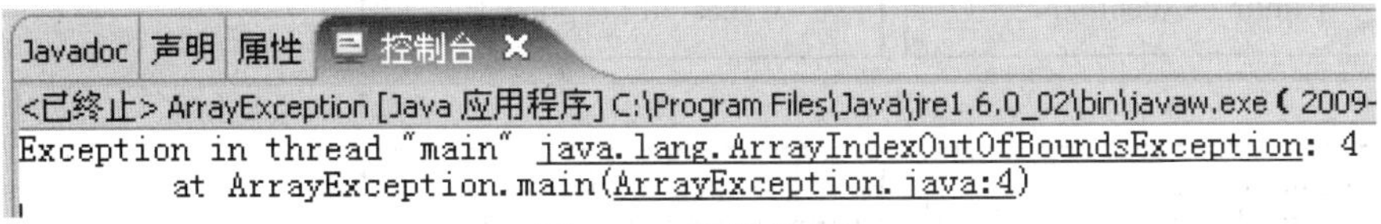

```
Javadoc 声明 属性 控制台
<已终止> ArrayException [Java 应用程序] C:\Program Files\Java\jre1.6.0_02\bin\javaw.exe ( 2009-
Exception in thread "main" java.lang.ArrayIndexOutOfBoundsException: 4
        at ArrayException.main(ArrayException.java:4)
```

图 8.1　异常情况

8.2　异 常 处 理

异常是程序运行时的不正常现象，该现象产生后，由特定对象传递出来。如果该异常被捕获，则可以调用相应的异常处理程序。所以，异常处理基本上可以分为“异常发生—异常捕获—异常处理”3 个部分。

Java 中异常处理有如下几种方式。

(1) 不处理运行时异常，JVM 自动进行处理。

(2) 使用 try-catch-finally 语句捕获异常。

(3) 通过子句 throws 声明抛出异常，还可以自定义异常，用 throw 语句来抛出它。

异常处理有如下两个过程。

(1) 异常捕获：异常抛出后，运行时系统从生成异常对象代码开始，沿方法的调用栈进行查找，直到找到相应的方法代码，并把异常对象交给该方法为止。

(2) 异常抛出：当语义限制被违反时，将会抛出异常，即产生一个异常事件，生成一个异常对象，并把它提交给运行系统，再由运行系统寻找相应的代码来处理异常。

异常处理机制结构如图 8.2 所示。

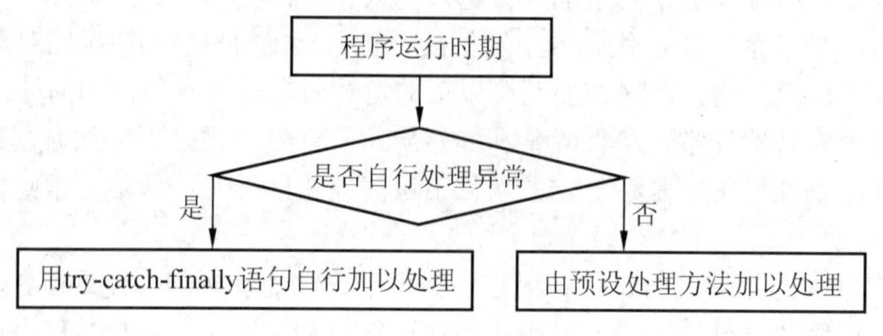

图 8.2　异常处理机制

异常类的继承关系如图 8.3 所示。

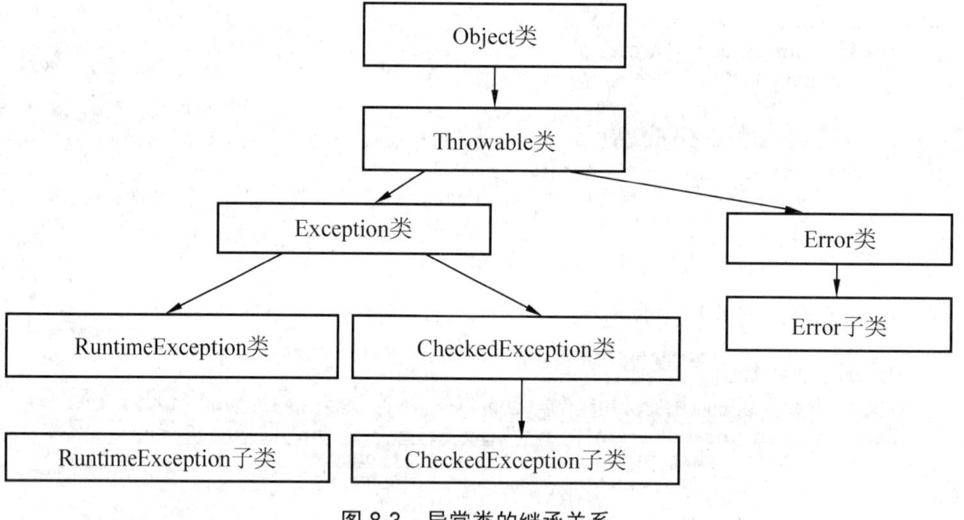

图 8.3　异常类的继承关系

8.3 捕 获 异 常

Java 中使用 try-catch-finally 语句来捕获并处理异常。

try-catch-finally 语句的语法格式：

```
try
{    //可能会产生异常的程序代码    }
catch(Exception_1 e1){  //处理异常 Exception_1 的代码  }
catch(Exception_2 e2){  //处理异常 Exception_2 的代码  }
...
catch(Exception_n en){  //处理异常 Exception_n 的代码  }
```

```
[ finally{  //通常是释放资源的程序代码   }  ]
```

整个语句由 try 块、catch 块和可以默认的 finally 块 3 部分组成。

(1) try 块：将可能产生异常的程序代码放在此处，该段代码是程序正常情况下应该要完成的功能。

(2) catch 块：将要处理的异常和处理异常的代码排列在此。

(3) finally 块：该部分是可以默认的，通常将释放资源的程序代码放于此处。

例 8-2 使用 try-catch-finally 语句对数组下标越界的异常进行捕捉和处理。

```
public class Ex_Exception2
{   public static void main(String[] args)
    {   int[]number=new int[10];
        for(int i=0;i<=10;i++)
        {   try
            {   number[i]=i+1;   }
            catch(ArrayIndexOutOfBoundsException e)
            {   System.out.println("数组下标越界，产生异常："+e);       }
            finally
            {   if(i<10)
                System.out.println("i="+i+"时，"+"number[i]="+number[i]);
            }
        }
    }
}
```

程序运行结果如图 8.4 所示。

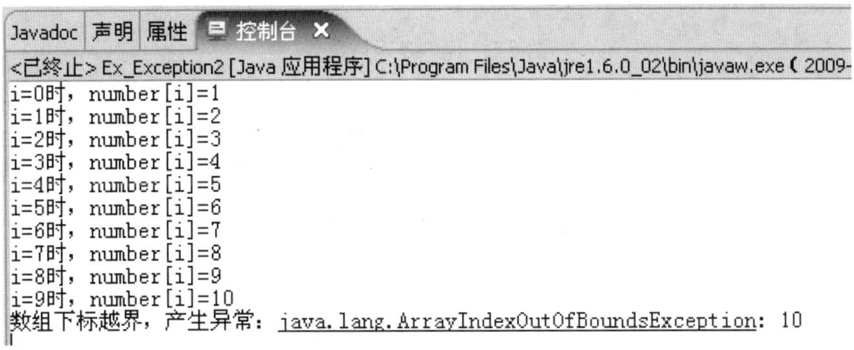

```
Javadoc 声明 属性 控制台 ×
<已终止> Ex_Exception2 [Java 应用程序] C:\Program Files\Java\jre1.6.0_02\bin\javaw.exe ( 2009-
i=0时，number[i]=1
i=1时，number[i]=2
i=2时，number[i]=3
i=3时，number[i]=4
i=4时，number[i]=5
i=5时，number[i]=6
i=6时，number[i]=7
i=7时，number[i]=8
i=8时，number[i]=9
i=9时，number[i]=10
数组下标越界，产生异常：java.lang.ArrayIndexOutOfBoundsException: 10
```

图 8.4　例 8-2 运行结果

注意以下两点。

(1) 当产生异常时，程序从上往下依次判断该异常是不是 catch 块中 Exception_x 类或其子类的对象。

(2) try-catch-finally 语句的 try 块、catch 块、finally 块中的程序代码都可以嵌套另外的 try-catch-finally 语句，且嵌套层次数任意。

8.4　声 明 异 常

声明抛出异常是一个子句，只能加在方法头部的后边，语法格式：

```
throws <用逗号分隔的异常列表>
```

完整的抛出异常方法格式：

```
<返回值类型><方法名><([参数])>< throws ><异常类型>{};
```

例如：public int read() throws IOException {…}

例 8-3 从键盘读汉字并打印出其机内码，注意不是 Unicode 码。(抛出异常子句 **throws** 的使用。)

```
import java.io.*;
public class Ex_Exception3
{   public static void main(String[] args) throws IOException
    {   int c;
        while ( ( c = System.in.read())!=-1 )
        System.out.println(c);
    }
}
```

程序运行结果如图 8.5 所示。

Problems | @ Javadoc | 声明 | 控制台
Ex_Exception3 [Java 应用程序] C:\Program Files\Ge

```
a
97
13
10
```

图 8.5　例 8-3 运行结果

8.5　抛 出 异 常

真正抛出异常的动作是由抛出异常语句来完成的。语法格式：

```
throw  <异常对象>;
```

其中：异常对象必须是 Throwable 类或其子类的对象。

例如：throw new Exception("这是一个异常");

下面的语句在编译时将会产生语法错误：

```
throw new String("能抛出吗？");   //这是因为 String 类不是 Throwable 类的子类
```

例 8-4 从键盘读入字符，打印出其 ASCII 码值。若按了 a 键，则立即抛出异常。(抛出异常语句 throw 的使用。)

```
import java.io.*;
public class Ex_Exception4
{   public static void main(String[] args)
    {   int c;
 try
      {  while ( ( c = System.in.read())!=-1 )
         {  if( c=='a' )
```

```
                    throw new Exception("键 a 坏了！");
                   System.out.println(c);
               }
           }
        catch(IOException e)
        {  System.out.println(e);       }
        catch(Exception e)
        {  System.out.println(e);       }
    }
}
```

程序运行结果如下：

当从键盘输入字符 a 时，运行结果如图 8.6(a)所示。

当从键盘输入其他任意字符时，运行结果如图 8.6(b)所示。

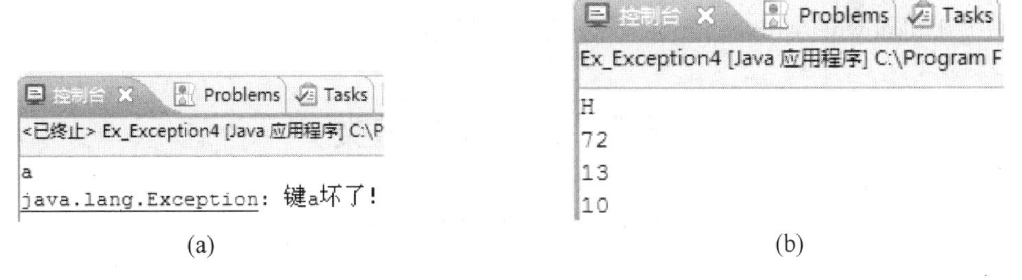

(a)　　　　(b)

图 8.6　例 8-4 运行结果

在程序设计中，所谓健壮的程序，并非是指不出错的程序，而是在出错的情况下能很好地处理错误的程序，即具有很好的异常处理机制。

例 8-5 交给系统处理异常。

```
public class Ex_Exception5
{   static void demo()throws SecurityException
    {   System.out.println("在 demo 方法中抛出一个异常");
        throw new SecurityException();                        //抛出异常
    }
    public static void main(String[] args)throws SecurityException
    {   demo ();
        System.out.println("main 方法中也没有处理异常");
    }
}
```

程序运行结果如图 8.7 所示。

```
Javadoc 声明 属性 控制台
<已终止> Ex_Exception5 [Java 应用程序] C:\Program Files\Java\jre1.6.0_02\bi
在demo方法中抛出一个异常
Exception in thread "main" java.lang.SecurityException
        at Ex_Exception5.demo(Ex_Exception5.java:4)
        at Ex_Exception5.main(Ex_Exception5.java:7)
```

图 8.7　系统处理异常

系统定义的运行异常通常对应着系统运行错误。由于这些错误可能导致操作系统错误甚至是整个系统瘫痪，所以需要定义异常类来特别处理。

常见的系统定义异常如下所述。

(1) ArithmeticException：数学错误。

(2) ArrayIndexOutOfBoundsException：数组下标越界使用。

(3) ClassNotFoundException：未找到欲使用的类。

(4) FileNotFoundException：未找到指定的文件或目录。

(5) InterruptedException：线程在睡眠、等待或因其他原因暂停时被其他线程打断。

(6) IOException：输入、输出错误。

(7) MalformedURLException：URL 格式错误。

(8) NullPointerException：引用空的尚无内存空间对象。

(9) SecurityException：安全性错误，如欲写文件。

(10) UnknownHostException：无法确定主机的 IP 地址。

8.6 自定义异常类

前面提到的异常都是系统提供的异常，用户也可以自己定义异常类。自定义异常类必须继承 Exception 类。语法格式：

```
<class ><自定义异常名><extends><Exception>
```

例 8-6 创建自定义异常类。

```
import java.io.*;
public class TestMyException1
{   public static void main(String[] args)
    {   int num1,num2,sum;
        String s=" ";
        try
        { System.out.println("请键入第一个数字：");
        BufferedReader in1=new BufferedReader(new InputStreamReader(System.
in));
         s=in1.readLine();
         num1=Integer.parseInt(s);
         System.out.print("请键入第二个数字：");
        BufferedReader in2=new BufferedReader(new InputStreamReader(System.
in));
         s=in2.readLine();
         num2=Integer.parseInt(s);
         System.out.println("两个数的和为："+sum(num1,num2));
    }
       catch(NumberRangeException e)
        { System.out.println(e.getMessage());      }
        catch(IOException e){}
    }
    public static int sum(int num1,int num2)throws NumberRangeException
    {   if((num1<0)||(num1>1000)||(num2<0)||(num2>1000))
        { throw(new NumberRangeException("键入的数字必须在 0 到 1000 之内！")); }
```

```
            return num1+num2;
        }
    }
    class NumberRangeException extends Exception
    {   public NumberRangeException()
        {   super();    }
        public NumberRangeException(String s)
        {   super(s);   }
    }
```

程序运行结果如图 8.8 所示。

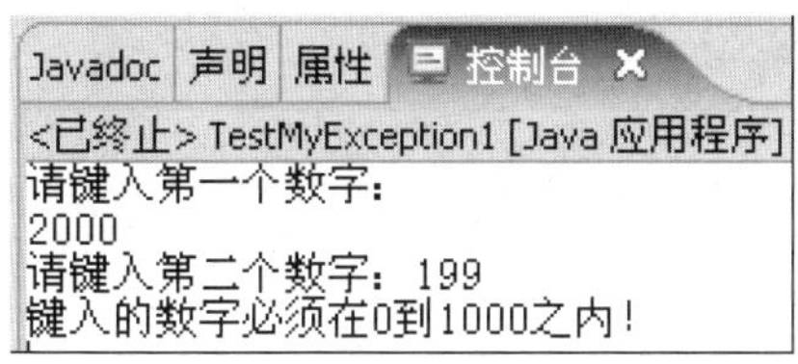

(a) 运行结果 1

(b) 运行结果 2

图 8.8　自定义异常类运行结果

注意以下几点。

(1) 对 Error 类或其子类的对象，程序中不必进行处理。

(2) 对 RuntimeException 类或其子类，程序中可以不必进行处理。

(3) 除上述两类异常之外的异常，都应该在程序中进行处理。要么用 try-catch-finally 进行捕获处理；要么明确表示不处理从而声明抛出异常；要么先捕获处理然后再次抛出。

(4) Java 的异常处理机制(try-catch-finally 语句、throws 子句、throw 语句)带来程序代码结构上的改变。

(5) 不能滥用异常机制，简单的出错判断建议用 if 语句。

(6) 不要过分细分异常。

【案例】用定义多个类的方法完成通讯录记事程序设计。

```
    import java.io.*;
    public class AddressBookTest extends Frame implements ActionListener
    {   private Button add=new Button("Add");
        private Button clear=new Button("Clear");
        private Button save=new Button("Save");
        private Button load=new Button("Load");
        private Button quit=new Button("Quit");
        private java.awt.List display=new java.awt.List(7);
        private LinkedList data=new LinkedList();
        private Address ADRS[]={new Address("ABCD","ABCD@X.Y"), new Address
Phone("XYZ","XYZ@X.Y","1234")};
        public AddressBookTest()
        {   Panel buttons=new Panel();
            buttons.setLayout(new FlowLayout());
            buttons.add(add);
            add.addActionListener(this);
            buttons.add(clear);
            clear.addActionListener(this);
            buttons.add(save);
```

```
        save.addActionListener(this);
        buttons.add(load);
        load.addActionListener(this);
        buttons.add(quit);
        quit.addActionListener(this);
        setLayout(new BorderLayout());
        add("Center",display);
        add("South",buttons);
        validate();
        pack();
        setVisible(true);
    }
    public void saveData()
    {   try
        {   DataOutputStream out=new DataOutputStream(new FileOutputStream
("addresses.dat"));
            out.writeInt(data.size());
            for(Iterator iterator=data.iterator();iterator.hasNext();)
            {   ((Address) iterator.next()).save(out);     }
            out.close();
            }catch(IOException ioe){    System.out.println(ioe);    }
    }
    public void loadData()
    {   try
        {   DataInputStream  in=new  DataInputStream(new  FileInputStream
("addresses.dat"));
            clearData();
            int counter=in.readInt();
            for(int i=0; i<counter; i++)
            {   String type=in.readUTF();
                if(type.equals("Address"))
                {   Address address=new Address();
                    address.load(in);
                    addData(address);
                }
                else if(type.equals("AddressPhone"))
                {   AddressPhone address=new AddressPhone();
                    address.load(in);
                    addData(address);
                }
            }
            in.close();
        }catch(IOException ioe){    System.out.println(ioe);}
    }
    public void addData(Address address)
    {   data.add(address);
        display.add(address.toString());
    }
    public void clearData()
    {   data.clear();
        display.removeAll();
    }
    public void actionPerformed(ActionEvent ae)
    {   if(ae.getSource()==quit)
        {   System.exit(0); }
```

```
        else if(ae.getSource()==add)
        {   addData(ADRS[(int)(ADRS.length*Math.random())]);    }
        else if(ae.getSource()==save)
        {   saveData();        }
        else if(ae.getSource()==load)
        {   loadData();        }
        else if(ae.getSource()==clear)
        {   clearData();       }
    }
    public static void main(String[] args)
    {   AddressBookTest ab=new AddressBookTest();   }
}
class Address
{   protected String first,E_mail;
    public Address()
    {   first=E_mail=" ";   }
    public Address(String _first, String _E_mail)
    {   first=_first;
        E_mail=_E_mail;
    }
    public String toString()
    {   return first + "("+ E_mail + ")";   }
    public void save(DataOutputStream out)throws IOException
    {   out.writeUTF("Address");
        out.writeUTF(first);
        out.writeUTF(E_mail);
    }
    public void load(DataInputStream in)throws IOException
    {   first=in.readUTF();
        E_mail=in.readUTF();
    }
}
class AddressPhone extends Address
{   protected String phone;
    public AddressPhone()
    {   first=E_mail=phone=" "; }
    public AddressPhone(String _first,String _E_mail,String _phone)
    {   super(_first,_E_mail);
        phone=_phone;
    }
    public String toString()
    {   return super.toString()+"-"+phone; }
    public void save(DataOutputStream out) throws IOException
    {   out.writeUTF("AddressPhone");
        out.writeUTF(first);
        out.writeUTF(E_mail);
        out.writeUTF(phone);
    }
    public void load(DataInputStream in)throws IOException
    {   super.load(in);
        phone=in.readUTF();
    }
}
```

程序运行结果如图 8.9、图 8.10 所示。

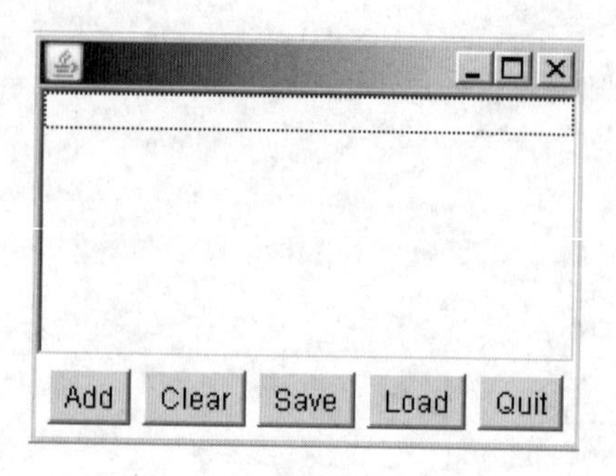

图 8.9　运行、清除界面

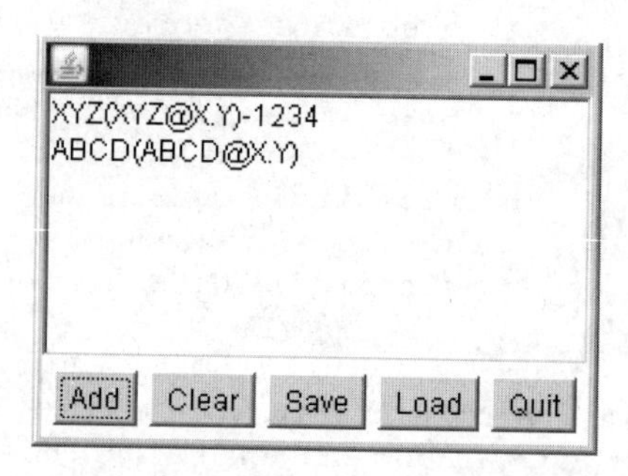

图 8.10　添加、保存、取出界面

8.7 自 测 练 习

简答题

1．若一个程序引发了一个异常，并执行了相应的异常处理程序，而在该异常处理程序中又引发了一个同样的异常，这会导致无限循环吗？

2．简述 throw 与 throws 的不同之处。

8.8 本 章 小 结

(1) 所谓异常，是指程序运行过程中出现的不正常现象并导致程序非正常终止。异常处理语句有 try、catch、finally、throw 和 throws 等。

(2) 异常处理的一般形式为：

```
try{                                             //代码监测段
        程序执行体
}catch(异常类型 1 异常对象 1){                   //异常捕获段
        异常处理程序体 1                         //异常处理段
}catch(异常类型 2 异常对象 2){
        异常处理程序体 2
}finally {
        异常处理结束前的执行程序体
}
```

try 语句指明可能产生异常的代码段；catch 语句在 try 语句之后，用于捕捉异常，一个 try 语句可有多个 catch 语句与之匹配。异常处理以后，程序从 try 语句代码块后继续执行。

除了使用系统提供的默认处理程序，软件开发人员也可以定义自己的异常类。

(3) 自定义异常：通过继承 Exception 类或它的子类，实现自定义异常类；利用 throw 语句抛出异常。总体上分为如下两步。

① 定义异常类。

② 创建异常对象，并抛出该对象。

(4) 异常处理的调试方法如下。

① 在程序中增加输出变量的信息。

② 通过 this 输出当前对象的状态。

③ 用 printStackTrace( ) 输出异常对象的调用栈。

④ 用 getMessage( )方法获取异常信息。

⑤ 用 getClass( )和 getName( )获取异常类名。

(5) 异常处理的准则有两个：一是尽可能在当前方法中解决问题，如不想在当前方法中解决，应将异常向更外层的方法(调用当前方法的方法)抛出；二是简化编码，不要因为加入异常处理而使程序变得复杂难懂。

(6) 异常处理的学习，可以通过广泛阅读和修改范例程序，达到快速掌握的目的。

8.9 本章习题

一、填空题

1．程序中的异常可以分为__________、__________和__________。

2．当__________现象发生时，会造成程序运行中断、系统死机等问题。

3．多异常处理是通过在一个 try 语句后面声明若干个__________语句来实现。

4．异常处理过程中，一个 try 程序块可以对应__________个 catch 块。

5．抛出异常的方法有两种：系统自动抛出的异常和__________。

6．程序运行过程中出现的非正常现象称为__________。

7．所谓异常处理机制，是对各种可能设想到的错误情况进行判断，以__________特定的异常，并对其进行相应的处理。

8．在 Java 中，把异常分为异常情况和__________两大类。

二、简答题

1．运行时异常与一般异常有何异同？

2．简述 Java 中的异常处理机制的简单原理和应用。

3．try {}语句块里有一个 return 语句，那么紧跟在这个 try 后的 finally {}语句块里的代码会不会被执行？什么时候被执行？在 return 前还是后？

4．Error 类和 Exception 类有什么区别？

5．简述异常处理的过程。

8.10 综合实验项目 8

实验项目：设计一个 Java 异常处理的类。

实验要求：创建一个范围受限的整数四则运算应用程序。

第 9 章

Java 语言的输入/输出

教学目标

通过本章的学习，掌握把不同类型的输入、输出源抽象为流(Stream)来统一表示，从而实现 Java 程序的输入、输出和文件与目录的管理；理解多线程知识，多线程是 Java 语言的又一重要特征。

在本章中，读者将学到以下内容：

- 流的基本概念
- 字节流和字符流的概念
- 流的层次结构
- 输入/输出流及它们的常用方法
- 对象流以及对象序列化
- 输入/输出中的异常处理

章节综述

用户设计的大多数程序需要通过访问外部世界实现完整的功能，即需要处理的数据从外部世界的某种数据介质上读入；处理的结果需要写出到外部世界的某种数据介质上。Java 在输入/输出类包中提供了许多的 I/O 流类。基于这些流类，程序设计者可以创建各种具体的输入/输出流对象，并通过这些对象方便地进行数据的输入与输出操作。

通过本章的学习可以了解 Java 处理输入/输出的思想和方法。Java 语言是一种强大的应用软件开发语言，它继承了 C++在输入/输出方面的突出能力，将输入/输出进行了相当程度的统一，使用数据流(Stream)技术来描述和处理包括文件处理在内的所有输入/输出功能。

通过学习可以掌握流的基本概念，为什么要使用流；流的分类；从面向对象的角度学习流的层次结构；Java 的各种流的使用方法，包括字节流、字符流；在学习完文件类后，又可以了解并学习标准流和对象序列化；最后又对 Java 的其他输入/输出类进行全面学习。

9.1　Java 语言的 I/O 操作

对于程序设计者来说，创建一个好的输入/输出(I/O)系统是一项艰巨的任务，它不仅要包括各种 I/O 源端和想要通信的接收端(文件、控制台、网络链接等)，而且还需要以多种不同的方式与它们进行通信(顺序、随机存取，缓冲、二进制、按字符、按行、按字等)，Java 类库的设计者通过创建大量的类能较为理想地解决这个难题。

9.1.1　输入/输出流概念

计算机系统使用的所有信息都从输入端经过计算机流向输出端。这种数据流动的概念引出了术语“流”。Java 的 I/O 类库常使用“流”这个抽象概念，它代表任何有能力产生数据的数据源对象或者是有能力接收的接收对象。

- 数据流：是所有数据通信通道之中数据的起点和终点。
- 输入数据流：表示从外部设备到计算机的数据流动。
- 输出数据流：表示从计算机到外部设备的数据流动。
- 缓冲流：为一个流配备的一个缓冲区。

9.1.2　Java 标准数据流

System 类是继承 Object 类的终极类，有标准输入、标准输出和标准错误的类变量。

(1) 标准输入：in

```
public static final InputStream in          //对应键盘输入
```

(2) 标准输出：out

```
public static final PrintStream out         //对应显示器输出
```

(3) 标准错误：err

```
public static final PrintStream err         //对应显示器输出
```

在标准输入/输出时用的 System.in 对象是 InputStream 类的对象，而 System.out 和 System.err 对象都是 OutputStream 的子类 PrintStream 的对象。

【案例 9-1】数据的读取和输出的应用。

```
class  IO_1
{  public static void main(String[] args) throws java.io.IOException
   {   byte buffer[]=new byte[40];
       System.out.println("从键盘输入不超过 40 个字符，按回车键结束输入:");
       int count=System.in.read(buffer);
       System.out.println("保存在缓冲区的元素个数为"+count);
       System.out.println("输出 buffer 元素值:");
       for(int i=0;i<count;i++)
       {   System.out.print(" "+ buffer[i]);  }
       System.out.println();
       System.out.println("输出 buffer 字符元素:");
       System.out.write(buffer,0,buffer.length);
   }
}
```

程序运行结果如图 9.1 所示。

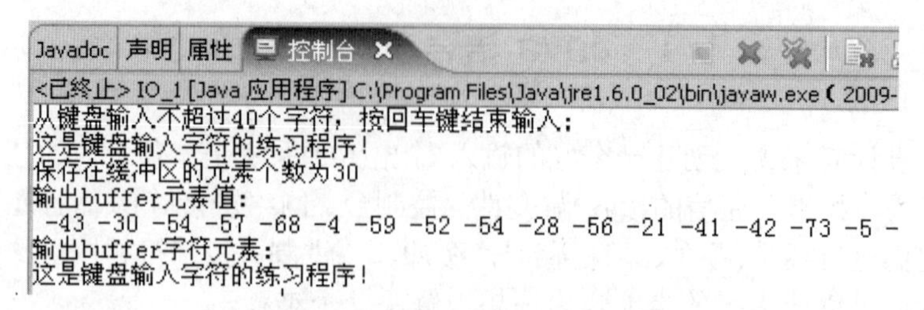

图 9.1　数据的读取和输出

9.1.3　java.io 包中的数据流类文件

在 Java.io 包中提供的输入/输出流支持两种类型的数据流：字节流(InputStream，OutputStream)和字符流(Reader，Writer)。字节流为处理字节的输入/输出提供了便利方法，它对处理文件也是非常有利的。字符流用于处理字符的输入/输出，在有些情况下，字符流比字节流效率更高。

在 java.io 包中，字节流和字符流分别由多层类的结构定义，其中 InputStream 和 OutputStream 作为字节输入/输出流的父类，Reader 和 Writer 作为字符输入/输出流的父类，它们都是抽象类。

9.2　目录和文件管理——File 类

File 类是专门用来管理磁盘文件和目录的。 java.io.File 类是 java.lang.Object 的子类。

每个 File 类的对象表示一个磁盘文件或目录，其对象属性中包含了文件或目录的相关信息，如文件或目录的名称、文件的长度、目录中所含文件的个数等。

调用 File 类的方法则可以完成对文件或目录的常用管理操作，如创建文件或目录、删除文件或目录、查看文件的有关信息等。

1. 创建 File 类对象的构造方法

- public File(String path)：使用指定路径构造一个对象。
- public File(String path, String name)：使用指定路径和字符串构造一个对象。
- public File(File dir, String name)：使用指定文件目录和字符串构造一个对象。

2. File 类的常用方法

- getName()：获取对象所代表的文件名。
- getParent()：获取文件对象的父类信息。
- getPath()：获取对象所代表文件的路径。
- canRead()：测试能否从指定的文件中读数据。
- canWrite()：测试能否对指定的文件写入数据。
- exists()：测试文件是否存在。
- length()：获取文件对象所代表的文件长度。
- list()：获取文件对象指定目录中的文件列表。

- getAbsolutePath()：获取文件的绝对路径。
- getCanonicalPath()：获取文件对象路径的标准格式。
- isAbsolute()：测试此文件对象代表的文件是否是绝对路径。
- isDirectory()：测试此文件对象代表的文件是否是一个目录。
- isFile()：测试此对象所代表的是否是一个文件。
- delete()：删除此对象指定的文件。
- makdir()：创建一个目录，其路径由此文件对象指定。
- makdirs()：创建一个目录，其路径由此文件对象指定并包括必要的父目录。

【案例 9-2】文件操作应用。

从磁盘上读取一个 Java 源程序，将源程序代码显示在屏幕上。

```
import java.io.*;
class IO_2
{   public static void main(String args[])
    {   byte buf[]=new byte[2056];
        try
        { FileInputStream  fileIn=new  FileInputStream("D:/eclipse/Program
File/ProgramFile.java" );
         int bytes=fileIn.read(buf, 0, 2056);
         String str=new String(buf, 0, bytes);
         System.out.println(str);
        }catch(Exception e)
        { e.printStackTrace();   }
    }
}
```

程序运行结果如图 9.2 所示。

```
Javadoc 声明 属性 控制台 ✕
<已终止> IO_2 [Java 应用程序] C:\Program Files\Java\jre1.6.0_02\bin\javaw.exe ( 2009-10-26 上
class ProgramFile
{          public static void main(String[] args)
           {
                      System.out.println("This is a ProgramFile!");
           }
}
```

图 9.2 文件操作

从以上案例中可以看出，对文件操作主要有以下几个步骤。

(1) 创建文件输入/输出对象。

(2) 打开文件。

(3) 用文件读/写方式读取数据。

(4) 关闭数据流。

9.3 字节流类与字符流类

字节流类有两个类层次结构定义。在顶层有两个抽象类：InputStream 和 OutputStream。每个抽象类都有多个具体的子类，这些子类对不同的外设进行处理，例如磁盘文件、网络链接，甚至是内存缓冲区。

字符流类由两个类层次结构定义。在顶层有两个抽象类：Reader 和 Writer。这些抽象类处理统一编码的字符流。Java 语言中这些类含有多个具体的子类。

9.3.1 字节流的基本输入和输出程序的设计与操作

1. 字节流输入类——InputStream 类及其继承派生关系

```
java .lang.Object
     java.io.InputStream                         //基本输入流
     java.io.ByteArrayInputStream                //字节数组输入流
     java.io.PipedInputStream                    //用于线程通信的管道输入流
     java.io.SequenceInputStream                 //将两个输入流组合成一个输入流
     java.io. StringBufferInputStream            //字符串缓冲区输入流
     java.io.FileInputStream                     //文件输入流
           java.io. DataInputStream              //读取原始数据类型的输入
           java.io.LineNumberInputStream         //基本行号输入流
           java.io.BufferedInputStream           //基本缓冲区输入流
           java.io.PushbackInputStream           //基本回压输入流
```

2. 基本输入流类的常用方法

- int read(byte b[])：从流中读取数据并存放到数组 b 中。
- int read(byte []b, int offset, int len)：从流中指定地方 offset 位置开始读取指定长度为 len 的数据到数组 b 中。
- abstrace void read()：从流中读出一字节的数据。
- int available()：返回当前流中可用的字节数。
- long skip(long n)：跳过流中标记指定字节数。
- void reset()：返回流中标记过的位置。
- void mark(int readlimit)：在流中做标记。

（以上三项：指针定位）

- boolean mark()：判断流是否支持标记和复位操作。
- void close()：关闭当前流对象。

3. 字节流输出类——OutputStream 类及其继承派生关系

```
java .lang.Object
     java.io.OutputStream                        //基本输出流类
          java.io.ByteArrayOutputStream          //字节数组输出流
          java.io.PipedOutputStream              //用于线程通信的管道输出流
          java.io.ObjectOutputStream             //用于对象输出流
          java.io.FileOutputStream               //基本文件输出流
          java.io.PrintStream                    //显示文本输出流
              java.io.DataOutputStream           //写入原始数据类型的输出流
              java.io.BufferedOutputStream       //基本缓冲区输出流
```

4. 基本输出流类的常用方法

- void write(byte b[])：向流中写入一个字节数组。
- void write(byte b[], int offset, int len)：向流中写入数组 b 中从 offset 位置开始长度为 len 的数据。

- abstract void write(int b)：向流中写入一个字节。
- flush()：强制将缓冲区中的所有数据写入流中。
- void close()：关闭当前流对象。

9.3.2 字符流的基本输入和输出程序的设计与操作

1. 字符流读取类——Reader 类及其继承派生关系

```
java .lang.Object
   java.io.Reader                                  //基本字符流输入类
      java.io.BufferedReader                       //缓冲输入字符流
           java.io.LineNumberReader                //计算行数的输入流
      java.io.CharArryReader                       //从字符数组读取数据的输入流
      java.io.FilerReader                          //读取文件输入流
           java.io.PushbackReader                  //允许字符返回输入流的输入流
       java.io.InputStreamReader                   //把字节转换成字符的输入流
           java.io.FileReader                      //读取文件的输入流
      java.io. PipedReader                         //输入管道
      java.io.StringReader                         //读取字符串的输入流
```

2. 字符流写出类——Writer 类及其继承派生关系

```
java .lang.Object
   java.io.Witer                                   //基本字符流输出类
     java.io.BufferedWiter                         //缓冲输出字符流
         java.io.CharArryWiter                     //向字符数组写数据的输出流
       java.io.FilerWiter                          //写文件输出流
       java.io.OutputStreamWiter                   //把字符转换为字节的输出流
             java.io.FileWiter                     //写文件输出流
     java.io. PipedWiter                           //输出管道
     java.io.StringWiter                           //写字符串的输出流
         java.io.PrintWiter                        //包含print()和println()的输出流
```

抽象类 Reader 和 Writer 定义了几个实现其他流类的关键方法，其中最重要的两个是 read()和 write()，它们分别进行字符数据的读和写，这些方法被派生流类重载。Java 语言的输入/输出类库中包含的流类很多，这里只做简单介绍，详细内容可参看类库手册。

9.4 文件的访问

从文件输入/输出流中读/写数据有两种方式：一是直接利用 FileInputStream 和 FileOutputStream 自身的读/写功能；二是以 FileInputStream 和 FileOutputStream 为原始数据源，再套接上其他功能较强大的输入/输出流完成文件的读/写操作。一般多采用第二种方式。

9.4.1 文件字符流

文件字符流包括 FileReader 类和 FileWriter 类。FileReader 类用于读取文件字符数据；FileWriter 类用于向文件写入字符数据。它们各自的构造方法如下所述。

1. FileReader 类的构造方法

(1) FileReader(String fileName)
使用指定的文件名创建一个 FileReader 对象。

(2) FileReader(File file)
使用指定的文件对象创建一个 FileReader 对象。

(3) FileReader(FileDescriptor fd)
使用指定的文件描述符创建一个 FileReader 对象。

2. FileWriter 类的构造方法

(1) FileWriter(String fileName)
使用指定的文件名创建一个 FileWriter 对象。

(2) FileWriter(File file)
使用指定的文件对象创建一个 FileWriter 对象。

(3) FileWriter(FileDescriptor fd)
使用指定的文件描述符创建一个 FileWriter 对象。

3. FileReader 类和 FileWriter 类的常用成员方法

这两个类没有自己独特的成员方法，它们的成员方法都直接继承自父类。

9.4.2 文件字节流

文件字节流包含 FileInputStream 和 FileOutputStream 类。FileInputStream 类是用于读取文件中字节数据的字节文件输入流类。FileOutputStream 类是用于将字节流信息写入指定文件的。它们各自的构造方法和常用方法如下所述。

1. FileInputStream 类构造方法

(1) FileInputStream(String name)
使用指定的字符串创建一个 FileInputStream 对象。

(2) FileInputStream(File file)
使用指定的文件对象创建一个 FileInputStream 对象。

(3) FileInputStream(FileDescriptor fd)
使用指定的文件描述符创建一个 FileInputStream 对象。

2. FileInputStream 类的常用成员方法

(1) read()：自输入流中读取一个字节。

(2) read(byte b[])：将输入数据存放在指定的字节数组 b 中。

(3) read(byte b[],int offset, int len)：自输入流中的 offset 位置开始读取 len 个字节并存放在指定的数组 b 中。

(4) available()：返回输入流中的可用字节个数。

(5) skip(long n)：从输入流中跳过 n 个字节。

3. FileOutputStream 类构造方法

(1) FileOutputStream(String name)
使用指定的字符串创建一个 FileOutputStream 对象。

(2) FileOutputStream(File file)
使用指定的文件对象创建一个 FileOutputStream 对象。

(3) FileOutputStream(FileDescriptor fd)
使用指定的文件描述符创建一个 FileOutputStream 对象。

4. FileOutputStream 类的常用成员方法

(1) write(int b)：写一个字节到文件输入流。

(2) write(byte b[])：写一个字节数组。

(3) write(byte b[],int offset, int len)：将字节数组 b 从 offset 位置开始的 len 个字节数组的数据写到输出流中。

(4) getFD()：获取与此流关联的文件描述符。

(5) close(long n)：关闭输入/输出流，释放占用的所有资源。

【案例 9-3】简单字符文件的读取与建立。

```
import java.io.*;
public class IO_3
{   public static void main(String[ ] args) throws IOException
    {   FileReader in=new FileReader("ProgramFile.java");    //建立文件输入流
        BufferedReader bin=new BufferedReader(in);            //建立缓冲输入流
        FileWriter out=new FileWriter("ProgramFile.txt",true); //建立文件
                                                                  输出流
        String str;
       while ((str=bin.readLine())!=null)
       {System.out.println(str);
          out.write(str+"\n");
       }
        in.close();
out.close();
}
}
```

注意以下两点。

(1) ProgramFile.java 文件必须在当前调试项目文件夹 IO_3 内存在。

(2) 所生成的文件没有指定路径时，也将自动存放在当前调试项目文件夹 IO_3 内。

9.4.3 文件的随机访问

FileInputStream 和 FileOutputStream 实现的是对磁盘文件的顺序读/写，而且读和写要分别创建不同的对象。相比之下，Java 语言中还定义了另一个功能更强大、使用更方便的类——RandomAccessFile，它可以实现对文件的随机读/写操作。

1. 建立随机访问文件流对象

RandomAccessFile 类的构造方法如下。

(1) RandomAccessFile(File file, String mode)

使用指定的文件对象和存取模式创建其类对象。

(2) RandomAccessFile(String name, String mode)

使用指定字符串和存取模式创建其类对象。

存取模式： r 代表以只读方式打开文件；rw 代表以读/写方式打开文件。

2. 随机访问文件的常用方法成员

RandomAccessFile 类中的常用成员方法如下。

- read()
- read(byte b[])
- read(byte b[],int offset,int len)
- write(int b)
- write(byte b[])
- write(byte b[],int offset,int len)
- getFilePointer() //取文件的指针
- length()
- seek(long pos)//指针放 pos 处
- close()

3. 对文件指针的操作原则

(1) 新建 RandomAccessFile 对象的文件位置指针位于文件开头处。

(2) 每次读/写操作后，文件位置指针都后移所读/写的字节数。

(3) 利用 seek()方法可以移动文件指针到一个新的位置。

(4) 利用 getFilePointer()方法可以获得本文件当前的文件位置指针。

(5) 利用 length()方法可以得到文件的字节长度。

利用 getFilePointer()方法和 length()方法可以判断读取的文件是否到文件尾部。

【案例 9-4】随机文件操作应用。

```
import java.io.*;
class IO_4
{  public static void main(String[] args)
   {  String str[]={"First line\n","Second line\n","Last line\n" };
      try{
        RandomAccessFile rf=new RandomAccessFile("demo.txt","rw");
        System.out.println("\n文件指针位置为："+rf.getFilePointer());
        System.out.println("文件的长度为："+rf.length());
        rf.seek(rf.length());
        System.out.println("文件指针现在的位置为："+rf.getFilePointer());
        for (int i=0; i<3; i++ )
          rf.writeBytes(str[i]);           //字符串转换为字节串添加到文件末尾
        rf.seek(0);
        System.out.println("\n文件现在内容：");
        String s;
        while ((s=rf.readLine())!=null)
            System.out.println(s);
          rf.close();
      }
```

```
            catch (FileNotFoundException fnoe){}
            catch (IOException ioe){}
        }
    }
```

程序运行结果如图 9.3 所示。

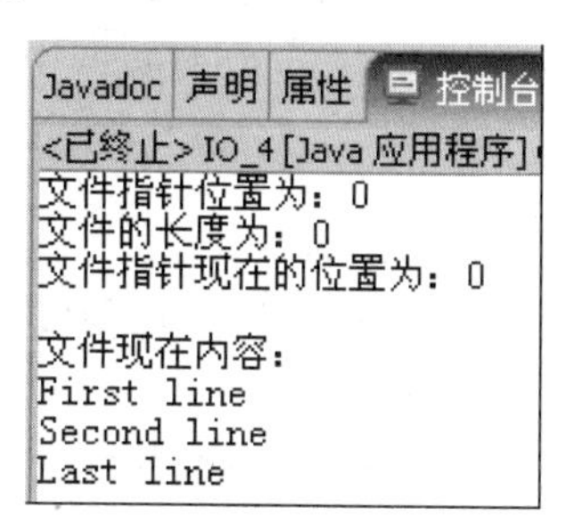

图 9.3　随机文件操作

9.5 自 测 练 习

问答题

1. 对象流的作用是什么？
2. 什么是标准的管道流？
3. 缓冲流是什么？其作用是什么？

9.6 本 章 小 结

输入/输出在计算机应用开发中占有重要位置。本章主要就 Java 平台中输入/输出进行介绍。Java 平台对 I/O 的支持，首先是继承了 C++在这方面的优秀经验；其次，提供了丰富多样的 I/O 类处理函数。而在各种各样的 I/O 类处理函数中，最基本的是 read()和 write()，其他函数都是在此基础上根据不同场合需要进行了继承和扩充，因此，有种多而杂乱的感觉。在实际应用中，对 Java 的 I/O 用，只要多参照 I/O 类库，多仿照实际例子，并对实际例子进行修改运行，体会其特点，就能掌握好 Java 输入/输出的重要功能实现特性。

9.7 本 章 习 题

一、填空题

1. 根据流的运行方向，流分为输入流和___________。
2. ___________包提供了处理输入/输出任务的类。
3. Java 中的数据流包括字节流和___________流两种。
4. 在 java.io 包中有 4 个基本类：InputStream、OutputStream、Reader 及___________类。
5. 在 java.io 类库中，InputStream 和___________是处理字节数据的基本输入/输出类。

6．java.io 类库中，处理字符数据的基本输入/输出的类是__________和__________。

7．用于字符流读/写缓冲存储的类是 BufferedReader 和__________。

8．用于字符文件的输入/输出的类是__________和 FileWriter。

9．数据流类分为 DataInputStream 和__________。

10．通常把描述对象状态的数值写入字节流的过程称为__________。

二、简答题

1．简述 Java 流的概念、特点、及表示。

2．简述输入流，输出流的概念及作用，以及如何实现输入和输出流类的读写方法的传递。

3．简述 File 类在文件管理中的作用与使用方法。

4．对象流的作用是什么？

三、程序阅读题

阅读下列程序，给出运行结果。

```
import java.io.*;
import java.util.*;
class employee implements Serializable{
    private String name;
    private double salary;
    private Date hireDate;
    public employee(String n, double s,Date d){name=n; salary=s;
hireDate=d; }
    public employee( ){ }
    public void raiseSalary(double percent){
        salary *= 1 + percent/100 ;
    }
public int hireYear( ){                    //获取雇佣年份
        return hireDate.getYear( );
    }
    public String getInfo( ){              //获取雇员的信息
       return name+"\t"+salary+"\t"+hireYear( );
    }
}
class manager extends employee{
    private String secretaryName;
    public manager(String n, double s, Date d){
        super(n, s, d);
    secretaryName=" ";
    }
    public manager( ){   }
    public void raiseSalary(double percent){
        Date today=new Date(2004, 1, 12);
        double honus=0.5*(today.getYear()-hireYear());
        super.raiseSalary( honus + percent );
    }
public void setSecretaryName(String n){
        secretaryName=n;
    }
```

```
    public String getSecretaryName( ){
        return secretaryName;
    }
    public String getInfo( ){
       return super.getInfo( )+"\t"+secretaryName;
    }
}
public class objectTest {
    public static void main(String args[ ]){
     employee staff[ ]=new employee[3];
     staff[0]=new employee("John", 1000, new Date(1994, 10, 1));
     manager  m=new manager( "Smith", 1500, new Date(1994, 6, 12));
     staff[2]=new employee("Tony", 1000, new Date(1994, 4, 26));
     m.setSecretaryName("Anna");
     staff[1]=m;
try{
        FileOutputStream  ostream = new FileOutputStream("test.dat");
        ObjectOutputStream  out = new ObjectOutputStream(ostream);
         out.writeObject(staff);
         out.close( );
         FileInputStream  istream = new FileInputStream("test.dat");
         ObjectInputStream  in = new ObjectInputStream(istream);
         employee newStaff[ ]=(employee[ ]) in.readObject();
         for(int i=0; i<newStaff.length; i++)
            newStaff[i].raiseSalary(50);
         for(int i=0; i<newStaff.length; i++)
            System.out.println(newStaff[i].getInfo( ));
        in.close( );
}catch(Exception e) {
        System.out.println("Exception : "+e);
        e.printStackTrace( );
        System.exit(0);
     }
   }
}
```

四、程序设计题

1．利用File类的delete()方法，编写程序，删除某一个指定文件。

2．计算Fibonacii数列，$a_1=1$，$a_2=1\cdots a_n=a_n-1+a_n-2$ 即前两个数是1，从第3个数开始，每个数是前两个数的和，计算数列的前20项，并用字节文件流的方式输出到一个文件，要求每5项1行。

9.8　综合实验项目9

实验项目：输入/输出转换综合实验。

实验要求：使用Java输入/输出过程中的字节流到字符流的转换来进行编程，并能从命令行输入，程序处理后会输出结果。

第 10 章

Java 语言的线程

教学目标

多线程是 Java 语言的又一重要特征。多数程序设计语言并不提供这种并发机制，而 Java 操作系统提供的多线程机制，使系统同时运行多个执行体，从而加快程序的响应时间，提高计算机资源的使用效率。

在本章中，读者将学到以下内容：

- 线程的基本概念
- 创建线程的两种基本方法
- 线程的生命周期
- 线程的调度和优先级
- 线程组
- 线程同步

章节综述

在现实世界中，并行任务是普遍存在的。Java 语言的多线程机制为模拟多任务这类问题提供了一个很好的环境。每个 Java 程序可以创建多个线程，每个线程可以完成一个相对应的独立的任务，且能够与其他线程并行运行。

多线程机制对于提高程序运行效率非常有用。很多任务在计算机中运行时并没有占用计算机的所有资源，例如从网上下载一个文件也许需要 5 分钟，但需要 CPU 参与传输数据的时间非常少。在单线程环境下，一次只能运行一个任务，只有前一个任务完成后，才能开始执行下一个任务，这使得计算机资源出现闲置状态；而多线程环境下，可以有多个线程(任务)同时处于运行状态，当一个线程暂时不需要 CPU 时，另一个线程就可以占有其资源做需要处理的任务。因此，多线程机制有助于充分利用计算机资源，提高整个程序的运行效率。

10.1　线程与线程的创建

为理解线程的概念，需要区分程序、进程、线程、多进程、多线程和多任务等不同概念。

10.1.1　几个基本概念

程序是一段静态的代码，它是应用软件执行的蓝本。平常所说的多任务就是在操作系统中同时运行几个相同或不相同的应用程序，每个程序占用一个进程。

进程是程序的一次动态执行过程，它对应了从代码加载、执行到执行完毕的一个完整过程，这个过程也是进程本身从产生、发展到消亡的过程。作为执行蓝本的同一段程序，可以被多次加载到系统的不同内存区域分别执行，形成不同的进程。

线程与**进程**相似，是一段完成某个特定功能的代码，是程序中单个顺序的流控制。与进程不同的是，同类的多个线程共享一块内存空间和一组系统资源，而线程本身的数据通常只包含微处理器的寄存器数据，以及一个供程序执行时使用的堆栈。所以系统在产生一个线程，或者在各个线程之间切换时，负担要比进程小得多。一个进程中可以包含多个线程。一个线程是一个程序内部的顺序控制流。

多进程是指在操作系统中，能同时运行多个任务程序。

多线程是指在同一应用程序中，有多个顺序流同时执行。

多任务与多线程是两个不同的概念。前者是针对操作系统而言，表示操作系统可以同时运行多个程序；后者是针对一个程序而言，表示一个程序内部可以同时执行多个线程。

10.1.2　线程的创建

创建线程是指将需要独立运行的子任务代码放到从 Thread 类派生出来的类的 run()方法中。然后在主线程中原先调用该子任务的地方先创建一个该线程类的实例，再调用线程类中的 start()方法启动线程。

Java 语言中提供了对多线程程序设计的支持。每个 Java 程序都有一个默认的主线程，对于 Java Application，主线程是用 main( )方法执行的线程；对于 Java Applet，主线程指挥浏览器加载并执行 Java Applet。要想实现多线程，必须在主线程中创建新的线程对象。

实现多线程程序有以下两种方式。

(1) 从 Thread 类继承。

(2) 实现 Runnable 接口。

线程创建(实现)方法具体格式如下。

(1) 通过创建 Thread 类的子类方式创建线程。其格式如下：

```
class 线程的类名 extends Thread
{   public void run()
    {   程序语句 }
}
```

(2) 通过实现 Runnable 接口方式创建线程。由于 Java 不支持多重继承，当一个类已经继承了其他类时，如继承了 Applet 类，就不能再继承 Thread 类来创建线程，这时只能通过

实现 Runnable 接口来创建线程对象。Runnable 是一个抽象接口，接口只声明了一个未实现的 run()方法。要通过实现 Runnable 接口来创建线程，必须实现 run()方法，即线程体。通过实现 Runnable 接口创建线程类的格式如下：

```
class 线程的类名 [extends 继承类名] implements Runnable [, 其他接口列表]
    {  //声明的成员变量、构造方法、其他方法
       public void run()
       {   /* 线程要完成的任务的代码 */    }
}
```

说明：无论使用哪种方法，都需要用到 Java 基础类库中的 Thread 类及其方法。

1. Thread 类的构造方法

```
public Thread(ThreadGroup group,Runnable target,String name)
```

(1) public Thread()：创建一个系统线程类的对象。

(2) public Thread(Runnable target)：在(1)基础上创建线程对象，利用参数对象中所定义的 run()方法来初始化或覆盖新创建线程对象的 run()方法。

(3) public Thread(String name)：在(1)基础上为所创建的线程对象指定一个字符串名称，供以后使用。

(4) public Thread(Runnable target,String name)：实现(2)和(3)的功能。

(5) public Thread(ThreadGroup group,Runnable target)：生成指定线程组和目标对象的线程。

(6) public Thread(ThreadGroup group, String name)：生成指定线程组和名字的线程。

2. Thread 类的常用方法成员

- start()：启动线程的执行。
- run()：线程的执行体。
- sleep(…)：执行线程睡眠。
- currentThread()：获取当前线程。
- setPriority()：设置线程优先级。
- getPriority()：返回线程优先级。
- yield()：使当前执行的 Thread 对象退出运行状态，进入等待队列。
- destroy()：销毁一个线程。
- stop( )：停止线程的执行。
- suspend()：挂起线程的执行。
- void interrupt()：中断线程。
- void setName()：改变线程的名字。
- void join()：等待线程结束。
- resume()：恢复挂起的线程使之处于可运行状态。

【案例 10-1】创建线程程序。

```
public class TestThread1{                              //定义主类
    public static void main(String args[])
```

```
    {  MyThread thread1=new MyThread(); //创建线程
       thread1.start();                 //启动线程，转向 run()去执行
  }
  }
  class MyThread extends Thread {       //定义 Thread 类的子类 MyThread
  public void run()                     //重载 run()方法
     {  for(int i=1;i<11;i++)
          System.out.print(" "+i);      //显示 1～10
  }
  }
```

程序运行结果如图 10.1 所示。

图 10.1　创建线程程序运行结果

3. 实现 Runnable 接口

Runnable 接口只有一个方法 run()，所有实现 Runnable 接口的用户类都必须具体实现这个 run()方法，为它书写方法体并定义具体操作。使用实现 Runnable 接口的方法创建线程时，使用 Runnable 目标对象初始化 Thread 类，由目标对象来提供 run()方法，即通过向 Thread 类的构造方法传递 Runnable 对象来创建线程。

通过实现 Runnable 接口创建线程的步骤如下所述。

(1) 定义一个实现 Runnable 接口的类并生成实例。

(2) 生成一个 Thread 类实例。

(3) 将生成的 Runnable 实例作为参数传递给 Thread 的构造方法。

例如：public class ThreadTest implements Runnable

```
    {    ThreadTest myTest=new ThreadTest();
         Thread myThread=new Thread(myTest);
         myThread.start();
  }
```

4. 两种创建线程方法的特点

(1) 直接继承 Thread 类的方法：编写简单，可以直接操纵线程；但缺点也是明显的，若继承 Thread 类，就不能再继承其他类，因为 Java 是单重继承的语言。

(2) 实现 Runnable 接口的方法：可以将 Thread 类与所要处理的任务的类分开，形成清晰的模型；还可以从其他类继承。

如果想让线程作为 Java Applet 的一部分而运行，就应经常使用 Runnable 接口的方法。

在 Java Applet 中可用下列方法来实现线程。

(1) 定义一个线程类，实现线程体。

(2) 在 Java Applet 中生成该类的实例并启动运行。

10.2 线程的生命周期

1. 新建状态

当一个 Thread 类或其子类的对象被声明并创建时，新生的线程对象处于新建状态。此时它已经有了相应的内存空间和其他资源，并已被初始化。

例如，创建一个新的线程语句如下：

```
Thread myThread = new MyThreadClass();
```

2. 就绪状态

处于新建状态的线程被启动后，将进入线程队列排队等待 CPU 时间，此时它已经具备了运行的条件。一旦轮到它来享用 CPU 资源时，就可以脱离创建它的主线程独立开始自己的生命周期了。另外原来处于阻塞状态的线程被解除阻塞后也将进入就绪状态。

该状态又称为可运行状态。处于新建状态的线程可以调用 start()方法启动该线程。

3. 运行状态

当就绪状态的线程被调度并获得 CPU 资源时，便进入运行状态。每一个 Thread 类及其子类的对象都有一个重要的 run( )方法，当线程对象被调度执行时，它将自动调用本对象的 run( )方法，从第一句开始顺次执行。run( )方法定义了这一类线程的操作和功能。

4. 阻塞状态

一个正在执行的线程在某些特殊情况下，如被人为挂起或需要执行费时的输入/输出操作时，将让出 CPU 并暂时中止自己的执行，进入阻塞状态。阻塞时它不能进入排队队列。只有当引起阻塞的原因被消除时，线程才可以转入就绪状态，重新进到线程队列中排队等待 CPU 资源，以便从原来中止处开始继续运行。

发生下述情况之一时，线程就进入阻塞状态。

(1) 等待输入/输出操作完成。

(2) 线程调用 wait()方法等待一个条件变量。

(3) 调用了线程的 sleep()休眠方法。

(4) 调用了 suspend()挂起方法。

5. 死亡状态

处于死亡状态的线程不具有继续运行的能力。有两种情况可以使线程死亡。

(1) 自然死亡：正常运行的线程完成了它的全部工作，即执行完成了 run( )方法的最后一个语句并退出。

(2) 强制死亡：线程被强制性终止，如通过执行 stop( )方法或 destroy( )方法终止线程。线程的生命周期：新生、就绪、运行、阻塞和死亡，如图 10.2 所示。

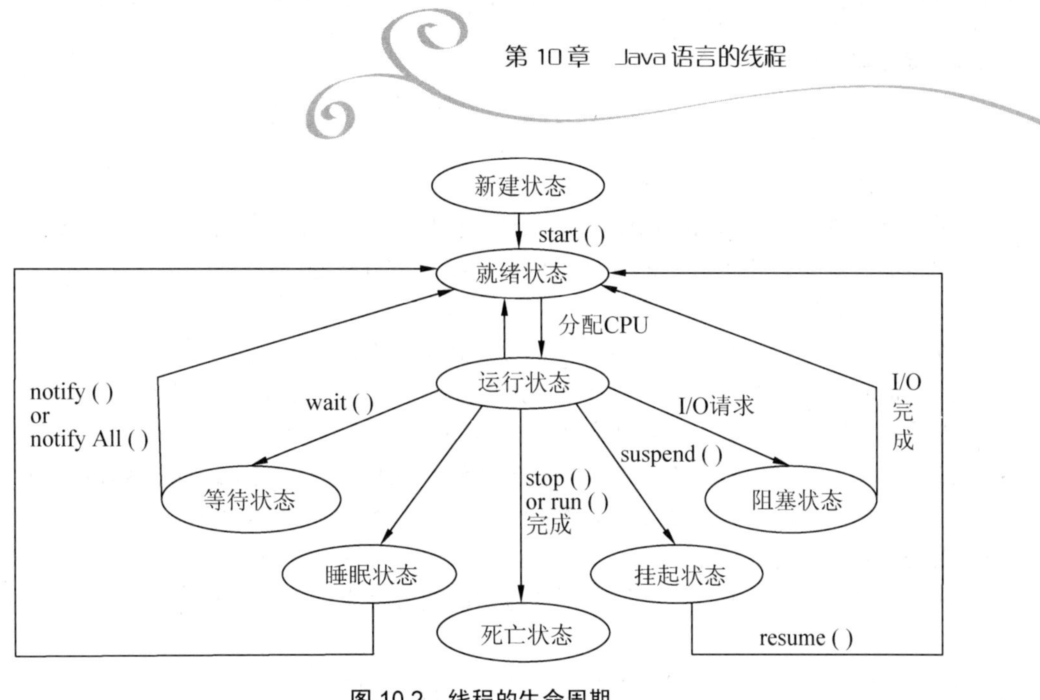

图 10.2　线程的生命周期

10.3　线程的调度与优先级

在线程所需要的所有资源中，CPU 执行资源是唯一而重要的。当有大量的线程需要 CPU 执行时，就得按照某种规则来进行，对于线程的调度执行，使用优先级的概念。

1. 线程的调度

当线程数多于 CPU 的数目时，势必存在各个线程争用 CPU 的情况，这就需要提供一种机制来合理地分配 CPU，使多个线程有条不紊、互不干扰地工作，这一机制被称为调度。

线程调度的策略：优占式和转轮式。

2. 线程的优先级

Java 线程的优先级是 1～10 之间的正整数，数值越大，优先级越高。

Java 线程的优先级设置遵循下述原则。

(1) 线程创建时，子线程继承父线程的优先级。

(2) 线程创建后，可在程序中通过调用 setPriorty()方法改变线程的优先级。

(3) 线程的优先级是 1～10 之间的正整数，并用标识符常量 MIN_PRIORITY 表示优先级为 1(最低优先级)；用 NORM_PRIORITY 表示优先级为 5(默认优先级)；用 MAX_PRIORITY 表示优先级为 10(最高优先级)。

3. 控制线程

线程的控制包括结束线程、测试线程、延迟线程和设定线程的优先级等。

1) 结束线程

当一个线程正常结束运行并终止时，它就不能再运行了。也可以通过执行 stop()方法或 destroy()方法来终止线程。

2) 测试线程

可以通过 Thread 类中的 isAlive()方法来获知线程是否处于活动状态。线程由 start()方法启动后，直到其被终止之间的任何时刻，都处于运行状态。

3) 延迟线程

以下几种方法可以暂停一个线程的执行，在适当的时候再恢复其执行。

(1) sleep()方法：当前线程睡眠(停止执行)若干毫秒，线程由运行状态进入不可运行状态，停止执行时间结束后，线程进入可运行状态。

(2) suspend() 和 resume()方法：线程的暂停和恢复。通过调用线程的 suspend()方法使线程暂时由可运行状态切换到不可运行状态，若线程想再回到可运行状态，必须由其他线程调用 resume()方法来实现。

(3) join()方法：当前线程等待调用该方法的线程结束后，再恢复执行。

10.4 线 程 组

线程是程序中调度执行的基本单位。同一时刻，程序中有很多线程同时存在。另一方面，Java 是面向对象的程序设计语言，线程也应当具有对象特征。结合这两者，引入线程组的概念，为线程的分类与管理提供一种方便的视野。

10.4.1 线程组概述

所有线程都隶属于一个线程组。它可以是一个默认线程组，亦可是一个创建线程时明确指定的组。在创建之初，线程被限制到一个组里，而且不能改变到一个不同的组。每个应用都至少有一个线程从属于系统线程组。若创建多个线程而不指定一个组，它们就会自动归属于系统线程组。也可以在构建器里指定新线程组从属于哪个线程组。

线程组也必须从属于某一线程组的下属，否则，同样会自动成为系统线程组的一名属下。因此，一个应用程序中的所有线程组最终都会是系统线程组的“子孙”。

线程组是一个装线程的容器(Collection)，它的意义可以概括为：“最好把线程组看成是一次不成功的实验，或者就当它根本不存在。”“线程组”的出现没有明确理由，通常被认为是由于“安全”或者“保密”方面的原因才使用线程组的。

10.4.2 ThreadGroup 类

在 Java 中每个线程都属于某个线程组(ThreadGroup)。如果在 main()中产生一个线程，则这个线程属于 main 线程组管理的一员。使用下面方式获得目前线程所属的线程组名称：

```
Thread.currentThread().getThreadGroup().getName();
```

每一个线程产生时，都会被归入产生该子线程的线程组中。可以自行指定线程组，线程一旦归入某个组，就无法更换组。

java.lang.ThreadGroup 类正如其名，可以统一管理整个线程组中的线程，可以使用以下方式来产生线程组，而且一并指定其线程组：

```
ThreadGroup threadGroupA = new ThreadGroup("groupA");
```

```
ThreadGroup threadGroupB = new ThreadGroup("groupB");
Thread threadA =new Thread(threadGroupA, "groupA's member");
Thread threadB =new Thread(threadGroupB, "groupB's member");
```

ThreadGroup 中的某些方法，可以对所有线程产生作用，例如 interrupt()方法可以中断线程组中所有的线程，setMaxPriority()方法可以设置线程组中线程所能拥有的最高优先权。

如果想要一次获得线程组中所有的线程来进行某种操作，可以使用 enumerate()方法，例如：

```
Thread[] threads = new Thread[threadGroupA.activeCount()];
threadGroup1.enumerate(threads);
```

activeCount()方法获得线程组中正在运行的线程数量，enumerate()方法要传入一个 Thread 数组，它将线程对象设置到每个数组字段中，然后就可通过数组索引来操作这些线程。

ThreadGroup 中有一个 uncaughtException()方法。当线程组中某个线程发生 unchecked Exception 异常时，由执行环境调用此方法进行相关处理。如果有必要，可以重新定义此方法来进行处理。

10.5　线 程 同 步

在使用多线程时，由于可以共享资源，有时就会发生冲突。

例如：有两个线程，thread1 负责写，thread2 负责读，当它们操作同一个对象时，会发现由于 thread1 与 thread2 是同时执行的，因此可能 thread1 修改了数据而 thread2 读出的仍为旧数据，此时用户将无法获得预期的结果。

问题之所以产生主要是由于资源使用协调不当(不同步)造成的。

线程同步是指当两个或两个以上的线程需要共享同一资源时，若任一线程占用这一资源，其他线程只能等待，当线程们的执行次序按规定执行时，线程们共享的同一资源称为临界资源。这种工作机制在操作系统中称为线程间的同步。在同步机制中，将那些要访问临界资源的程序段称为临界区。

Java 规定：被宣布为同步(使用 synchronized 关键字)的方法、对象或类数据，在任何一个时刻只能被一个线程使用。通过这种方式使资源合理使用，达到线程同步的目的。

(1) 利用 Java 关键字 synchonized 同步对共享数据进行操作。

利用赋予对象唯一“路条”的方式，即当多个线程进入对象，只有获取“路条”的线程才能访问该对象的同步方法，其他线程在该对象中等待，直到该线程用 wait()方法放弃这“路条”，其他等待的线程再获取“路条”，获得这个“路条”的线程才可以被执行，其他线程则仍是处于被阻塞状态。

(2) 利用 wait()、notify()及 notifyAll()方法发送消息实现线程间的相互联系。

定义一个对象的同步方法，同一时刻只能有一个线程访问该对象中的同步方法，其他线程被阻塞。可以用 notify()及 notifyAll()方法唤醒其他一个或所有线程。使用 wait()方法来使该线程处于阻塞状态，等待其他的线程用 notify()或 notifyAll()唤醒。

10.6 自测练习

判断对错(T/F)

1．要启动一个线程要调用 java.lang.Thread 的 start()方法。在运行完 start()方法之后，该线程就处于运行态。 ( )

2．当执行到同步语句 synchronized(引用类型表达式)的语句块时，引用类型表达式所指向的对象就会被锁住，不允许其他线程对其进行访问，即当前的线程独占该对象。 ( )

3．notifyAll()方法和 notify()方法都是类 java.lang.Object 的成员方法。调用会 notifyAll()方法会激活所有处于等待状态的线程。调用 notify()方法最多只能激活一个处于等待状态的线程。 ( )

10.7 本章小结

Java 多线程同步机制虽然复杂，但是在实际处理中，只要注意下列 3 条规则就可以了。

(1) 如果两个或多个线程修改一个对象，那么将执行修改操作的方法用关键字 synch ronized 定义为同步方法。

(2) 如果一个线程必须等待某个对象的状态被改变，那么，此线程应在对象队列中等待，这种等待是通过进入同步方法或者调用 wait() 方法来实现的。

(3) 每当一个方法修改了某个对象的状态的时候，这个方法就应该再调用 notify() 方法，这样给那些处于等待队列中的线程一个机会，使其能够检测环境是否已经发生了改变，从而可使其重新运行。

10.8 本章习题

一、填空题

1．一般而言，每个线程都经历___________，___________，___________，___________和___________5 个基本状态。

2．在 Java 语言中，实现线程有两种途径：一个是让程序继承___________类，另一个是使用___________接口。

3．线程同步是通过关键字___________来是实现的。

4．优先级低的线程获得 CPU 的机会也比较___________。

5．sleep(int)方法中，休眠时间的单位为___________。

二、简答题

1．Java 为什么要引入线程机制，线程、程序和进程之间的关系是怎样的？

2．线程有哪几种基本状态？试描述它们之间的转换过程。

3. 创建线程有几种方式？为什么有时候必须采用其中的某种方式？试写出使用这种方式创建线程的一般模式。

4. 使用例子说明线程同步的概念。

10.9　综合实验项目 10

实验项目：线程创建练习。

实验要求：创建线程和线程组，程序不仅能够输出线程内容，还能够显示并获取线程组中有效线程的数目及相关线程处理工作等。

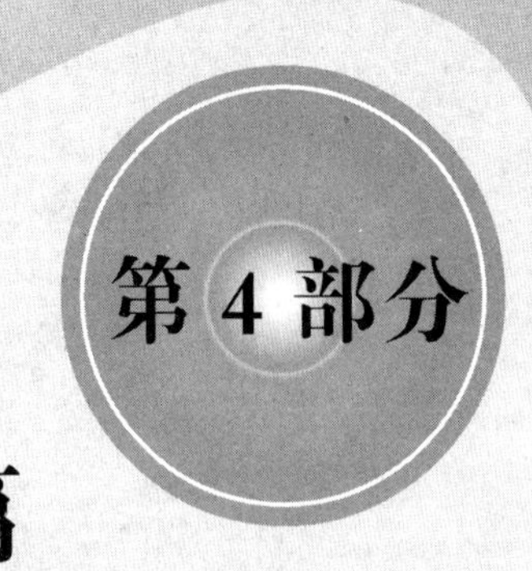

Java语言高级篇

Java数据库操作程序通常具备统一的数据库操作接口，针对于一个数据设计的程序（例如：Oracle、SQL Server、MySQL和Access等）基本上可以保持源代码不变或只做少量改动，即可移植到其他数据库上，这个特点降低了Java程序设计者开发数据库应用程序的工作量；另一方面，Java数据操作技术呈现多样化的特征，目前包括JDBC、JOD、ORM、Entity EJBD等多种技术。

JDBC是所有数据库操作中最基本、出现最早、使用最广泛的技术，JDBC的本质是为所有关系型数据库提供统一的应用程序设计接口，使得程序开发人员不需要针对不同的关系型数据库学习特定的数据库操作技术，而是借助于JDBC程序设计接口和通用的SQL语句，实现所有数据库的应用程序设计。

JDBC应用程序的基本结构包括JDBC基本的编程和对应特定数据库的数据库驱动程序。其中，前者是由Sun公司提供的公共类库，被封装在类包java.sql中，该类库提供了适用于所有关系型数据库的操作接口模型；后者通常需要针对不同数据库产品进行设计，并且需要由特定的数据厂家来完成，程序开发人员只需要从厂家网站上免费获取即可。

Java语言具有强大的网络编程功能，是当今最流行的网络编程语言。Java语言能够风靡全球的重要原因之一就是它和网络的紧密结合。作为网络编程语言，Java可以很方便地将Applet嵌入网页中，实现客户端和服务器端的通信。Java语言通过软件包java.net实现URL通信模式、Socket通信模式和Datagram通信模式3种通信模式。

JSP（Java Server Pages）是由Sun Microsystems公司倡导、许多公司参与共同建立的一种动态网页技术标准，它能产生功能强大的动态HTML页面。JSP是直接从Java Servlet扩展来的，开发人员可以在JSP中直接嵌入Java逻辑代码。Web服务器在遇到访问JSP网页的请求时，首先执行其中的程序段，然后将执行结果连同JSP文件中的HTML代码一起返回给客户。目前，使用JSP开发B/S结构的应用程序已成为行业的主流之一。

第 11 章

Java 数据库编程

教学目标

在本章中，读者将学到以下内容：

- 数据库的安装与设置
- JDBC 数据库的概念
- JDBC 数据库的驱动类型
- JDBC 数据库连接数据的基本步骤
- 数据库应用系统开发

章节综述

数据库是数据管理的最新技术，是计算机科学的重要分支，已形成相当规模的理论体系和应用技术。作为信息系统的核心和基础，数据库技术得到越来越广泛的应用。数据库的体系结构分为 3 级：模式、外模式和内模式。虽然现在的 DBMS 的产品多种多样，在不同的操作系统支持下工作，但是绝大多数系统在总的体系结构上仍具有 3 级结构的特征。SQL 是一个通用的、功能强大的关系数据库语言，是一种介于关系代数与关系演算之间的结构化查询语言。其功能并不仅仅是查询，还包括所有对数据库的操作。本章详细介绍 SQL 数据库的安装与配置。JDBC 本身是个商标名，然而 JDBC 常被认为用来代表 Java 数据库连接(Java Database Connectivity)。它由一组用 Java 编程语言编写的类和接口组成。JDBC 为数据库开发人员提供了一个标准的 API，使他们能够用纯 Java API 来编写数据库应用程序。通过 JDBC，可以比较容易地向不同的关系数据库发送 SQL 语句。用户不需要为了访问不同的数据库而编写不同的程序代码，此时只需用 JDBC API 写一个程序就够了，它可向相应的数据库发送 SQL 语句。而且，因为 Java 本身的跨平台性也无须为不同的平台编写不同的应用程序。因此，将 Java 和 JDBC 结合起来的程序具有良好的跨平台性。简单地说，JDBC 的主要工作是：与数据库建立连接、发送 SQL 语句、返回处理结果。JDBC API 提供两种主要接口：一是面向开发人员的 java.sql 程序包，使得 Java 程序员能够进行数据库连接，执行 SQL 查询，并得到结果集合；二是面向底层数据库厂商的 JDBC Drivers。JDBC 数据库连接的基本步骤包括：导入 JDBC 类、安装 JDBC 驱动器、加载驱动程序、定义连接的 URL、建立连接、创建语句对象、执行 SQL 语句、返回处理结果、关闭连接。在上述基础上，本章将详细介绍一个应用系统的开发过程。

11.1 安装 SQL Server 2000 数据库管理系统

11.1.1 系统配置

【案例 11-1】实现将 SQL Server 2000 数据库管理系统安装到操作系统内，并对其进行简单的配置。

(1) 打开 Microsoft SQL Server 2000 的安装盘，如图 11.1 所示。在安装界面上共有 5 个选项，前 4 个为安装选项，最后一个为“退出”选项，可以退出当前的安装界面。此处选择“安装 SQL Server 2000 简体中文个人版”选项。

(2) 完成步骤(1)后，出现图 11.2 所示的安装选项，此处选择安装“安装 SQL Server 2000 组件”选项，安装 SQL Server 2000 组件。

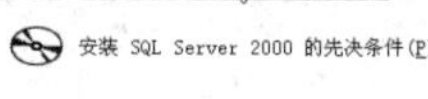

图 11.1 安装界面　　图 11.2 安装选项

(3) 完成步骤(2)后，出现图 11.3 所示的“安装组件”界面，选择“安装数据库服务器”选项，对数据库服务器进行安装。单击“下一步”按钮进入下一步安装。

(4) 完成步骤(3)后，进入“欢迎”对话框。

(5) 在“欢迎”对话框中单击“下一步”按钮，进入“计算机名”对话框。此处选择“本地计算机”选项，将系统安装在本地计算机，单击“下一步”按钮完成计算机名的配置，进入下一步安装。

(6) 在完成步骤(5)后，出现图 11.4 所示的“安装选择”对话框，此处选中“创建新的 SQL Server 实例，或安装‘客户端工具’”单选按钮。单击“下一步”按钮进入下一步安装。

(7) 完成步骤(6)后，进入“用户信息”对话框，在“姓名”和“公司”文本框内输入相应的名称即可。单击“下一步”按钮进入下一步安装。

(8) 完成步骤(7)后，进入“软件许可证协议”对话框。该对话框要求用户“请阅读下面的许可协议”，当阅读后单击“是”按钮，进入下一步安装。

(9) 完成步骤(8)后，出现图 11.5 所示的“安装定义”对话框，该对话框用来实现安装定义。此处，选中“服务器和客户端工具”单选按钮完成服务器和客户端的安装，单击“下一步”按钮进入下一步安装。

(10) 完成步骤(9)后，出现图 11.6 所示的“实例名”对话框。如果选中“默认”复选框，则采用默认名作为安装实例名，如果采用新的实例名，需要取消选中“默认”复选框，在“实例名”文本框内输入新实例名的名称即可。此处采用默认实例名即可，单击“下一步”按钮进入下一步安装。

图 11.3　安装组件界面

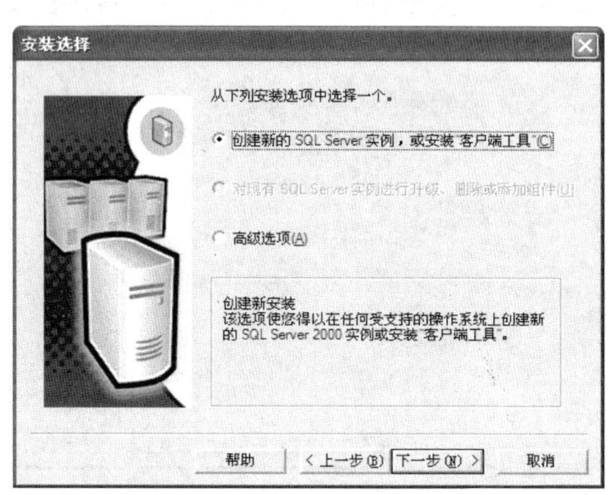

图 11.4　“安装选择”对话框

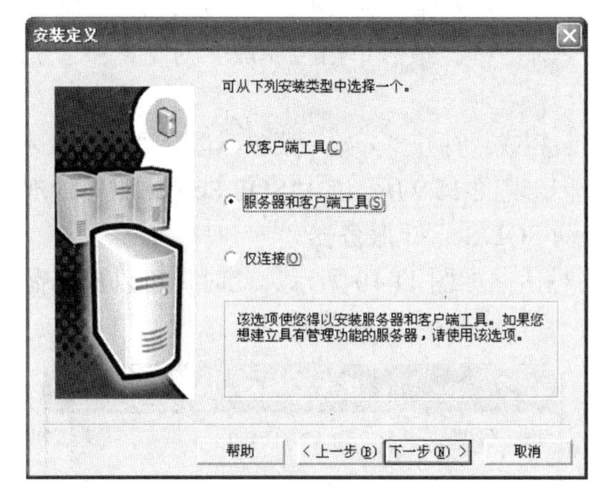

图 11.5　“安装定义”对话框

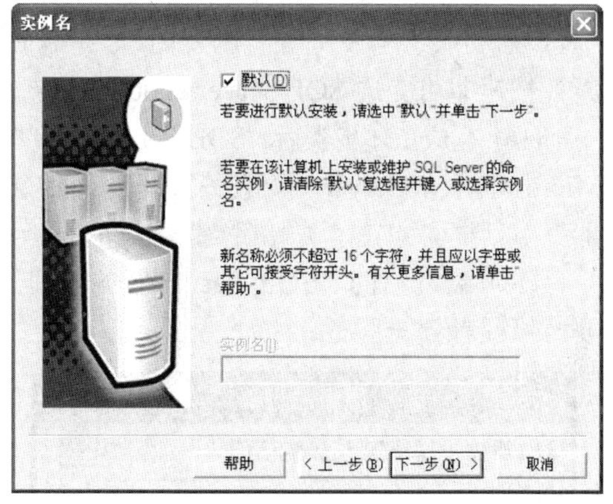

图 11.6　“实例名”对话框

(11) 完成步骤(10)后，出现“安装类型”对话框。此处选择“典型”安装类型，目的文件夹保持不变，单击“下一步”按钮进入下一步安装。

(12) 完成步骤(11)后，出现 “服务账户”对话框。用户可以在该对话框中设置“服务账号”。此处选中“对每个服务使用同一账户，自动启动 SQL Server 服务”单先按钮，让所有服务使用同一个账户。在“服务设置”单选框内选择“使用本地系统帐户”单先按钮。单击“下一步”按钮进入下一步安装。

(13) 完成步骤(12)后，出现图 11.7 所示的“身份验证模式”对话框。在该对话框中可以选择“Windows 身份验证模式”、“混合验证模式(Windows 身份验证和 SQL Server 身份验证)”单选按钮。此处选中“混合验证模式(Windows 身份验证和 SQL Server 身份验证)”单选按钮，同时在下面“添加 sa 登录密码”区域的“输入密码”和“确认密码”文本框中输入相同的密码。如果对系统的安全性要求不高，可以选中“空密码(不推荐)”复选框。单击“下一步”按钮进入下一步安装。

(14) 完成步骤(13)后，出现图 11.8 所示的“开始复制文件”对话框，单击“下一步”按钮开始复制文件。

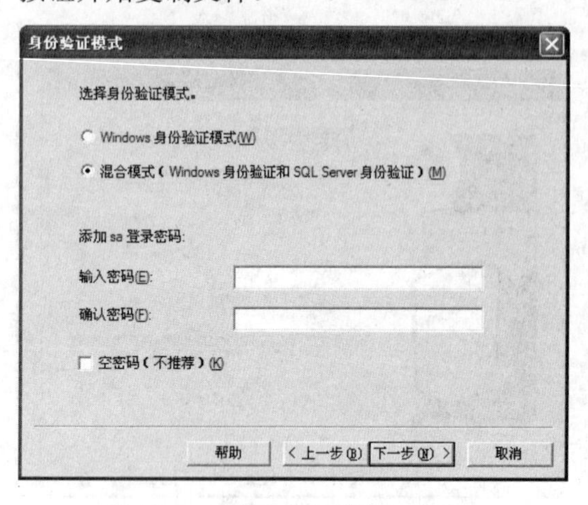

图 11.7 “身份验证模式”对话框

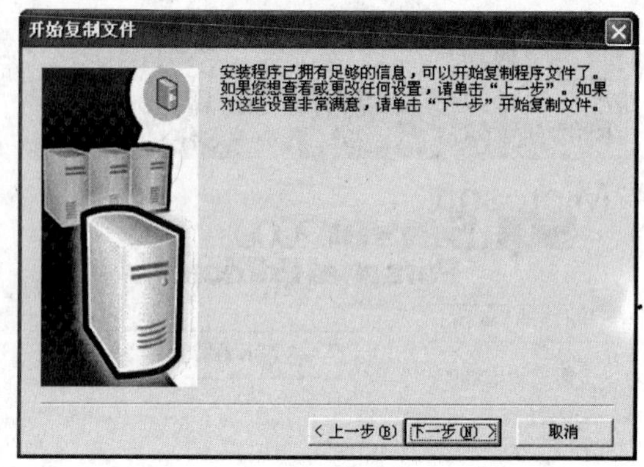

图 11.8 “开始复制文件”对话框

(15) 完成步骤(14)后，将出现“Microsoft 数据访问控件”对话框、“安装进度”对话框、“启动服务器及配置”示意图、“完成安装”对话框。最后单击“完成”对话框中“完成”按钮即可完成 SQL Server 2000 的安装。

(16) 完成上述步骤后，SQL Server 2000 即安装完成。打开“开始”菜单，选择“程序”→Microsoft SQL Server→“服务管理器”命令，即出现图 11.9 所示的“SQL Server 服务管理器”对话框。单击“开始/继续”按钮，即可启动 SQL Server 服务器。

(17) 启动后的“SQL Server 服务管理器”对话框如图 11.10 所示。此时，可以根据需要暂停或者停止服务。

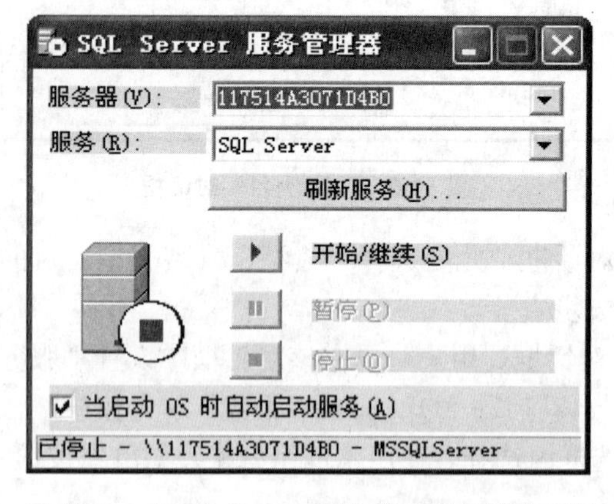

图 11.9 “SQL Server 服务管理器”等待运行

图 11.10 “SQL Server 服务管理器”运行中

(18) 完成上述步骤后，SQL Server 2000 已经正常启动。打开“开始”菜单，选择“程序”→Microsoft SQL Server→“企业管理器”命令即可出现图 11.11 所示的 SQL Server Enterprise Manager(SOL Server)企业管理器窗口。

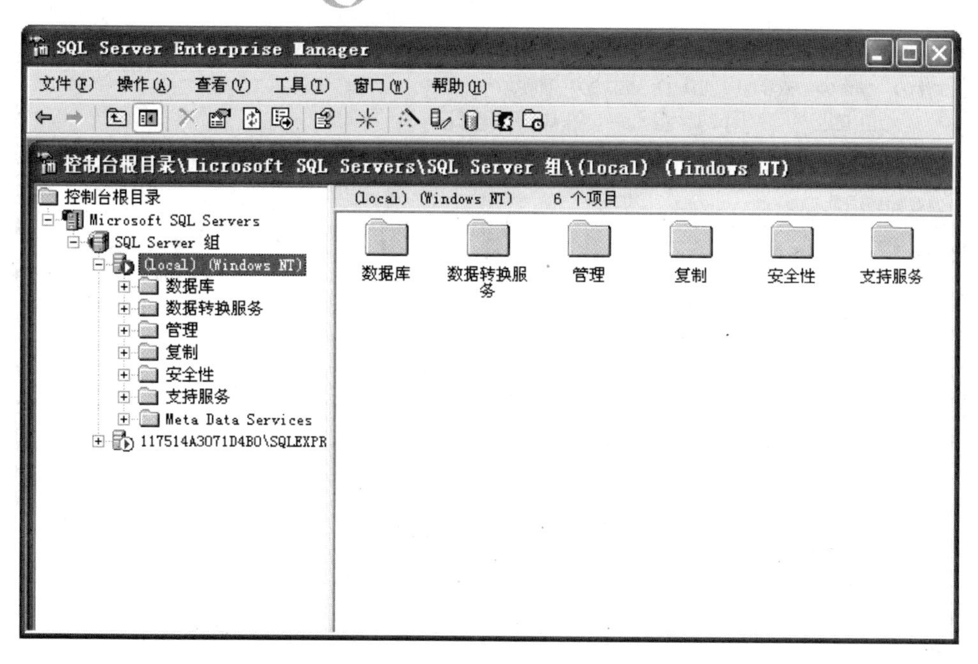

图 11.11 SQL Server 企业管理器

11.1.2 本节小结

本节详细介绍了 SQL Server 2000 数据库的安装步骤。通过实例介绍了如何进行“安装选择”，“安装定义”的选择，实例名的配置，“安装类型”的选择，“服务账户”的选择等。并介绍了如何启动 SQL Server 服务，以及如何启动 SQL Server 企业管理器。

11.1.3 自测练习

问答题

1. SQL Server 2000 常见的版本包括哪几种?
2. 服务管理器的功能及其提供的服务有哪些?
3. 企业管理器可以完成的操作有哪些?
4. SQL Server 2000 有哪些系统数据库? 它们的作用是什么?

11.2 建立一个学生表

11.2.1 建立表的具体步骤

【案例 11-2】建立一个数据库 lesson11，在数据库 lesson11 内创建一个名称为 student 的表，表内包含 ID、name、age、sex、birthday 等几个字段。

(1) 打开“SQL Server 企业管理器”窗口，在“数据库”目录上单击鼠标右键，弹出图 11.12 所示的快捷菜单，选择“新建数据库”命令。

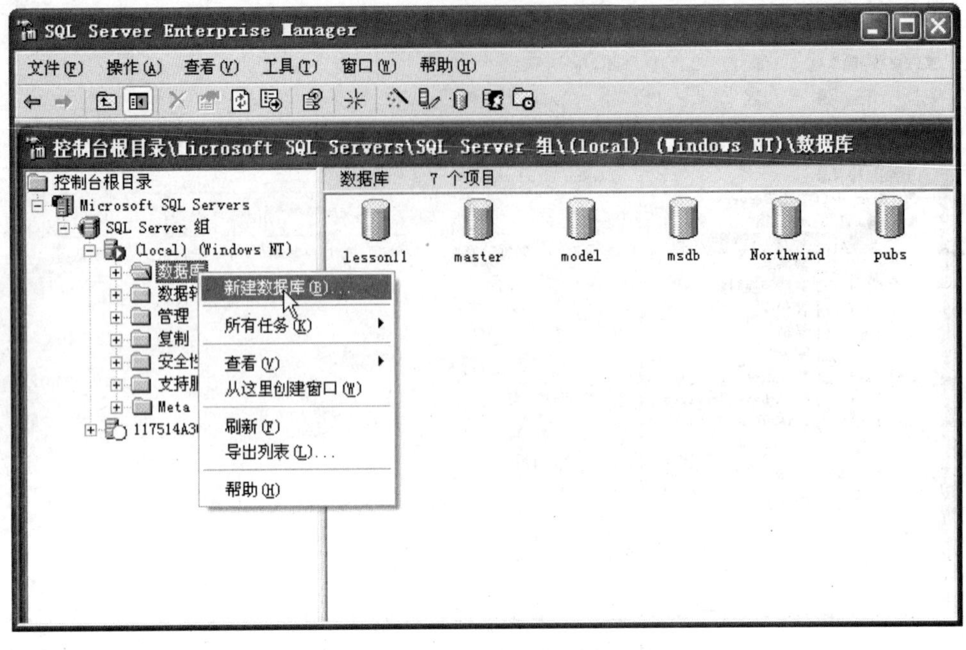

图 11.12 企业管理器

(2) 完成步骤(1)后，出现图 11.13 所示的“数据库属性”对话框，打开“常规”选项卡。在“名称”文本框内输入要创建的数据库名称 lesson11。

(3) 在图 11.13 所示的对话框内打开“数据文件”选项卡，如图 11.14 所示。在该选项卡内可以设置文件的位置、初始大小、文件增长、最大文件大小等属性，用户根据需要可以在此处进行更改，此处采用默认值即可。

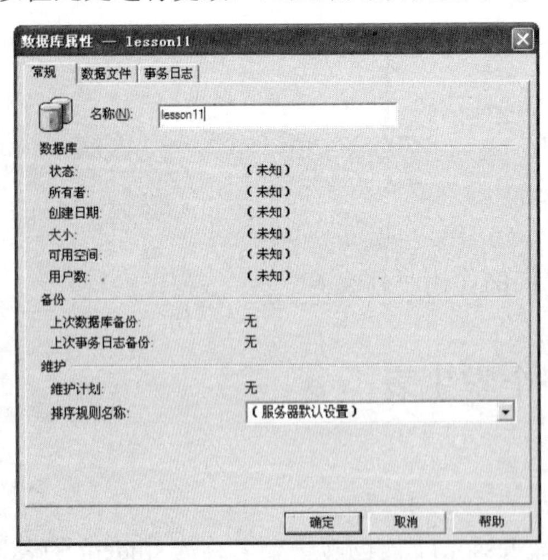

图 11.13 “常规”选项卡

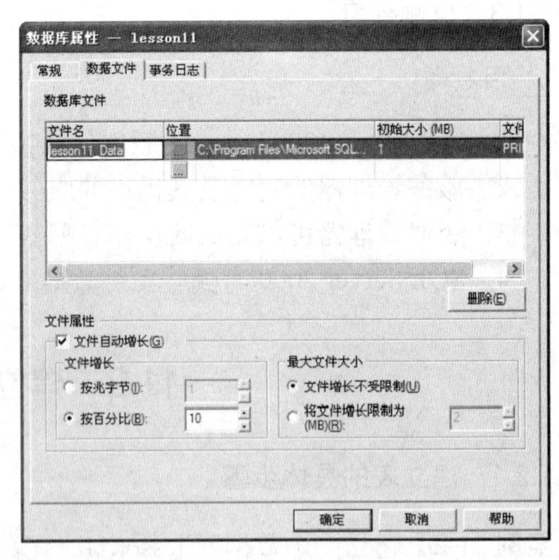

图 11.14 “数据文件”选项卡

(4) 在图 11.14 所示的对话框内打开“事务日志”选项卡，如图 11.15 所示。在此选项卡内可以更改日志文件的存储位置、初始大小、文件属性等。此处采用默认设置，不需要更改，单击“确定”按钮完成数据库的创建。

(5) 步骤(4)完成后，在资源管理器内已经出现了数据库 lesson11，展开 lesson11 目录，在“表”目录上单击鼠标右键弹出图 11.16 所示的快捷菜单，选择“新建表”命令创建新表。

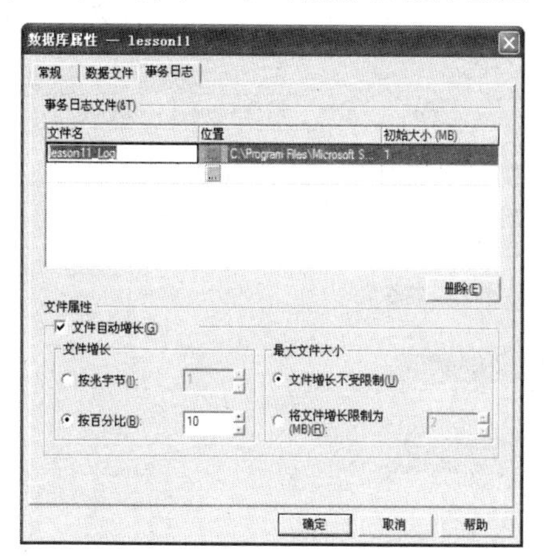

图 11.15　“事务日志”选项卡

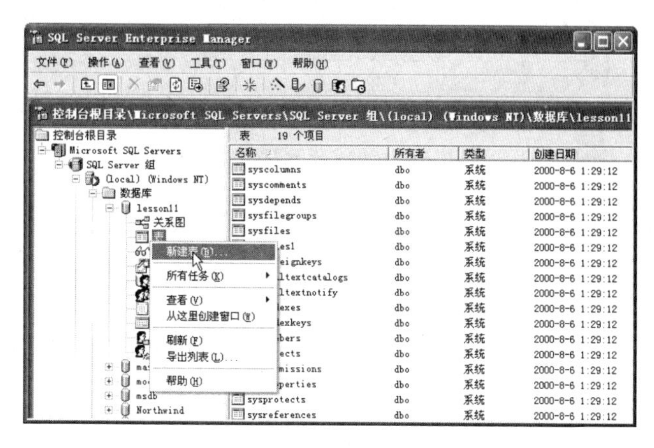

图 11.16　新建表

(6) 完成步骤(5)后，出现图 11.17 所示“‘lesson11 中(在‘local’上)的新建表”对话框。在表内输入需要创建的列名，如图 11.17 所示。

(7) 设置好列名后，在需要创建主键的列名 ID 上单击鼠标右键，弹出图 11.18 所示的快捷菜单，选择“设置主键”命令，将 ID 键设置为主键。

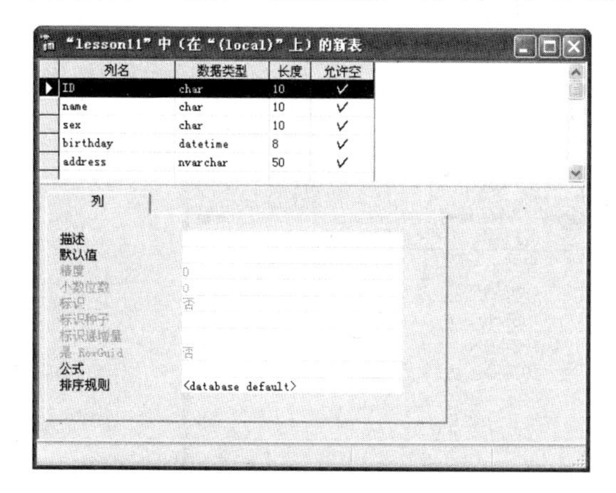

图 11.17　创建新表

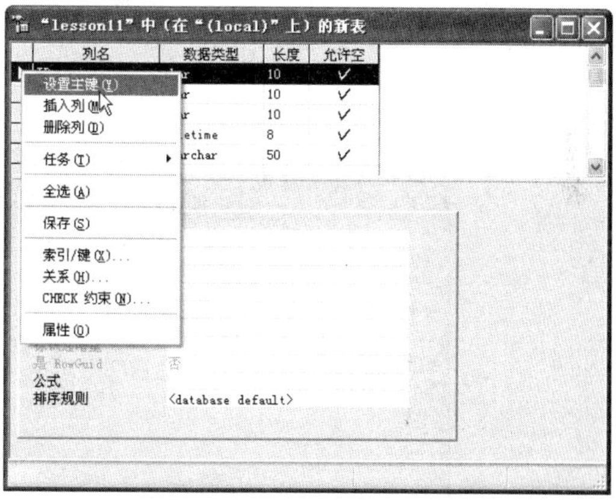

图 11.18　设置主键

(8) 完成步骤(7)后关闭此对话框，出现图 11.19 所示的对话框，询问是否需要对刚创建的默认名为“TABLE1”的表进行更改。此处单击“是”按钮。

(9) 完成步骤(8)后，出现图 11.20 所示的“选择名称”对话框。在“输入表名”文本框内输入表名 student，单击“确定”按钮完成。

(10) 完成步骤(9)后，新表 student 即建立完成，此时在资源管理器内会显示新创建的表。在表 student 上单击鼠标右键，弹出图 11.21 所示的快捷菜单，选择“打开表”→“返回所有行”命令。

图 11.19 “SQL Server 企业管理器”对话框

图 11.20 “选择名称”对话框

图 11.21 右键快捷菜单

(11) 完成步骤(10)后，出现图 11.22 所示的表。根据实际需要在表格内输入相应的数据。至此，数据库表创建完成。

表“student”中的数据，位置是“lesson11”中、“(local)”上

ID	name	sex	birthday	address
2120050460	刘华德	男	1982-2-1	西区公寓2-5-401
2120050461	曾朝伟	男	1983-9-6	21斋3-605
2120050462	张杰伦	男	1985-6-5	20宿5-305
2120050463	赵伟	女	1987-9-8	17-8-9
2120050464	王智	女	1979-10-19	儒苑公寓2-5-609

图 11.22 数据库表

11.2.2 本节小结

本小节介绍了如何创建一个数据库，并在数据库内创建一个表。首先介绍了在创建表的过程中需要设置的相应的参数，包括“常规”、“数据文件”、“日志文件”等；创建完表的列后，为表设置了主键，并对表进行了命名；最后在表内输入了一些数据。

11.2.3　自测练习

问答题

SQL Server 2000 提供了哪几种创建数据库表的方法？

11.3　利用 JDBC-ODBC 实现 Access 数据库访问

【案例 11-3】在系统中有一个 Access 数据库 lesson2，数据内有一张表“学生”，表的内容如图 11.23 所示。通过 JDBC-ODBC 将表的内容读取出来。

学号	姓名	性别	出生日期	系别
1	ross	男	1979-8 -9	计算机系
2	rachel	女	1990-5 -8	计算机系
3	monica	女	1988-5 -12	外语系
4	刘德华	男	2000-1 -2	汽车工程系
5	徐熙娣	女	1964-3 -5	汽车工程系
6	张飞	男	2021-12-12	汽车工程系

图 11.23　数据表

11.3.1　具体实现步骤

(1) 打开“ODBC 数据源管理器”对话框。

打开“控制面板”窗口，双击“管理工具”图标，打开“管理工具”窗口，双击“数据源(ODBC)”图标，打开图 11.24 所示“ODBC 数据源管理器”对话框。

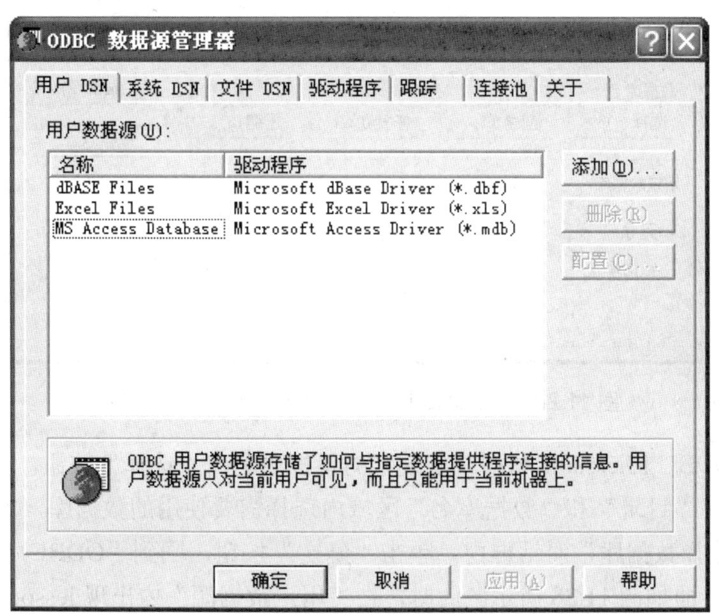

图 11.24　“ODBC 数据源管理器”对话框

(2) 在“ODBC 数据源管理器”对话框的“用户 DSN”选项卡中单击“添加”按钮，

出现图 11.25 所示的“创建新数据源”对话框，在“名称”列表中选择 Microsoft Access Driver(*.mdb)选项，单击“完成”按钮。

图 11.25 “创建新数据源”对话框

(3) 此时出现“ODBC Microsoft Access 安装”对话框，在“数据源名”文本框中为要使用的数据源名命名，此处输入 lesson2，如图 11.26 所示。

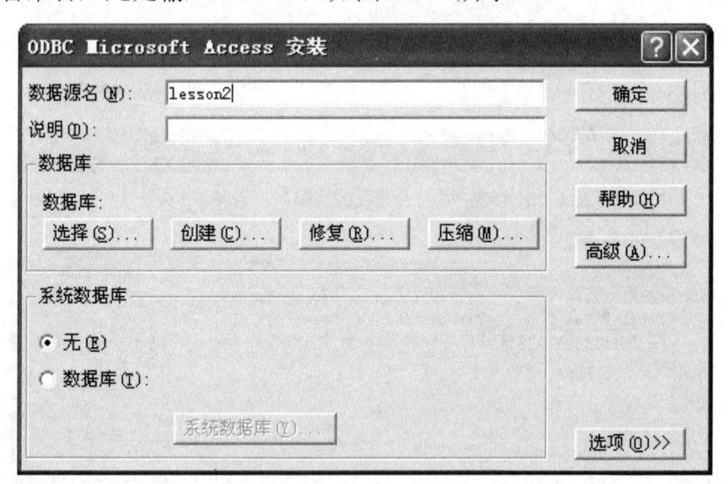

图 11.26 “ODBC Microsoft Access 安装”对话框

(4) 在“ODBC Microsoft Access 安装”对话框内单击“选择”按钮，出现“选择数据库”对话框，在“目录”和“数据库名”区域内选择需要使用的数据库，如图 11.27 所示。

(5) 在“选择数据库”对话框内，单击“确定”按钮，回到“ODBC 数据源管理器”对话框，此时界面如图 11.28 所示。此时，在“用户数据源”内出现 lesson2 数据库名，单击“确定”按钮，ODBC 数据源添加完毕。

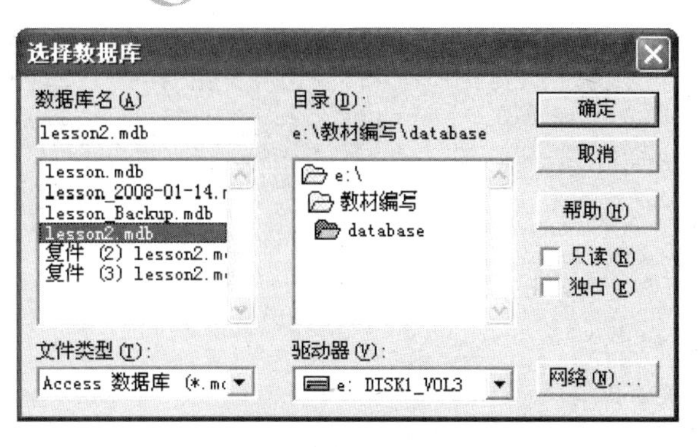

图 11.27　“选择数据库”对话框

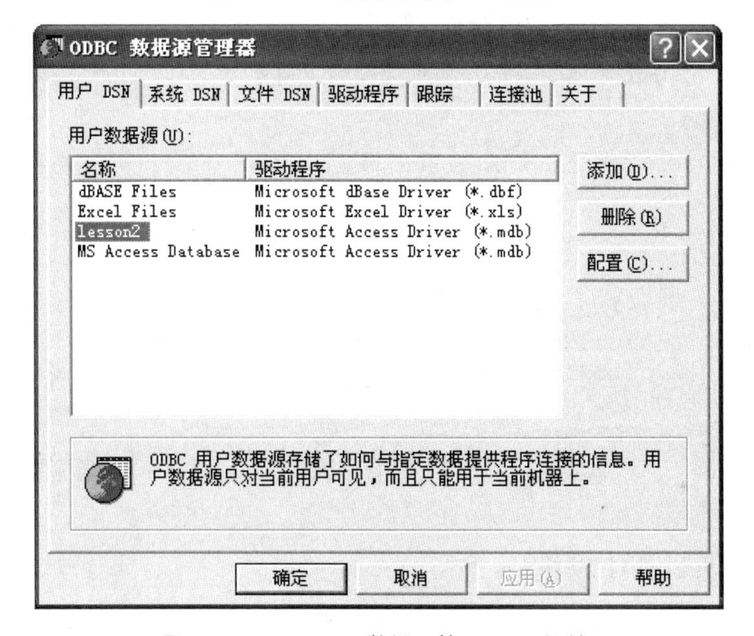

图 11.28　“ODBC 数据源管理器”对话框

(6) 案例代码。

```
    package database;
    import java.sql.*;
    import java.util.*;
    public class test {
        public static void main(String args[]) {
            try {
                Class.forName("sun.jdbc.odbc.JdbcOdbcDriver");
                Properties prop = new Properties();
                prop.put("user", "sa");
                prop.put("password", "as");
                prop.put("charSet", "gb2312");
                Connection conn = DriverManager.getConnection("jdbc:odbc:
lesson2",prop);
                Statement stmt = conn.createStatement();
                ResultSet rs = stmt.executeQuery("select * from 学生");
                while (rs.next()) {
                    // 处理每一结果行
                    System.out.print(rs.getString(1) + "\t");
```

```
                System.out.print(rs.getString(2) + "\t");
                System.out.print(rs.getString(3) + "\t");
                System.out.print(rs.getDate(4) + "\t");
                System.out.println(rs.getString(5));
            }
            try{
                if(rs!=null){
                    rs.close();
                }
            }catch(Exception e){}
            //关闭 Statement
            try{
                if(stmt!=null){
                    stmt.close();
                }
            } catch(Exception e){}
            //关闭 Connection
            try{
                if(!conn.isClosed()){
                    conn.close();
                }
            }catch(Exception e){}
        }

        catch (ClassNotFoundException e) {
            e.printStackTrace();
        } catch (SQLException e) {
            e.printStackTrace();
        }
    }
}
```

程序输出结果如图 11.29 所示。

```
1       ross    男     1979-08-09     计算机系
2       rachel  女     1990-05-08     计算机系
3       monica  女     1988-05-12     外语系
4       刘德华  男     2000-01-02     汽车工程系
5       徐熙娣  女     1964-03-05     汽车工程系
6       张飞    男     2021-12-12     汽车工程系
```

图 11.29　案例输出结果

11.3.2　知识点讲解

JDBC 本身是个商标名，然而 JDBC 常被认为用来代表 Java 数据库连接 (Java Database Connectivity)。它由一组用 Java 编程语言编写的类和接口组成。JDBC 为数据库开发人员提供了一个标准的 API，使他们能够用纯 Java API 来编写数据库应用程序。通过 JDBC，可以比较容易地向不同的各种关系数据库发送 SQL 语句。用户不需要为了访问不同的数据库而编写不同的程序代码，此时只需用 JDBC API 写一个程序就够了，它可向相应数据库发送 SQL 语句。而且，因为 Java 本身的跨平台性，也无须为不同的平台编写不同的应用程序。因此，将 Java 和 JDBC 结合起来的程序具有良好的跨平台性。

JDBC API 提供两种主要接口：一是面向开发人员的 java.sql 程序包，使得 Java 程序员

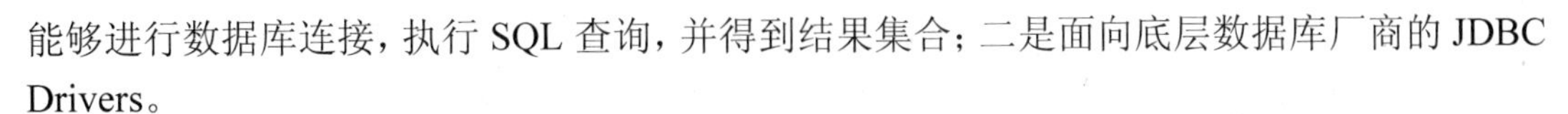

能够进行数据库连接，执行 SQL 查询，并得到结果集合；二是面向底层数据库厂商的 JDBC Drivers。

JDBC Drivers 提供下述 4 种类型的数据库驱动方式。

1. JDBC-ODBC 连接驱动方式

JDBC-ODBC 桥是一个 JDBC 驱动程序。这种驱动程序利用本地的一个 ODBC 库将 JDBC 调用转化为 ODBC 调用。对 ODBC，像是通常的应用程序，桥为所有对 ODBC 可用的数据库实现 JDBC。JDBC-ODBC 桥接方式利用微软的开放数据库互连接口(ODBC API)同数据库服务器通信，客户端计算机首先应该安装并配置 ODBC driver 和 JDBC-ODBC bridge 两种驱动程序。由于 ODBC 被广泛地使用，该桥的优点是让 JDBC 能够访问几乎所有的数据库，因此建议尽可能地使用纯 Java JDBC 驱动程序代替桥和 ODBC 驱动程序。这可以完全省去 ODBC 所需的客户机配置，也免除了虚拟机被桥引入的本地代码(即桥本地库、ODBC 驱动程序管理器、ODBC 驱动程序库)中的错误破坏的可能性。

2. Java 本地代码驱动程序

这种驱动方式将数据库厂商的特殊协议转换成 Java 代码及二进制类码，使 Java 数据库客户方与数据库服务器方通信。例如：Oracle 用 SQLNet 协议，DB2 用 IBM 的数据库协议。数据库厂商的特殊协议也应该被安装在客户机上。这种驱动比起 JDBC-ODBC 桥执行效率大大提高了。但是，它仍然需要在客户端加载数据库厂商提供的代码库。这样就不适合基于 Internet 的应用。

3. JDBC 网络纯 Java 驱动程序

这种驱动是基于 3 层结构建立的。JDBC 先把对数据库的访问请求传递给网络上的中间件服务器。中间件服务器再把请求翻译为符合数据库规范的调用，再把这种调用传给数据库服务器。由于这种驱动是基于 Server 的，所以它不需要在客户端加载数据库厂商提供的代码库，而且在执行效率和可升级性方面是比较好的。因为大部分功能实现都在 Server 端，所以这种驱动可以设计得很小，可以非常快速地加载到内存中。但是，这种驱动在中间件层仍然需要配置其他数据库驱动程序，并且由于多了一个中间层传递数据，它的执行效率还不是最好的。

4. 本地协议纯 Java 驱动程序

这种驱动直接把 JDBC 调用转换为符合相关数据库系统规范的请求。这种类型的驱动完全由 Java 实现，因此实现了平台独立性。这种驱动无须把 JDBC 的调用传给 ODBC 或本地数据库接口或者是中间层服务器，因此它的执行效率非常高。同时，因为这种驱动程序可以动态地被下载(对于不同的数据库需要下载不同的驱动程序)，它不需要在客户端或服务器端装载任何的软件或驱动，所以这类型的驱动程序是最成熟的 JDBC 驱动程序，不但无须在使用者计算机上安装任何额外的驱动程序，也不需要在服务器端安装任何中间件程序，所有存取数据库的操作都直接由驱动程序来完成。

语句“Class.forName("sun.jdbc.odbc.JdbcOdbcDriver");”在加载驱动程序。

Java 提供了以下种方法实现对驱动程序的加载。

(1) 使用 Class.forName()方法，Java 虚拟机(JVM)将加载驱动程序类。

例如，如果想要使用 JDBC-ODBC 桥驱动程序，可以用下列代码加载它：

```
Class.forName("sun.jdbc.odbc.JdbcOdbcDriver");
```

(2) 使用 DriverManager 类的 registerDriver()方法。

例如，如果想要使用 JDBC-ODBC 桥驱动程序，可以用下列代码加载它：

```
DriverManager. registerDriver("sun.jdbc.odbc.JdbcOdbcDriver");
```

(3) 利用 System 类的 setProperty()方法为 jdbc.drivers 类设置系统属性。

例如，如果想要使用 JDBC-ODBC 桥驱动程序，可以用下列代码加载它：

```
System.setProperty ("sun.jdbc.odbc.JdbcOdbcDriver");
```

上述 3 种方法中，第一种方法显示地加载驱动程序类。由于这与外部设置无关，因此推荐用这种方法加载驱动程序。

11.3.3 案例分析

程序中 Statement stmt = conn.createStatement();语句是在创建语句对象。JDBC 提供了 3 个类，用于向数据库发送 SQL 语句。Connection 接口中的 3 个方法可用于创建这些类的实例。Statement 对象由方法 createStatement 所创建，用于发送简单的 SQL 语句。PreparedStatement 对象由方法 prepareStatement 所创建，用于发送带有一个或多个输入参数(IN 参数)的 SQL 语句。PreparedStatement 含有一组方法，用于设置 IN 参数的值，在执行语句时，这些 IN 参数将被送到数据库中。PreparedStatement 的实例扩展了 Statement，因此它们都包括了 Statement 的方法。PreparedStatement 对象有可能比 Statement 对象的效率更高，因为它已被预编译过并存放在那以供将来使用。CallableStatement 对象由方法 prepareCall 所创建，用于执行 SQL 储存程序中一组可通过名称来调用(就像方法的调用那样)的 SQL 语句。CallableStatement 对象从 PreparedStatement 中继承了用于处理 IN 参数的方法，而且还增加了用于处理 OUT 参数和 INOUT 参数的方法。通常来说 createStatement 方法用于简单的 SQL 语句(不带参数)、prepareStatement 方法用于带一个或多个 IN 参数的 SQL 语句或经常被执行的简单 SQL 语句，而 prepareCall 方法用于调用储存过程。

1. 创建 JDBC Statements 对象

Statement 对象用于把 SQL 语句发送到 DBMS。只需简单地创建一个 Statement 对象然后执行它，即可使用适当的方法执行发送的 SQL 语句。对 SELECT 语句来说，可以使用 executeQuery 方法。要创建或修改表，使用的方法是 executeUpdate。需要一个活跃的连接来创建 Statement 对象的实例。下面的例子中通过 Connection 的对象 con 创建 Statement 的对象 stmt：

```
Statement stmt = con.createStatement();
```

到此 stmt 已经存在了，但它还没有把 SQL 语句传递到 DBMS。

2. PreparedStatement

PreparedStatement 接口继承自 Statement。PreparedStatement 实例包含已编译的 SQL 语

句。包含于 PreparedStatement 对象中的 SQL 语句可具有一个或多个 IN 参数。IN 参数的值在 SQL 语句创建时未被指定。但是，该语句为每个 IN 参数保留一个问号(?)作为占位符。该语句执行之前必须设定好每个问号的值，设置值可以通过适当的 setXXX 方法来实现。由于 PreparedStatement 对象已预编译过，所以其执行速度要比 Statement 对象快。因此为了提高效率，通常把多次执行的 SQL 语句创建为 PreparedStatement 对象。作为 Statement 的子类，PreparedStatement 继承了 Statement 的所有功能。另外它还添加了一整套方法，用于设置发送给数据库以取代 IN 参数占位符的值。以下的代码(其中 con 是 Connection 对象)创建包含带两个 IN 参数占位符的 SQL 语句的 PreparedStatement 对象：

```
    PreparedStatement pstmt = con.prepareStatement("UPDATE student SET name =?
WHERE age = ?");
```

pstmt 对象包含语句“UPDATE student SET name =? WHERE age=?”，它已发送给 DBMS，并为执行做好了准备。在执行 PreparedStatement 对象之前，必须为每个“?”参数设定值。这可通过调用 setXXX 方法来完成，其中 XXX 是与该参数相应的类型。例如，如果参数具有 Java 类型 long，则使用的方法就是 setLong。setXXX 方法的第一个参数是要设置的参数的序数位置，第二个参数是设置给该参数的值。例如，以下代码将第一个参数设为“徐熙娣”，第二个参数设为“30”：

```
    pstmt.setLong(1, "徐熙娣");
    pstmt.setLong(2,30);
```

当设置了给定语句的参数值后可以用它多次执行该语句，直到调用 clearParameters 方法清除它为止。在连接的默认模式下(启用自动提交)，当语句完成时将自动提交或还原该语句。如果基本数据库和驱动程序在语句提交之后仍保持这些语句的打开状态，则同一个 PreparedStatement 可执行多次。如果这一点不成立，那么试图通过使用 PreparedStatement 对象代替 Statement 对象来提高性能是没有意义的。利用 pstmt(前面创建的 PreparedStatement 对象)，以下代码演示了如何设置两个参数占位符的值并执行 pstmt 100 次。如上所述，为做到这一点，数据库不能关闭 pstmt。在该示例中，第一个参数被设置为 “徐熙娣”并保持不变。而在 for 循环中，每次都将第二个参数设置为不同的值：从 0 开始，到 99 结束。

```
    pstmt.setString(1, "徐熙娣");
    for (int i = 0; i < 100; i++) {
        pstmt.setInt(2, i);
        int rowCount = pstmt.executeUpdate();
    }
```

setXXX()方法中的 XXX 是 Java 类型。它是一种隐含的 JDBC 类型(一般 SQL 类型)，因为驱动程序将把 Java 类型映射为相应的 JDBC 类型，并将该 JDBC 类型发送给数据库。部分 setXXX()方法如下所示。

```
    void setInt(int parameterIndex,int x) throws SQLException
    //设定整数类型数值给 PreparedStatement 类对象的 IN 参数
    void setFloat(int parameterIndex,float x) throws SQLException
    //设定浮点数类型数值给 PreparedStatement 类对象的 IN 参数
    void setNull(int parameterIndex,int sqlType) throws SQLException
    //设定 Null 类型数值给 PreparedStatement 类对象的 IN 参数
    void setString(int parameterIndex,String x) throws SQLException
```

```
//设定字符串类型数值给 PreparedStatement 类对象的 IN 参数
void setDate(int parameterIndex,Date x) throws SQLException
//设定日期类型数值给 PreparedStatement 类对象的 IN 参数
void setTime(int parameterIndex,Time x) throws SQLException
//设定时间类型数值给 PreparedStatement 类对象的 IN 参数
```

例如，以下代码将 PreparedStatement 对象 pstmt 的第二个参数设置为 30，Java 类型为 short：

```
pstmt.setShort(2,30);
```

驱动程序将 30 作为 JDBC SMALLINT 发送给数据库，它是 Java short 类型的标准映射。程序员负责确保将每个 IN 参数的 Java 类型映射为与数据库所需的 JDBC 数据类型兼容的 JDBC 类型。可以考虑数据库需要 JDBC SMALLINT 的情况。如果使用方法 setByte，则驱动程序将 JDBC TINYINT 发送给数据库。这种方法是可行的，因为许多数据库可从一种相关的类型转换为另一种类型，并且通常 TINYINT 可用于 SMALLINT 适用的任何地方。通过 Statement 类所提供的方法，可以利用标准的 SQL 命令，对数据库直接进行新增、删除或修改操作

3. CallableStatement 语句

CallableStatement 对象为所有的 DBMS 提供了一种以标准形式调用已储存过程的方法。储存过程已经存储在数据库中。对已储存过程的调用是 CallableStatement 对象所含的内容。这种调用是用一种换码语法来写的，有两种形式：一种形式不带结果参数，另一种形式带结果参数。结果参数是一种输出(OUT)参数，是已储存过程的返回值。两种形式都可带有数量可变的输入(IN)、输出(OUT)或输入和输出(INOUT)的参数。问号将用作参数的占位符。在 JDBC 中调用已储存过程的语法如下所示。其中，方括号表示其间的内容是可选项；方括号本身并不是语法的组成部分。

```
{call 过程名[(?, ?,...)]}
```

返回结果参数的过程的语法为：

```
{? = call 过程名[(?, ?, ...)]}
```

不带参数的已储存过程的语法类似：

```
{call 过程名}
```

通常，创建 CallableStatement 对象的程序员应当知道所用的 DBMS 是支持已储存过程的，并且知道这些过程的具体内容。然而，当需要检查时，多种 DatabaseMetaData 方法都可以提供这样的信息。例如，如果 DBMS 支持已储存过程的调用，则 supportsStoredProcedures 方法将返回 true，而 getProcedures 方法将返回对已储存过程的描述。CallableStatement 继承 Statement 的方法(它们用于处理一般的 SQL 语句)，还继承了 PreparedStatement 的方法(它们用于处理 IN 参数)。CallableStatement 中定义的所有方法都用于处理 OUT 参数或 INOUT 参数的输出部分、注册 OUT 参数的 JDBC 类型(一般 SQL 类型)、从这些参数中检索结果，或者检查所返回的值是否为 JDBC NULL。

CallableStatement 对象是用对象 Connection 的方法 prepareCall 创建的。下例创建 CallableStatement 的实例，其中含有对已储存过程 getTestData 调用。该过程有两个变量，

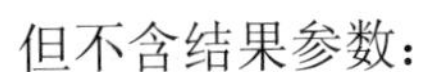

但不含结果参数：

```
CallableStatement cstmt = con.prepareCall("{call getTestData(?, ?)}");
```

其中“?”占位符为 IN、OUT 还是 INOUT 参数，取决于已储存过程 getTestData。

将 IN 参数传给 CallableStatement 对象是通过 setXXX 方法完成的。该方法继承自 PreparedStatement。所传入参数的类型决定了所用的 setXXX 方法(例如，用 setFloat 来传入 float 值等)。

如果已储存过程返回 OUT 参数，则在执行 CallableStatement 对象以前必须先注册每个 OUT 参数的 JDBC 类型(这是必需的，因为某些 DBMS 要求 JDBC 类型)。注册 JDBC 类型是用 registerOutParameter 方法来完成的。语句执行完后，CallableStatement 的 getXXX 方法将取回参数值。正确的 getXXX 方法是为各参数所注册的 JDBC 类型所对应的 Java 类型。换言之，registerOutParameter 使用的是 JDBC 类型(因此它与数据库返回的 JDBC 类型匹配)，而 getXXX 将之转换为 Java 类型。

作为示例，下述代码先注册 OUT 参数，执行由 cstmt 所调用的已储存过程，然后检索在 OUT 参数中返回的值。方法 getByte 从第一个 OUT 参数中取出一个 Java 字节，而 getBigDecimal 从第二个 OUT 参数中取出一个 BigDecimal 对象(小数点后面带 3 位数)：

```
CallableStatement cstmt = con.prepareCall("{call getTestData(?, ?)}");
cstmt.registerOutParameter(1,java.sql.Types.TINYINT);
cstmt.registerOutParameter(2,java.sql.Types.DECIMAL, 3);
cstmt.executeQuery();
byte x = cstmt.getByte(1);
java.math.BigDecimal n = cstmt.getBigDecimal(2, 3);
```

CallableStatement 与 ResultSet 不同，它不提供用增量方式检索大 OUT 值的特殊机制，它既支持输入又接受输出的参数(INOUT 参数)，除了调用 registerOutParameter 方法外，还要求调用适当的 setXXX 方法(该方法是从 PreparedStatement 继承来的)。setXXX 方法将参数值设置为输入参数，而 registerOutParameter 方法将它的 JDBC 类型注册为输出参数。setXXX 方法提供一个 Java 值，而驱动程序先把这个值转换为 JDBC 值，然后将它送到数据库中。这种 IN 值的 JDBC 类型和提供给 registerOutParameter 方法的 JDBC 类型应该相同。然后，要检索输出值，就要用对应的 getXXX 方法。例如，Java 类型为 byte 的参数应该使用方法 setByte 来赋输入值，应该给 registerOutParameter 提供类型为 TINYINT 的 JDBC 类型，同时应使用 getByte 来检索输出值。

下例假设有一个已储存过程 reviseTotal，其唯一参数是 INOUT 参数。方法 setByte 把此参数设为 25，驱动程序将把它作为 JDBC TINYINT 类型送到数据库中。接着 registerOutParameter 将该参数注册为 JDBC TINYINT。执行完该已储存过程后，将返回一个新的 JDBC TINYINT 值。方法 getByte 将把这个新值作为 Java byte 类型检索。

```
CallableStatement cstmt = con.prepareCall("{call reviseTotal(?)}");
cstmt.setByte(1, 25);
cstmt.registerOutParameter(1, java.sql.Types.TINYINT);
cstmt.executeUpdate();
byte x = cstmt.getByte(1);
```

由于某些 DBMS 的限制，为了实现最大的可移植性，建议先检索由执行 CallableStatement

对象所产生的结果，然后再用 CallableStatement.getXXX 方法来检索 OUT 参数。如果 CallableStatement 对象返回多个 ResultSet 对象(通过调用 execute 方法)，在检索 OUT 参数前应先检索所有的结果。在这种情况下，为确保对所有的结果都进行了访问，必须对 Statement 方法 getResultSet、getUpdateCount 和 getMoreResults 进行调用，直到不再有结果为止。

检索完所有的结果后，就可用 CallableStatement.getXXX 方法来检索 OUT 参数中的值。返回到 OUT 参数中的值可能会是 JDBC NULL。当出现这种情形时，将对 JDBC NULL 值进行转换以使 getXXX 方法所返回的值为 null、0 或 false，这取决于 getXXX 方法类型。对于 ResultSet 对象，要知道 0 或 false 是否源于 JDBC NULL 的唯一方法是用方法 wasNull 进行检测。如果 getXXX 方法读取的最后一个值是 JDBC NULL，则该方法返回 true，否则返回 false。

11.3.4 本节小结

本小节通过实例介绍了利用 JDBC-ODBC 实现 Access 数据库访问。首先介绍了如何建立数据库的连接，接下来介绍了访问 Access 数据库的具体编码过程。在知识点部分介绍了 JDBC 的基本概念、分析了 JDBC 的数据库驱动方式。在案例分析部分具体介绍了创建 JDBC Statements 对象、PreparedStatement 语句、CallableStatement 语句 3 个知识点。

11.3.5 自测练习

问答题

1. JDBC Drivers 提供了哪几种类型的数据库驱动方式？
2. 简单介绍 JDBC 的常用类。

11.4 利用 JDBC 实现 SQL 数据库访问

【案例 11-4】有一个 SQL Server 2000 数据库 lesson2，数据库内有一张表 goods，表的内容如图 11.30 所示。通过 JDBC 将表的内容读取出来。

ID	name	num	price
1	cpu	10	1000
2	notebook	20	10000
3	bag	10	100
4	mouse	5	80
*			

图 11.30 表 goods 内容

11.4.1 案例代码

```
package database;
import java.sql.Connection;
import java.sql.DriverManager;
import java.sql.ResultSet;
```

```
    import java.sql.Statement;

    public class AccessSql {
        public static void main(String[] args) {
            String driverName= "com.microsoft.jdbc.sqlserver.SQLServerDriver";
            String dbURL = "jdbc:microsoft:sqlserver://localhost:1433;Database
Name=lesson";
            String userName = "sa";                              //SQL 用户名
            String userPwd = "as";                               //密码
            Connection dbConn;

            try {
                Class.forName(driverName);
                dbConn    =    DriverManager.getConnection(dbURL,    userName,
userPwd);
                String sql = "SELECT  * from goods";
                Statement stmt = dbConn.createStatement();
                ResultSet rs = stmt.executeQuery(sql);
                System.out.print("产品编号"+ "\t\t");
                System.out.print("产品名称"+ "\t\t");
                System.out.print("产品数量"+"\t");
                System.out.println("产品单价");
                while (rs.next()) {
                    //处理每一结果行
                    System.out.print(rs.getString(1) + "\t");
                    System.out.print(rs.getString(2) + "\t");
                    System.out.print(rs.getInt(3)+"\t");
                    System.out.println(rs.getInt(3));
                }

            } catch (Exception e) {
                System.out.println("发生异常，细节信息为：");
                e.printStackTrace();
            }
        }
    }
```

程序输出结果如图 11.31 所示。

产品编号	产品名称	产品数量	产品单价
1	cpu	10	10
2	notebook	20	20
3	bag	10	10
4	mouse	5	5

图 11.31　案例输出结果

11.4.2　知识点详解

1. 导入 JDBC 类

实现基本的利用 JDBC 访问数据库，必须导入几个常用的 JDBC 类和接口，如 java.sql.DriverManager(驱动程序管理)、java.sql.Connection(实现连接数据的处理)、

java.sql.SQLException(处理 SQL 操作失败引起的异常)、java.sql.Statement 和 java.sql.ResultSet(实现 SQL 的相关处理)等。可以用 import 语句将这些类导入到 Java 程序中。由于这些类放在 java.sql 包中，也可以直接用 import java.sql.*语句将它们导入到 Java 程序中。

2. 安装 JDBC 驱动器

安装 JDBC 驱动前首先需要确定使用的数据库类型，然后找到相应的 JDBC jar 驱动包。驱动包是一个软件，一般由开发商提供。例如 Microsoft SQL Server 2000 能在 Microsoft 公司的网站上找到相应的驱动进行下载。另外 Sun 公司在网站上也提供了常用驱动程序的介绍和相关下载，用户可以根据需要下载。找到驱动后，只需要将 JDBC 驱动包(一般来说是一个 jar 文件)放入 CLASSPATH 中即可。

3. 建立连接

Connection 对象代表与数据库的连接。连接过程包括所执行的 SQL 语句和在该连接上所返回的结果。一个应用程序可与单个数据库有一个或多个连接。打开连接与数据库建立连接的标准方法是调用 DriverManager.getConnection 方法。该方法接受含有某个 URL 的字符串。DriverManager 类将尝试找到可与那个 URL 所代表的数据库进行连接的驱动程序。DriverManager 类保存有已注册的 Driver 类的清单。当调用方法 getConnection 时，它将检查清单中的每个驱动程序，直到找到可与 URL 中指定的数据库进行连接的驱动程序为止。Driver 的方法 connect 使用这个 URL 来建立实际的连接。用户可绕过 JDBC 管理层直接调用 Driver 的方法。这在以下特殊情况下将很有用：当两个驱动器可同时连接到数据库中，而用户需要明确地选用其中特定的驱动器。下述代码显示如何打开一个与位于 URL"jdbc:odbc:wombat"的数据库的连接。所用的用户标识符为"dont"，口令为"dont1234"：

```
    String url = "jdbc:odbc:wombat";
    Connection con = DriverManager.getConnection(url, "dont", "dont1234");
```

下面给出几种比较常见的数据的 JDBC 驱动和 URL 连接。

1) Oracle 数据库(thin 模式)

```
    Class.forName("oracle.jdbc.driver.OracleDriver").newInstance();
    String url="jdbc:oracle:thin:@localhost:1521:student"; //student 为数据库的
SID
    String user="test";
    String password="test";
    Connection conn= DriverManager.getConnection(url,user,password);
```

2) DB2 数据库

```
    Class.forName("com.ibm.db2.jdbc.app.DB2Driver ").newInstance();
    String url="jdbc:db2://localhost:5000/ student "; // student 为数据库名
    String user="admin";
    String password="";
    Connection conn= DriverManager.getConnection(url,user,password);
```

3) Sql Server 7.0/2000 数据库

```
    Class.forName("com.microsoft.jdbc.sqlserver.SQLServerDriver").newInstanc
e();
```

```
    String      url="jdbc:microsoft:sqlserver://localhost:1433;DatabaseName=
student ";
    // student 为数据库名
    String user="sa";
    String password="";
    Connection conn= DriverManager.getConnection(url,user,password);
```

4) Sybase 数据库

```
    Class.forName("com.sybase.jdbc.SybDriver").newInstance();
    String url =" jdbc:sybase:Tds:localhost:5007/ student ";// student 为数据
库名
    Properties sysProps = System.getProperties();
    SysProps.put("user","userid");
    SysProps.put("password","user_password");
    Connection conn= DriverManager.getConnection(url, SysProps);
```

5) Informix 数据库

```
    Class.forName("com.informix.jdbc.IfxDriver").newInstance();
    String url = "jdbc:informix-sqli://123.45.67.89:1533/ student:INFORMIXSERVER
=myserver;
    user=testuser;password=testpassword"; // student 为数据库名
    Connection conn= DriverManager.getConnection(url);
```

6) MySQL 数据库

```
    Class.forName("org.gjt.mm.mysql.Driver").newInstance();
    //或 Class.forName("com.mysql.jdbc.Driver");
    String  url="jdbc:mysql://localhost/student?user=soft&password=soft1234&
useUnicode= true&characterEncoding=8859_1"
    // student 为数据库名
    Connection conn= DriverManager.getConnection(url);
```

7) PostgreSQL 数据库

```
    Class.forName("org.postgresql.Driver").newInstance();
    String url ="jdbc:postgresql://localhost/ student " // student 为数据库名
    String user="myuser";
    String password="mypassword";
    Connection conn= DriverManager.getConnection(url,user,password);
```

8) Access 数据库

```
    Class.forName("sun.jdbc.odbc.JdbcOdbcDriver") ;
    String url="jdbc:odbc:Driver={MicroSoft Access Driver (*.mdb)}; DBQ= "
+application.getRealPath("/Data/ student.mdb");
    Connection conn = DriverManager.getConnection(url,"","");
    Statement stmtNew=conn.createStatement() ;
```

11.4.3　案例分析

语句：

```
    String dbURL = "jdbc:microsoft:sqlserver://localhost:1433;DatabaseName=
lesson";
    String userName = "sa";                                    //SQL 用户名
```

```
    String userPwd = "as";                                    //密码
```

定义了连接的 URL。

URL(统一资源定位符)提供在 Internet 上定位资源所需的信息，可将它想象为一个地址。URL 的第一部分指定了访问信息所用的协议，后面跟着冒号。常用的协议有 FTP(File Transfer Protocol，文件传输协议)和 HTTP(HyperText Transfer Protocol，超文本传输协议)。URL 的其余部分(冒号后面的)给出了数据资源所处位置的有关信息。对于 FTP 和 HTTP 协议，URL 的其余部分标识了主机并可选地给出某个更详尽的地址路径。例如，以下是天津工程师范学院主页的 URL：http://www.tute.edu.cn。

JDBC URL 提供了一种标识数据库的方法，可以使相应的驱动程序能识别该数据库并与之建立连接。实际上，由驱动程序决定用什么 JDBC URL 来标识特定的驱动程序。用户不需要关心如何来形成 JDBC URL；他们只需使用与所用的驱动程序一起提供的 URL 即可。JDBC 的作用是提供某些约定，只有符合这些约定的 JDBC URL 才是有效的。

因为 JDBC URL 要能够与不同的驱动程序一起使用，所以这些约定必须非常灵活。需要满足的要求有如下几点。

(1) 它们应允许不同的驱动程序使用不同的方案来命名数据库。例如，ODBC 子协议允许(但并不是要求)URL 含有属性值。

(2) JDBC URL 应允许驱动程序程序员将一切所需的信息编入其中。这样就可以让要与给定数据库对话的 Applet 打开数据库连接，而无须要求用户去做任何系统管理工作。

(3) JDBC URL 应允许某种程度的间接性。JDBC URL 可指向逻辑主机或数据库名，而这种逻辑主机或数据库名将由网络命名系统动态地转换为实际的名称。这可以使系统管理员不必将特定主机声明为 JDBC 名称的一部分。

JDBC URL 的标准语法如下所示。它由 3 部分组成，各部分间用冒号分隔：

```
jdbc:< 子协议 >:< 子名称 >
```

JDBC URL 的 3 个部分含义如下。

(1) jdbc 指当前应用的是 JDBC 协议。JDBC URL 中的协议总是 jdbc。

(2) <子协议>指驱动程序名或数据库连接机制(这种机制可由一个或多个驱动程序支持)的名称。

(3) ＜子名称＞是标识数据库的方法。子名称可以根据不同的子协议而变化。它还可以有子名称的子名称(含有驱动程序编程员所选的任何内部语法)。使用子名称的目的是为定位数据库提供足够的信息。位于远程服务器上的数据库往往需要更多的信息。例如，如果数据库是通过 Internet 来访问的，则在 JDBC URL 中应将网络地址作为子名称的一部分包括进去，且必须遵循如下所示的标准 URL 命名约定：//主机名：端口/子协议。

11.4.4 本节小结

本小节通过实例介绍了利用 JDBC 实现 SQL 数据库访问。在知识点讲解部分详细讲解了如何导入 JDBC 类、安装 JDBC 驱动器、建立连接，具体介绍了各种不同的数据库的连接方式。在案例分析部分详细介绍了 JDBC URL 的应用方式。

11.4.5 自测练习

问答题

1. 实现基本的利用 JDBC 访问数据库，必须导入哪几个常用的 JDBC 类和接口？
2. JDBC URL 的标准语法是怎样的？

11.5 ATM 模拟系统

【案例 11-5】实现一个 ATM 模拟系统，该系统能够提供用户登录、提款等操作。

11.5.1 案例代码

```
    package liti;
    import java.awt.*;
    import java.awt.event.*;
    import java.sql.*;
    import java.text.*;
    import javax.swing.*;
    import javax.swing.event.*;

    public class ATM extends JFrame {

        private JTextField noteJTextField;
        private JLabel IDJLabel;
        private JLabel PWDJLabel;
        private JLabel WDMountLabel;
        private JTextField IDJTextField;
        private JTextField PWDJTextField;
        private JTextField WDMountJTextField;
        private JPanel buttonsJPanel;
        private JButton enterJButton;
        private JButton balanceJButton;

        private JButton withdrawJButton;
        private JButton doneJButton;
        private final static int ENTER_pwd = 1;
        private final static int WITHDRAWAL = 2;
        private String password, name;
        private int flagOfAction = 1;
        private String userID, userpwd;
        private double balance;
        private Connection conn;
        private Statement stmt;
        private ResultSet rs;
        private String databaseDriver;
        private String databaseURL;
        public ATM() {
            databaseDriver = "com.microsoft.jdbc.sqlserver.SQLServerDriver";
            databaseURL = "jdbc:microsoft:sqlserver://localhost:1433;Database
Name=lesson";
```

```
            try {
                Class.forName(databaseDriver);
                conn = DriverManager.getConnection(databaseURL, "sa", "sa");
                stmt = conn.createStatement();
            } catch (SQLException exception) {
                exception.printStackTrace();
            } catch (ClassNotFoundException exception) {
                exception.printStackTrace();
            }
            work();
        }

        private void work() {
            Container contentPane = getContentPane();
            contentPane.setLayout(null);

            noteJTextField = new JTextField();
            noteJTextField.setBounds(40, 16, 288, 21);
            noteJTextField.setText("请输入您的账号信息");
            noteJTextField.setBorder(BorderFactory.createLoweredBevelBorder());
            noteJTextField.setEditable(false);
            contentPane.add(noteJTextField);
            IDJLabel = new JLabel();
            IDJLabel.setBounds(50, 60, 100, 21);
            IDJLabel.setText("账  号:");
            contentPane.add(IDJLabel);
            IDJTextField = new JTextField();
            IDJTextField.setBounds(110, 60, 128, 21);
            IDJTextField.setBorder(BorderFactory.createLoweredBevelBorder());
            IDJTextField.setEditable(true);
            contentPane.add(IDJTextField);
            PWDJLabel = new JLabel();
            PWDJLabel.setBounds(50, 85, 100, 21);
            PWDJLabel.setText("密  码:");
            contentPane.add(PWDJLabel);
            PWDJTextField = new JTextField();
            PWDJTextField.setBounds(110, 85, 128, 21);
            PWDJTextField.setBorder(BorderFactory.createLoweredBevelBorder());
            PWDJTextField.setEditable(true);
            contentPane.add(PWDJTextField);
            WDMountLabel = new JLabel();
            WDMountLabel.setBounds(50, 110, 100, 21);
            WDMountLabel.setText("提取金额:");
            WDMountLabel.setEnabled(false);
            contentPane.add(WDMountLabel);
            WDMountJTextField = new JTextField();
            WDMountJTextField.setBounds(110, 110, 128, 21);
            WDMountJTextField.setBorder(BorderFactory.createLoweredBevel
Border());
            WDMountJTextField.setEditable(true);
            WDMountJTextField.setEditable(false);
            contentPane.add(WDMountJTextField);
            buttonsJPanel = new JPanel();
            buttonsJPanel.setBounds(44, 150, 276, 150);
            buttonsJPanel.setBorder(BorderFactory.createEtchedBorder());
```

```
        buttonsJPanel.setLayout(null);
        contentPane.add(buttonsJPanel);
        enterJButton = new JButton();
        enterJButton.setBounds(49, 17, 72, 24);
        enterJButton.setText("确定");
        enterJButton.setBorder(BorderFactory.createRaisedBevelBorder());
        buttonsJPanel.add(enterJButton);
        enterJButton.setEnabled(true);
        enterJButton.addActionListener(new ActionListener() {
            public void actionPerformed(ActionEvent event) {
                enterJButtonActionPerformed(event);
            }
        });
        balanceJButton = new JButton();
        balanceJButton.setBounds(149, 17, 72, 24);
        balanceJButton.setText("余额");
        balanceJButton.setBorder(BorderFactory.createRaisedBevelBorder());
        buttonsJPanel.add(balanceJButton);
        balanceJButton.setEnabled(false);
        balanceJButton.addActionListener(new ActionListener() {
            public void actionPerformed(ActionEvent event) {
                balanceJButtonActionPerformed(event);
            }
        });
        withdrawJButton = new JButton();
        withdrawJButton.setBounds(49, 70, 72, 24);
        withdrawJButton.setText("提款");
        withdrawJButton.setBorder(BorderFactory.createRaisedBevelBorder());
        withdrawJButton.setEnabled(false);
        buttonsJPanel.add(withdrawJButton);
        withdrawJButton.addActionListener(new ActionListener() {
            public void actionPerformed(ActionEvent event) {
                withdrawJButtonActionPerformed(event);
            }
        });
        doneJButton = new JButton();
        doneJButton.setBounds(149, 70, 72, 24);
        doneJButton.setText("退出");
        doneJButton.setBorder(BorderFactory.createRaisedBevelBorder());
        doneJButton.setEnabled(false);
        buttonsJPanel.add(doneJButton);
        doneJButton.addActionListener(new ActionListener() {
            public void actionPerformed(ActionEvent event) {
                doneJButtonActionPerformed(event);
            }
        });
        setTitle("ATM");
        setSize(375, 410);
        setVisible(true);
        addWindowListener(new WindowAdapter() {
            public void frameWindowClosing(WindowEvent event) {
                frameWindowClosing(event);
            }
        });
    }
```

```
    private void enterJButtonActionPerformed(ActionEvent event) {
        doneJButton.setEnabled(true);
        if (flagOfAction == ENTER_pwd) {
            retrieveAccountInformation();
            userpwd = IDJTextField.getText();
            IDJTextField.setText("");
            PWDJTextField.setText("");
            password = password.trim();
            userpwd = userpwd.trim();
            if (userpwd.equals(password)) {

                enterJButton.setEnabled(false);
                balanceJButton.setEnabled(true);
                withdrawJButton.setEnabled(true);

                noteJTextField.setText("用户：" + name + "欢迎您，请选择服务.");
                PWDJTextField.setEditable(false);
                PWDJTextField.setEnabled(false);
                IDJTextField.setEditable(false);
                IDJTextField.setEnabled(false);
            } else {
                noteJTextField.setText("对不起，密码错误，请重新输入.");
                userpwd = "";
            }
        } else if (flagOfAction == WITHDRAWAL) {
            enterJButton.setEnabled(true);
            withdraw(Double.parseDouble(WDMountJTextField.getText()));
            WDMountJTextField.setText("");
            balanceJButton.setEnabled(true);
            withdrawJButton.setEnabled(true);
        }
    }

    private void balanceJButtonActionPerformed(ActionEvent event) {
        DecimalFormat dollars = new DecimalFormat("0.00");
        noteJTextField.setText("当前余额为: $" + dollars.format(balance) +
".");
    }

    private void withdrawJButtonActionPerformed(ActionEvent event) {
        enterJButton.setEnabled(true);
        WDMountLabel.setEnabled(true);
        WDMountJTextField.setEditable(true);
        noteJTextField.setText("输入您要提取的金额");
        flagOfAction = WITHDRAWAL;
    }

    private void doneJButtonActionPerformed(ActionEvent event) {
        userpwd = "";
        enterJButton.setEnabled(true);
        balanceJButton.setEnabled(false);
        withdrawJButton.setEnabled(false);
        doneJButton.setEnabled(false);
```

```
        noteJTextField.setText("请输入您的账号信息.");

        IDJTextField.setText("");
        PWDJTextField.setText("");
        IDJTextField.setEditable(true);
        PWDJTextField.setEditable(true);
        IDJTextField.setEnabled(true);
        PWDJTextField.setEnabled(true);
        WDMountJTextField.setText("");
        WDMountJTextField.setEditable(false);
        WDMountLabel.setEnabled(false);
        flagOfAction = ENTER_pwd;
    }

    private void withdraw(double withdrawAmount) {

        if (withdrawAmount <= balance) {
            balance -= withdrawAmount;

            updateBalance();
            DecimalFormat dollars = new DecimalFormat("0.00");
            noteJTextField.setText("您要提取的金额为 $"
                    + dollars.format(withdrawAmount) + ".");
        } else {
            noteJTextField.setText("提取金额超过账户余额,请重新输入.");
        }
    }

    private void retrieveAccountInformation() {
        userID = PWDJTextField.getText().trim();
        try {
            rs = stmt.executeQuery("SELECT password, "
                    + "name, balanceAmount FROM accountInformation "
                    + "WHERE ID = '" + userID + "'");
            if (rs.next()) {
                password = rs.getString("password");
                name = rs.getString("name");
                balance = rs.getDouble("balanceAmount");
            }
            rs.close();
        } catch (SQLException exception) {
            exception.printStackTrace();
        }
    }

    private void updateBalance() {
        try {
            stmt.executeUpdate("UPDATE accountInformation"
                    + " SET balanceAmount = " + balance + " WHERE "
                    + "ID = '" + userID + "'");
        } catch (SQLException exception) {
            exception.printStackTrace();
        }
    }
```

```
    private void frameWindowClosing(WindowEvent event) {
        try {
            stmt.close();
            conn.close();
        } catch (SQLException sqlException) {
            sqlException.printStackTrace();
        } finally {
            System.exit(0);
        }
    }

    public static void main(String[] args) {
        ATM atm = new ATM();
    }
}
```

11.5.2 知识点讲解

1. 执行 SQL 语句

创建了 Statement 类的实例后，可调用其中的方法执行 SQL 声明，JDBC 中提供了 3 种执行方法，它们是 execute(),executeQuery(),executeUpdate()。

1) executeQuery 方法

```
public abstract ResultSet executeQuery(String sql)throw SQLExecption
```

这个方法一般用于执行 SQL 的 SELECT 声明。它的返回值是执行 SQL 声明后产生的一个 ResultSet 类的实例。利用 ResultSet 类中的方法可以查看相应的结果。

2) executeUpdate 方法

```
public abstract int executeUpdate(String sql) throw SQLException
```

这个方法一般用于执行 SQL 的 INSERT、UPDATE 或 DELETE 声明，或者执行无返回值的 SQL DDL(Data Definition Language，数据定义语言)声明，例如 CREATE 或 DROP 声明等。

当执行 INSERT 等 SQL 声明时，此方法的返回值是执行了这个 SQL 声明后所影响的记录的总行数。若返回值为 0，则表示执行未对数据库造成影响。若执行的声明是 SQL DDL 声明时，返回值也是 0。

3) execute 方法

```
public abstract boolean execute(String sql) throw SQLException
```

这个方法比较特殊，一般只有在用户不知道执行 SQL 声明后会产生什么结果或可能有多种类型的结果产生时才会使用。例如，执行一个存储过程(Stored Procedure)时，其中可能既包含 DELETE 声明又包含了 SELECT 声明，因而执行后，既产生了一个 ResultSet，又影响了相关记录，即有两种类型的结果产生，这时必须用方法 excute()执行以获取完整的结果。execute()的执行结果允许产生多个 ResultSet，或多条记录被影响，或是两者都有。

由于执行结果的特殊性，所以对调用 execute()后产生的结果的查询也有特定方法。

execute()这个方法本身的返回值是一个布尔值，当下一个结果为 ResultSet 时它返回

true，否则返回 false。

同时，3 种方法 execute、executeQuery 和 executeUpdate 已被更改以使之不再需要参数。这些方法的 Statement 形式(接受 SQL 语句参数的形式)不应用于 PreparedStatement 对象。

2. 处理结果

结果集 ResultSet 是用来代表执行 SQL 声明后产生的结果集合的抽象接口类。它的实例对象一般在 Statement 类或者它的子类通过方法 execute 或 executeQuery 执行 SQL 语句后产生，包含有这些语句的执行结果。ResultSet 的通常形式类似于数据库中的表，包含有符合查询要求的所有行中的指定行。下面建立一张表 Student，其结构见表 11-1。

表 11-1 表 Student 结构

ID	姓　名	性　别	年　龄
1	Joey	Male	30
2	Rachel	Female	29
3	Phoebee	Female	28

对表 Student 执行如下的查询语句，并通过 ResultSet 取得结果：

```
ResultSet rs=stmt.executeQuery("SELECT ID,姓名 FROM student WHERE 年龄>=29);
```

则所得到的结果集实例 rs 包括的内容见表 11-2。

表 11-2 查询结果

ID	姓　名
1	Joey
2	Rachel

由于一个结果集可能包含有多个符合要求的行，为了读取方便，使用读指针(Cursor)来标记当前行。指针的初始位置指向第一行之前，ResultSet 类中提供 next 方法来移动指针，每调用一次 next 方法，指针下移一行：

```
public abstract boolean next()
```

当指针所指已经是结果集最后一行时，再调用 next 方法，返回值为 false，表明结果集已处理完毕。因而，通常处理结果集的程序段具有下面的结构：

```
while(rs.next())
{...
    //处理每一结果行
}
```

要注意的是，结果集的第一条也要在第一次调用 next 方法后才能取到。

在取得当前行后，ResultSet 类通过一系列的 get 方法提供从当前行获得指定列的列值的手段。这一系列方法的形式为：

get+列值类型(列名)

get+列值类型(列序号)

其中列名和列序号都用来指定要获取值的列。如前面创建的 rs 对象可通过执行下面的

语句来取值：

```
rs.getInt("ID");
rs.getString("姓名");
```

也可以等价地执行如下语句：

```
rs.getInt(1);
rs.getString(2);
```

在一行中，各列的值可以任意顺序读取。但为了保持最大的可移植性，通常是从左至右取值，且每列只读取一次。当一个结果集中可能有两个或两个以上列同名时，最好使用列序号来指定所需的列。列序号也是从左至右编号，以序号 1 开始。

对应 get 方法指定的类型，JDBC Driver 总是试图将数据库实际定义的数据类型转化为适当的 Java 定义的类型。例如，对数据库的 VARCHAR 类型数据执行 getString 方法，将返回 Java 的 String 类对象。ResultSet 还提供了另外一个有用的方法 getObject。它可以将任意数据类型返回为 Java 的 Object 类对象，对于获取数据库特定的抽象类和编写通用程序都很有效。具体的类型对应转换如下所示。

getByte　　Java 中 byte 类型。
getShort　　Java 中 short 类型。
getInt　　Java 中 int 类型。
getLong　　Java 中 long 类型。
getFloat　　Java 中 float 类型。
getDouble　　Java 中 double 类型。
getBigDecimal　　Java 中 bigdecimal 类型。
getBoolean　　Java 中 boolean 类型。
getString　　Java 中 string 类型。
getBytes　　Java 中 bytes 类型。
getDate　　Java 中 date 类型。
getTime　　Java 中 time 类型。
getTimestamp　　Java 中 timestamp 类型。
getAsciiStream　　Java 中 asciistream 类型。
getUnicodeStream　　Java 中 unicodestream 类型。
getBinaryStream　　Java 中 binarystream 类型。
getObject　　Java 中 object 类型。

当使用 getXXX 方法(例如 getString、getBigDecimal、getBytes、getDate、getTime、getTimestamp、getAsciiStream、getUnicodeStream、getBinaryStream、getObject 等)读取 JDBC NULL 值时，返回 Java NULL 值。读取 JDBC NULL 时，对于 getByte、getShort、getInt、getLong、getFloat 和 getDouble，返回零值；对于 getBoolean，返回 false 值。

此外，ResultSet 中比较有用的方法还有以下 3 种。

(1) public abstract int findColumn(String Columnname)

该方法的功能是根据所给出的结果集列名找出对应的列序号。

(2) public abstract boolean wasNull()

该方法的功能是检查最新读入的一个列值是否为 SQL 的空(Null)类型值。注意要首先用 get 方法读入某列，再调用本方法来检查是否为空。

(3) public abstract void close()

该方法的功能是关闭结果集。一般情形下，结果集无须显式关闭。当产生结果集的声明类对象关闭或再次执行时将自动关闭相应的结果集。当读取多个结果集的下一结果时，前一个结果集也将自动关闭。但在某些特定情况下，需要强制关闭以及进释放资源。

下面简单介绍一些常用的方法。

(1) boolean absolute(int row) throws SQLException //移动记录指针到指定的记录

(2) void beforeFirst() throws SQLException //移动记录指针到第一笔记录之前

(3) void afterLast() throws SQLException //移动记录指针到最后一笔记录之后

(4) boolean first() throws SQLException //移动记录指针到第一笔记录

(5) boolean last() throws SQLException //移动记录指针到最后一笔记录

(6) boolean next() throws SQLException //移动记录指针到下一笔记录

(7) boolean previous() throws SQLException //移动记录指针到上一笔记录

(8) void deleteRow() throws SQLException //删除记录指针指向的记录

(9) void moveToInsertRow() throws SQLException //移动记录指针以新增一笔记录

(10) void moveToCurrentRow() throws SQLException //移动记录指针到被记忆的记录

(11) void insertRow() throws SQLException //新增一笔记录到数据库中

(12) void updateRow() throws SQLException //修改数据库中的一笔记录

(13) void update 类型(int columnIndex,类型 x) throws SQLException //修改指定字段值

(14) int get 类型(int columnIndex) throws SQLException //取得指定字段的值

(15) ResultSetMetaData getMetaData() throws SQLException //取得 ResultSetMetaData 类对象

在大多数情况下，获得结果集的形式和结构应当是十分清楚的。但有时也可能在获得结果前对结果集不甚了解，此时就需要用到 ResultSet 的辅助类 ResultSetMetaData 来获得对结果集的列的数目、列值类型和其他特性的描述性信息。这个类在编写通用性的数据库操作程序时也是十分有用的。

ResultSetMetaData 的对象通过 ResultSet 的方法 getMetaData 获得。比如假设 rs 是已获得的结果集，可以用下面语句来获得该结果集对应的信息描述对象：

```
ResultSetMelaData rmd=rs.getMetaData();
```

ResultSetMetaData 类提供了大量有用的方法以获取有关结果集的信息。这些方法主要包括如下几种。

(1) Public abstract int getColumnCount()

该方法的功能是获得结果集的总列数。

(2) public abstract int getColumnDisplaySize(int column)

该方法的功能是获得指定序号代表的列的最大长度(以字符表示)。

(3) Public abstract String getColumnLable(int column)

该方法的功能是获得指定序号列用于显示时的建议标题。

(4) public abstract String getColumnName(int column)

该方法的功能是获得指定序号列的名称。

(5) public abstract int getColumnType(int column)

该方法的功能是获得指定序号列对应于包 sql 类 Types 定义的类的相应整数值。

(6) public abstract String getColumnTypeName(int column)

该方法的功能是获得指定序号列在数据源中特定的 SQL 类名。

(7) public abstract boolean lsReadOnly(int column)

该方法的功能是检查指定序号列是否只可读不可写。若为只可读的列，返回值 true；否则返回值 false。

(8) public abstract boolean isDefinitelyWritable(int column)

该方法的功能是检查指定序号列是否可写。

(9) public abstract int getPrecision(int column)

该方法的功能是通过返回列值允许的小数位个数获得指定序号列的精度。

11.5.3 案例分析

进行数据库的操作开销非常大，当数据库操作完成后，需要关闭数据库的连接，包括 ResultSet，Statement，Connection。具体代码如下：

```
//关闭 ResultSet
try{
    if(rs!=null){
        rs.close();
}
}catch(Exception e){}
//关闭 Statement
try{
    if(stmt!=null){
        stmt.close();
}
} catch(Exception e){}
//关闭 Connection
try{
    if(!conn.isClosed()){
        conn.close();
}
}catch(Exception e){}
```

11.5.4 本节小结

本小节通过实例具体介绍了如何利用 JDBC 实现 SQL 数据库操作，详细分析了如何执行 SQL 语句、处理结果集。案例分析部分指出，当数据库操作完成后，需要关闭数据库的连接，包括 ResultSet，Statement，Connection，并给出了具体的实现代码。

11.5.5 自测练习

一、选择题

1．接口 Statement 中的_______方法用于从数据库表中提取数据。

A．executeQuery　　　　　　B．select

C．executeUpdate　　　　　　　　D．以上都不正确

2．接口 Statement 中的_______方法用于修改数据库表中的数据。

A．executeQuery　　　　　　　　B．select

C．executeUpdate　　　　　　　　D．以上都不正确

3．当数据库操作完成后，需要关闭数据库的连接，包括_______。

A．ResultSet　　B．Statement　　C．Connection　　D．以上全部

二、简答题

简述利用 JDBC 来访问特定的数据库，实现对各种数据的操作，具体有哪些步骤。

11.6　安装 SQL Server 2000 Driver for JDBC

【案例 11-6】为了保证 JDBC 正常访问 SQL 数据库，需要安装 SQL Server 补丁，并安装 SQL Server 2000 Driver for JDBC。

11.6.1　实现步骤

(1) 首先找到 SQL Server 补丁安装文件，然后双击该安装文件。出现图 11.32 所示的对话框，询问文件保存位置。如果需要更改，单击“更改”按钮。此处不需要更改，直接单击“下一步”按钮进入下一步安装。

(2) 完成步骤(1)后，开始解压缩文件，如图 11.33 所示。解压完成后单击“下一步”按钮进入下一步安装。

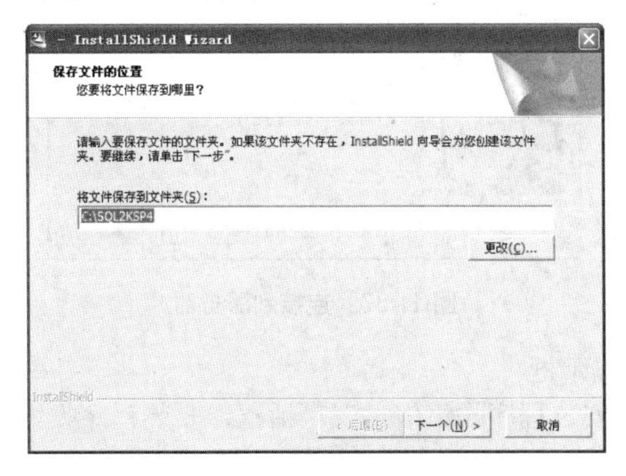

图 11.32　保存位置对话框

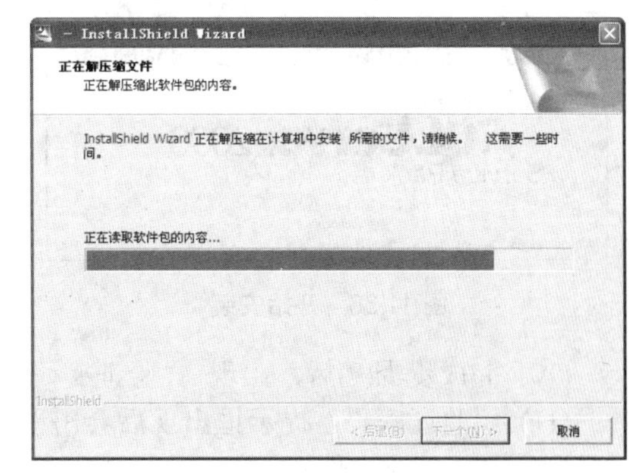

图 11.33　解压文件对话框

(3) 解压完成后，出现图 11.34 所示的安装完成对话框。

(4) 此时资源管理器如图 11.35 所示，在步骤(1)中指定的位置出现 SQL2KSP4 文件夹，安装文件解压完成。

图 11.34 安装完成

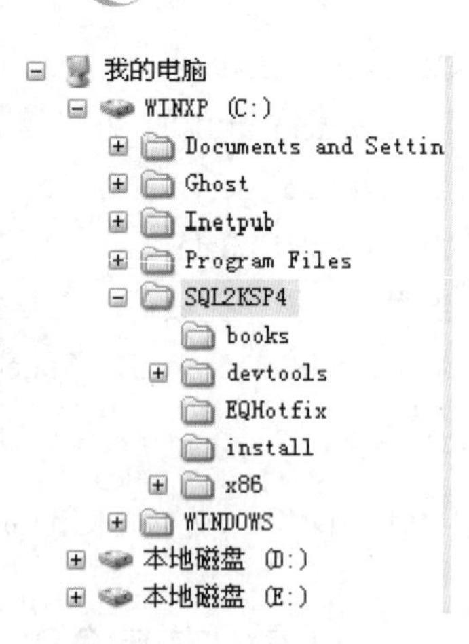

图 11.35 资源管理器

(5) 进入 SQL2KSP4 文件夹，双击 setup.bat 文件，开始安装，如图 11.36 所示。

(6) 在出现“欢迎”对话框中单击“下一步”按钮进入下一步安装。

(7) 完成步骤(6)后，出现“软件许可协议”对话框，单击“是”按钮，进入下一步操作。

(8) 完成步骤(7)后，出现“实例名”对话框，此处选择“默认”选项，单击“下一步”按钮进入下一步操作。

(9) 完成步骤(8)后，出现如图 11.37 所示“连接到服务器”对话框。在“请输入 sa 密码”文本框内输入数据库密码，单击“下一步”按钮进入下一步操作。

图 11.36 开始安装

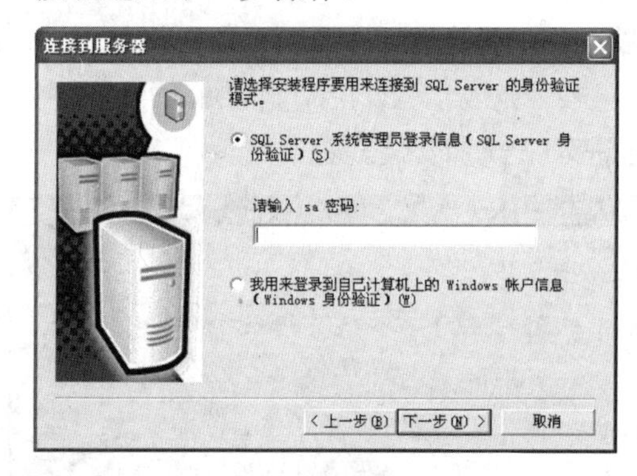

图 11.37 连接到服务器

(10) 完成步骤(9)后，出现 “验证密码”提示框。

(11) “验证密码”提示框出现后会出现“安装程序收集信息”对话框，安装程序收集信息后会开始复制文件。

(12) 文件复制完成后，安装程序开始安装 MDAC 组件。

(13) MDAC 安装完成后，出现安装进度条。

(14) 安装完脚本后，会继续出现升级进程对话框和注册 ActiveX 组件对话框，上述组件安装完成后，出现“安装”对话框要求备份数据库，单击“确定”按钮完成数据库的备份，进入下一步安装。

(15) 完成步骤(14)后，出现“安装完毕”对话框，单击“完成”按钮，完成补丁的安装。

(16) 安装 SQL Server 2000 Driver for JDBC。该驱动程序可以从 Sun 和 MicroSoft 公司

的站点下载。下载到本地后，单击 setup.exe 文件，出现安装向导，开始安装。

(17) 完成步骤(16)后，出现“欢迎”对话框，单击 Next 按钮，进入下一步安装。

(18) 完成步骤(17)后，出现“安装协议”对话框，单击 I accept the terms in the license agreement 单选按钮，单击 Next 按钮，进入下一步安装。

(19) 完成步骤(18)后，出现“安装类型”对话框，单击 Complete 单选按钮，安装完全类型的安装。

(20) 完成步骤(19)后，进入“准备安装”对话框，单击 Install 按钮，开始安装。

(21) 完成步骤(20)后，出现安装进度对话框。单击 Cancel 按钮可以取消当前的安装。

(22) 完成步骤(21)后，出现 “安装完成”对话框，单击 Finish 按钮完成安装。

11.6.2 本节小结

本小节详细介绍了安装 SQL Server 2000 的补丁文件，以及安装 SQL Server 2000 Driver for JDBC 的具体步骤。要想 JDBC 正常访问 SQL Server 2000 数据库，必须安装上述补丁及驱动程序。

11.6.3 自测练习

测试安装 SQL Server 2000 及 sp4 补丁。

11.7 本章小结

本章首先通过具体实例介绍了安装 Microsoft SQL Server 2000 数据库管理系统的过程，并对在安装过程中需要注意的问题进行了分析。在上述基础上，建立了数据库，并在其中建立一个学生表。接下来，通过具体实例讲解了如何利用 JDBC-ODBC 访问 Access 数据库、SQL 数据库，并分析了其中涉及的知识点。然后完成了一个 ATM 模拟系统，该系统是本章知识的综合。最后详细讲解了安装 SQL Server 2000 的补丁以及 SQL Server 2000 Driver for JDBC 的具体步骤。

11.8 本章习题

问答题

1. 简述数据库、数据库管理系统、数据库系统的基本概念。
2. 简述数据库领域中最常用的数据模型。
3. 简述数据库的体系结构。
4. 简述 SQL 包括的所有对数据库的操作。
5. 简述 JDBC 的基本概念及其优缺点。
6. 简述 JDBC Drivers 提供的数据库驱动方式。
7. 编写一个基于 Microsoft Access 2003 数据库系统的房地产开发商开发项目管理系统，该系统能够实现对开发项目进行简单的管理功能。
8. 某单位要对员工信息进行信息化管理，要求系统能够对员工信息进行有效的添加、

修改、删除和查询等操作。要求应用 MS SQL Sever 2000 数据库系统，系统的用户名为 sa，密码为 as。表 11-3 给出了所需要的表结构。

表 11-3 表结构

字 段 名	数 据 类 型	字 段 描 述
ID	String	员工 ID 号
name	String	员工姓名
sex	String	性别
birth	Date	出生日期
address	String	住址
phone	String	电话号码

11.9 综合实验项目 11

实验项目：编写一个超市货物管理模拟系统。

无论是现实世界中还是在计算机领域里，如何将数以万计的数据高效地存储并方便取用，一直是个重要的研究课题。在这方面，数据库是目前公认的有效工具。因此，开发有效的数据库应用系统是解决现实问题的重要方法与手段。本实验的目的在于使读者能够独立开发简单的数据库应用系统。

实验要求：要求系统实现以下功能。

(1) 首先创建一个货物数据表，表的内容见表 11-4。

表 11-4 货物数据表

产 品 编 号	产 品 名 称	产 品 数 量	产 品 单 价/元
0001	洗衣粉	10	5
0002	肥皂	20	4
0003	台灯	5	100
0004	护发素	20	26

(2) 系统能够将数据库内的货物信息进行显示。

(3) 超市售出一台台灯，系统显示出售台灯前后数据库内货物数量的变化情况。

(4) 超市新进护发素 10 瓶，系统显示购进护发素前后货物数量的变化情况。

(5) 超市新进货牛奶，将其编号为 0005，进货数量为 50 袋，价格为 3 元，系统能够显示进货前后货物数量上的变化。

(6) 超市将“护发素”下架不再出售，系统显示时将不再显示该货物信息。

(7) 将所有商品按照产品数量从少到多的顺序排序。

通过该实验掌握以下内容。

(1) 常用的 SQL 语句。

(2) JDBC 结构以及 JDBC 与数据库应用编程之间的关系。

(3) DriveManager 类的常用方法。

(4) Connection 类的常用方法。

(5) Statement 类的常用方法。

(6) ResultSet 类的常用方法。

第 12 章

Java Web 编程技术

教学目标

在本章中，读者将学到以下内容：

- URL 的概念、组成(协议、主机名、端口、文件名)
- URL 类、URL 类的构造方法和常用成员方法
- URLConnection 类
- Socket 的概念和通信机制
- Socket 类、ServerSocket 类
- 网络应用(URL 应用、Socket 应用、网络安全)
- JSP 基础知识
- JavaBean 的基础知识
- EJB 的基本知识

章节综述

Java 语言通过软件包 java.net 实现 URL 通信模式、Socket 通信模式、Datagram 通信模式 3 种网上通信模式。其中 URL 通信模式在使用 URL 通信时，它的底层仍使用流套接字方式；Socket 通信模式也称为流套接字通信模式；Datagram 通信模式也称为数据报套接字通信模式。

JSP 是由 Sun Microsystems 公司倡导许多公司参与一起建立的一种动态网页技术标准。JSP 是 Java Server Pages 的缩写，它能产生强大的动态 HTML 页面。JSP 是直接从 Java Servlet 扩展来的，这可以让开发人员在 JSP 中嵌入 Java 逻辑代码。JSP 文件必须以后缀 jsp 结尾。

用 JSP 开发的 Web 应用是跨平台的，能够在不同的操作系统上运行。JSP 技术使用 Java 编程语言编写类 XML 的 tags 和 scriptlets 来封装产生动态网页的处理逻辑。网页还能通过 tags 和 scriptlets 访问存在于服务器端的资源的应用逻辑。JSP 将网页逻辑与网页设计和显示分离，支持可重用的基于组件的设计，使基于 Web 的应用程序的开发变得迅速且容易。

Web 服务器在遇到访问 JSP 网页的请求时，首先执行其中的程序段，然后将执行结果连同 JSP 文件中的 HTML 代码一起返回给客户。插入的 Java 程序段可以操作数据库、重新定向网页等，以实现建立动态网页所需要的功能。JSP 与 Java Servlet 一样，是在服务器端执行的，通常返回该客户端的就是一个 HTML 文本，因此客户端只要有浏览器就能浏览。

在早期，JavaBean 最常用的领域是可视化领域，如 AWT(窗口抽象工具集)下的应用。在通常情况下，可以使用 JavaBean 构建如按钮、文本框、菜单等可视化 GUI。但是随着 B/S 结构软件的流行，非可视化的 JavaBean 越来越显示出自己的优势，它们被用于在服务器端实现事务封装、数据库操作等，很好地实现了业务逻辑层和视图层的分离，使得系统具有了灵活、健壮和易维护的特点。

在开发分布式对象系统时，常常需要考虑很多因素，包括可用性、可重复性、分布式交易、安全性、可扩展性、效能。EJB 描述的是服务器组件模型，此模型通过标准化方式，针对上述各点提出解决方案。这个标准化方法允许开发者开发名为 EJBs 的事务组件，使这些 EJBs 和低阶琐碎的程序代码隔离开来，能够专心事务规则的处理。

12.1 使用 URL 类获取信息

【案例 12-1】使用 URL 类获取 URL 指定的网上信息。

12.1.1 案例代码

```
package twelve;
import java.net.*;
import java.io.*;
public class URLSite {
    public static void main(String args[])
    {  if(args.length<1)
        {   System.out.println("请给出具体的访问 URL");
            System.exit(1);
        }
        else
        {   for(int i=0;i<args.length ;i++)
                urlSite(args[i]);
        }
    }
    public static void urlSite(String urlname)
    {   String s;
        URL url=null;
        InputStream urlstream=null;
        try
        {   url=new URL(urlname);       }
        catch(Exception e)
        {   System.out.println("URL 名字错误");  }
        try
        {   urlstream =url.openStream();
            DataInputStream dat=new DataInputStream(urlstream);
            while((s=dat.readLine())!=null)
            {   System.out.println(s);      }
        }catch(Exception e)
        {   System.out.println("URL 文件打开错误");  }
    }
}
```

12.1.2 知识点讲解

在 WWW 上，每一个信息资源都有统一且唯一的地址，该地址叫做 URL(Uniform Resource Locator，统一资源定位器)。它用来标识 Internet 网上资源的地址，也是 Internet 和 World Wide Web(WWW)的入口。URL 指向网络中某台机器上的资源，也可以指向其他资源，如服务器地址、命令输出等。下面就是一个 URL 地址：

http://www.tute.edu.cn:80/index.php

每个完整的 URL 由 4 部分组成，这 4 部分的划分及其含义见表 12-1。

表 12-1 URL 地址的构成

组 成 部 分	含 义
http	传输协议
www.tute.edu.cn	主机名或主机地址
80	通信端口号
index.php	文件名称

一般的通信协议都已经规定好了开始联络时的通信端口，例如，HTTP 协议的默认端口为 80，FTP 协议的默认端口号是 21。主机名和文件名是必须的，端口号是可选的。所以一般的 URL 地址只包含传输协议、主机名和文件名就足够了。

地址(Address)和端口(Port)是在网络通信中经常用到的两个概念。两个程序之间只有在地址和端口都达成一致时，才能建立连接。这与现实中通过邮局进行通信是一样的。通过网络进行通信的双方首先要知道对方的地址或者主机名，然后还要知道端口号，这样才能进行正常的通信。

地址主要用来区分计算机网络中的各个计算机，而端口号的定义可以理解为扩展的号码，具备一个地址的计算机可以通过不同的端口来与其他计算机进行通信。在 TCP 协议中，规定端口为一个 0～65535 之间的一个 16 位整数。其中 0～1023 被预先定义的通信占有，如果要进行通信编程，就要使用 1024～65535 中的某一个进行通信，以免发生端口冲突。

12.1.3 案例分析

URL 类是 java.net 包提供的 java.net.URL 类，在这个类库中封装了 URL 通信所需要的方法。要使用 URL 进行网络编程，就必须创建 URL 对象。

URL 类提供的用于创建 URL 对象的构造方法有以下 4 个。

(1) public URL(String spec) throws MalformedURLException 方法。这个构造方法使用 URL 的字符串 spec 来创建一个 URL 对象。若字符串 spec 中使用的协议是未知的，则抛出 MalformedURLException 异常，在创建 URL 对象时必须捕获这个异常。

(2) public URL(String protocol,String host,String file)throws MalformedURLException 方法。这个构造方法用指定的 URL 的协议名、主机名和文件名创建 URL 对象。参数中的 protocol 为协议名，host 为主机名，file 为文件名，端口号使用默认值。如果使用的协议是未知的，则会抛出 MalformedURLException 异常。

(3) public URL(String protocol,String host, String port,String file)throws Malformed URLException 方法。该构造方法与(2)相比，增加了 1 个端口号参数。

(4) public URL(URL context,String spec)throws MalformedURLException 方法。该构造方法用于创建相对的 URL 对象。方法中的参数 context 为 URL 对象，用于指定 URL 位置，参数 spec 是描述文件名的字符串。如果给出的协议为 null，则抛出 MalformedURLException 异常。

创建 URL 对象后，可以使用 java.net.URL 类的成员方法对创建的对象进行处理。Java.net.URL 的常用成员方法如下。

(1) public int getPort()：获取端口号。若端口号未设置，则返回 null。

(2) public String getProtocol()：获取协议名。若协议未设置，则返回-1。

(3) public String getHost()：获取主机名。若主机名未设置，则返回 null。

(4) public String getFile()：获取文件名。若文件名未设置，则返回 null。

(5) public Boolean equals(Object obj)：与指定的 URL 对象 obj 进行比较，如果相同则返回 true，否则返回 false。

(6) public final InputStream openStream()：获取输入流。若获取失败，则抛出一个 java.io.Exception 异常。

(7) public String toString()：将此 URL 对象转换成字符串形式。

12.1.4 本节小结

URL 类提供的最基本的网络功能是以流的形式读取 URL 上的资源，URL 类对象获取远程网络上信息的方法是 openStream()，通过此方法获取一个绑定到该 URL 地址指定资源的输入流，读取该输入流即可访问整个资源的内容。本小节通过使用 InputStream 类的子类 DataInputStream 类的对象，以字节为单位读取远程节点上的数据资源。

12.1.5 自测练习

问答题

1．如何利用 URL 来读取网络资源？

2．何为 URL 转发？

12.2 URL 常用类学习

12.2.1 Connection 类

URLConnection 类是一个抽象类，它是代表程序与 URL 对象之间建立通信连接的所有类的超类，通过此类的实例可以读/写 URL 对象所代表的资源。出于安全性的考虑，Java 程序只能对特定的 URL 进行写操作，这种 URL 就是服务器上的 CGI 程序。CGI 是公共网关接口(Common Gateway Interface)的简称，它是客户端浏览器与服务器进行通信的接口。

12.2.2 Socket 类

Socket 是网络通信中用到的重要机制。Socket 通常译为“套接字”，也可以译为“接口”。Socket 是指两台计算机上运行的两个程序之间的一个双向通信的连接点，而这个双向链路的每一端称为一个 Socket。Java 语言所采用的 Socket 通信是一种流式套接字，它采用 TCP 协议，通过提供面向连接的服务，实现客户/服务器双向、可靠的通信，它能保证发送的数据按顺序无重复地到达目的地。Java 语言的包 java.net 中提供了两个类：Socket 类和 ServerSocket 类。

建立连接的两个程序分别称为客户端(Client)和服务器端(Server)。Socket 类实现了客户端的双向连接，ServerSocket 类实现了服务器端的双向连接。客户端申请连接，而服务器端程序监听所有的端口，判断是否有客户程序的服务请求。当客户程序请求和某个端口连接时，服务器程序就将“套接字”连接到该接口上，此时，服务器与客户程序就建立了一个专用的虚拟连接。客户程序可以向套接字写入请求，服务器程序处理请求并把处理结果通过套接字返回。通信结束时，再将所建的连接拆除。

Socket 类和 ServerSocket 类分别包含如下几个构造方法。

(1) ServerSocket(int port)：在指定的端口创建一个服务器 Socket 对象。

(2) ServerSocket(int port,int count)：在指定的端口创建一个服务器 Socket 对象，并说明服务器所能支持的最大连接数。

(3) Socket(InetAddress,int port)：使用指定端口和本机 IP 地址创建一个 Socket 对象。

(4) Socket(String host,int port)：使用指定端口和主机创建 Socket 对象。

(5) Socket(InetAddress address,int port,boolean stream)：使用指定端口和本地 IP 地址创建一个 Socket 对象。若布尔参数为 true，则采用流式通信方式。

(6) Socket(String host,int port,Boolean stream)：使用指定端口和主机创建 Socket 对象。若布尔参数为 true，则采用流式通信方式。

Socket 常用的方法如下。

(1) void close() ：关闭套接字。

(2) InetAddress getInetAddress()：返回套接字连接的主机的 IP 地址。

(3) InputStream getInputStream()：返回套接字的输入流。

(4) int getLocalPort()：返回套接字绑定的本机端口号。

(5) int getPort()：返回套接字连接的服务器端口号。

(6) OutputStream getOutputStream()：返回套接字的输出流。

(7) int getSoTimeout()：返回套接字的最长等待时间。

(8) void setSoTimeout()：设置套接字的最长等待时间。

(9) void shutdownInput()：设置套接字的输入流为流的末尾。

(10) void shutdownOutput()：禁止套接字的输出流。

(11) String toString()：返回代表套接字的字符串。

ServerSocket 常用的方法如下。

(1) socket accept()：侦听到一个连接并接受。

(2) void close()：关闭套接字。

(3) int getLocalPort()：返回侦听到的端口号。

(4) int getSoTimeout()：返回套接字的最长等待时间。

(5) void setSoTimeout()：设置套接字的最长等待时间。

(6) InetAddress getInetAddress()：返回服务器的地址。

(7) String toString()：返回代表套接字的字符串。

客户端和服务器端的工作步骤分别如下。

1) 客户端

(1) 创建 Socket 并打开 Socket。

(2) 打开连接到 Socket 的输入/输出流。

(3) 读/写 Socket。

(4) 关闭 Socket。

2) 服务器端

(1) 创建 ServerSocket 对象并提供侦听服务。

(2) 侦听来自客户机的服务请求。

(3) 接受客户机请求并用返回的 Socket 建立连接。

(4) 向 Socket 中写入数据。

(5) 关闭 Socket。

(6) 关闭 ServerSocket。

(7) 侦听其他客户机请求。

一个客户程序只能连接服务器的一个端口，而一个服务器可以有若干个端口，不同的端口使用不同的端口号并提供不同的服务。

12.2.3 本节小结

本小节通过实例具体介绍了通过 URLConnection 获取 WWW 资源的方法，并对使用 URLConnection 类进行网络通信的步骤进行了具体的介绍。

Socket(套接字)是指在网络上的两个程序通过一个双向的通信连接实现数据交换的通道，这个双向链路的一端为一个 Socket。Socket 通常用来实现客户端和服务端的连接，一个程序将一段信息写入 Socket 中，该 Socket 将这段信息发送给另外一个 Socket，使这段信息能传送到其他程序中。

12.2.4 自测练习

问答题

1. 简述通过 URLConnection 获取 WWW 资源的步骤。
2. 简述 Socket 的通信机制。
3. TCP/IP 协议和 Socket 是什么关系?

12.3 简单 JSP 语句

【案例 12-2】在 Web 页内输出一个简单的“九九表”。

12.3.1 案例代码

```
<%@ page language="java" import="java.util.*" %>
<%@ page contentType="text/html; charset=gb2312"%>
<html>
<head><title>脚本元素</title>
</head>
<body>
<h3>打印九九表</h3>
<br>
<%--换行输出--%>
<%--打印九九表--%>
<%
```

```
        for(int i=1;i<=9;i++)
        {   for(int j=1;j<=i;j++)
                out.print(i*j+" ");
        out.print("<br/>");
        }
    %>
    </body>
    </html>
```

12.3.2　知识点讲解

<%@ page %>指令作用于整个 JSP 页面，同样包括静态的包含文件。可以在一个页面中用多个<% @ page %>指令。但除了 import 外，其中的属性只能用一次。因为 import 属性和 Java 中的 import 语句类似，因此可以将该语句应用多次。无论把<% @ page %>指令放在 JSP 的文件的任何位置，它的作用范围都是整个 JSP 页面。不过，为了 JSP 程序的可读性以及好的编程习惯，最好还是把它放在 JSP 文件的顶部。

JSP 语法格式如下。

```
    <%@ page
    [language="java" ]
    [extends="package.class" ]
    [import="{package.class | package.*},..." ]
    [session="true | false" ]
    [buffer="none | 8kb | sizekb" ]
    [autoFlush="true | false" ]
    [isThreadSafe="true | false" ]
    [info="text" ]
    [errorPage="relativeURL" ]
    [isErrorPage="true | false" ]
    [contentType="mimeType[;charset=characterSet]"|"text/html;charset=ISO-88
59-1"]
    %>
```

属性说明如下。

1. language 属性

该属性用来指定 JSP 页面所采用的脚本语言。目前只可以使用 Java 作为脚本语言。如果不设置该属性，则默认值为 Java。

2. extends 属性

JSP 其实是一个特殊的 Servlet，它最终需要被编译成 Servlet 的 Java 类程序，然后执行用户的请求。该属性用来定义当前 JSP 页产生的 Servlet 继承的是哪个父类。

3. import 属性

该属性用来描述哪些类可以在脚本元素中使用，作用同 Java 语言中的 import 声明语句一样。属性值可以是类别全名，也可以是包名后续“.*”字符串，表示可以使用定义在这个包中的所有公共类，例如下面的两个方式都可以。

```
    <%@ page import="java.util.Date" %>
    <%@ page import="java.util.*" %>
```

在 Java 语言中，如果要同时使用多个包中的类时，需要多个 import 导入多个包，例如：

```
import java.util.*;
import java.awt.*;
```

为了实现相同的功能，在 JSP 页面中可以使用逗号为分隔符，为 import 属性赋多个值，如下所示。

```
<%@ page import="java.util.*, java.awt.*"%>
```

4. session 属性

该属性主要用来设置 JSP 脚本语言中 session 内置对象是否有效。如果它为 true，表明 session 是可用的。如果它为 false，那么 session 对象就不能使用，默认值为 true。

5. buffer 属性

该属性决定输出流(Output Stream)是否有缓冲区。默认值为 8KB 的缓冲区。

6. autoFlush 属性

该属性决定输出流的缓冲区是否要自动清除，缓冲区满了会产生异常 (Exception)。如果其值被定义为 true(默认值)，输出正常，如果它被设置为 false，当这个 buffer 溢出时，就会导致一个意外错误的发生。如果把 buffer 设置为 none，那么就不能把 autoFlush 设置为 false。默认值为 true。

7. isThreadSafe 属性

该属性在实际开发过程中不常使用，它用来设置该 JSP 页面能否同时处理超过一个以上的用户请求。

8. info 属性

该属性定义一个可以通过 Servlet.getServletInfo 方法获取的信息。在通常情况下，该方法返回作者、版本或版权这样的信息。

9. errorPage 属性

该属性设置处理异常事件的 JSP 文件。表示如果发生异常错误时，网页会被重新指向那一个 URL。

10. isErrorPage 属性

该属性表示此 JSP Page 是否为处理异常错误的网页，如果被设置为 true，用户就能使用 Exception 对象。

11. contentType 属性

该属性表示 MIME 类型和 JSP 网页的编码方式。默认的 MIME 类型是：text/html，默认的字符集为 ISO-8859-1。

12.3.3　案例分析

程序中代码：

```
<%--换行输出--%>
<%--打印九九表--%>
```

为注释内容。注释用于在 JSP 程序中对程序进行注释以及说明。

JSP 中注释语法格式如下：

```
<%--注释--%>
```

其中：<%--和--%>之间是注释的具体内容。该标志所包含的内容将被 JSP 编译器忽略。该注释在希望隐藏注释 JSP 程序时是很有用的，它不会对<%---和---%>之间的语句进行编译，并且不会显示在客户的浏览器中，也不会在源代码中看到。

12.3.4　本节小结

本小节通过实例介绍了 page 指令和程序中注释的使用。page 指令作用于整个 JSP 页面。无论把<% @ page %>指令放在 JSP 的文件的任何位置，它的作用范围都是整个 JSP 页面。注释用于在 JSP 程序中对程序进行注释以及说明。程序运行时它不会对注释语句进行编译，并且不会显示在客户的浏览器中，也不会在源代码中看到。

12.3.5　自测练习

问答题

1．page 指令的 language 属性有什么作用？
2．page 指令的 autoFlush 属性有什么作用？

12.4　JSP 基本语法格式

【案例 12-3】在一个文件内输出另外一个文件的内容。

12.4.1　案例代码

主文件为 to.jsp，该文件包含一个文件名为 from.jsp 的文件。源代码如下：

```
<%@ page language="java" import="java.util.*" %>
<%@ page contentType="text/html; charset=gb2312"%>
<html>
<head>
<title>目标文件：include 指令示例</title>
</head>
<body bgcolor="white">
<%@include file="from.jsp"%>
</body>
</html>
```

子文件为 from.jsp，该文件中声明了变量，并对变量进行了简单的运算。源代码如下：

```
<%@ page language="java" import="java.util.*" %>
<%@ page contentType="text/html; charset=gb2312"%>
<html>
<head>
<title>源文件</title>
</head>
<body>
<center>
<%! Date date=new Date(); %>
<%! int a, b, c; %>
<% a=124;b=124; c=a+b;%>
<font color="blue"><%= date.toString() %></font> <br>
<b>a=<%= a %></b><br>
<b>b=<%= b %></b><br>
<b>c=<%= c %></b><br>
</center>
</body>
<html>
```

12.4.2 知识点讲解

声明用来在 JSP 程序中声明合法的变量和方法。变量类型包括 Java 基本类型以及对象的声明。

JSP 中声明语法格式如下：

```
<%! 声明; [声明; ]…%>
```

在使用的过程中，一定需要注意不能省略“;”。

本例中声明了 int 型的变量 a、b 和 c，此外还有一个类型为 Date 的对象型变量 date。由该例题还可以看出既可以一次只声明一个变量，也可以一次性声明多个变量和方法，但要特别注意以“;”结尾。而且需要注意，所有这些声明在 Java 中是要符合语法的。

JSP 中表达式用来包含一个符合 JSP 语法的表达式。

JSP 表达式的语法格式如下：

```
<%= 表达式%>
```

表达式必须能够计算出确定值，并且其中的变量或对象必须已声明。在 JSP 代码中经常使用表达式来输出变量的值，可用在任何地方。需要注意的是表达式的末尾没有“;”。

12.4.3 案例分析

使用 include 指令可以在 JSP 中包含一个静态的文件，同时解析这个文件中的 JSP 语句。include 指令语法格式如下：

```
<%@ include file="URL 地址" %>
```

如果这个包含文件被改变，包含此文件的 JSP 文件将被重新编译。

<%@include %>指令会在 JSP 编译时插入一个包含文本或代码的文件，当使用<%@include %>指令时，这个包含的过程是静态的。静态的包含是指这个被包含的文件将会被插入到 JSP 文件中去，这个包含的文件可以是多种类型的文件，如 JSP 文件、HTML 文件、文本文件等。如果包含的是 JSP 文件，这个包含 JSP 的文件中的代码将会被执行。

如果仅仅只是用 include 来包含一个静态文件，那么这个包含的文件所执行的结果将会插入到 JSP 文件中<%@include %>所处的位置。一旦包含文件被执行，那么主 JSP 文件的过程将会被恢复，继续执行下一行。

12.4.4　本节小结

本小节通过实例介绍了如何进行变量的声明、表达式的使用，以及通过使用 include 指令在 JSP 中包含一个静态的文件。声明用来在 JSP 程序中声明合法的变量和方法。变量类型包括 Java 基本类型以及对象的声明。表达式必须能够计算出确定值，并且其中的变量或对象必须已经声明过。使用 include 指令可以在 JSP 中包含一个静态的文件，同时解析这个文件中的 JSP 语句。

12.4.5　自测练习

问答题

1. 简述 JSP 中声明的语法格式。
2. 简述 JSP 中表达式的语法格式。
3. 简述 JSP 中 include 指令的语法格式。

12.5　JSP 动作

【案例 12-4】用 JSP 动作实现页面的包含。

12.5.1　案例代码

本案例由两个文件组成，文件 jsp1.jsp 中包含了文件 jsp2.jsp。

程序 jsp1.jsp 源代码如下：

```
<%@ page contentType="text/html; charset=gb2312" language="java" %>
<html>
<head>
<title>include 示例</title>
</head>
<body>
<jsp:include page="jsp2.jsp"/>
</body>
</html>
```

程序 jsp2.jsp 源代码如下：

```
<%@ page contentType="text/html; charset=gb2312" language="java" %>
<%
for(int i=1;i<=3;i++){
out.println("<h"+i+">include 动作指令示例</h"+i+">");
}
for(int i=4;i>0;i--){
out.println("<h"+i+">include 动作指令示例</h"+i+">");
}
%>
```

12.5.2 知识点讲解

JSP 动作允许在 JSP 页面中包含文件，基本语法如下所示。

(1) <jsp:include page="{relativeURL | <%= expression%>}" flush="true" />

(2) <jsp:include page="{relativeURL | <%= expression %>}" flush="true" >

<jsp:param name="parameterName" value="{parameterValue|<%= expression %>}" />

[<jsp:param …/>]

</jsp:include>

属性的含义如下。

(1) page="{relativeURL | <%= expression %>}"

参数为一相对路径，或者是代表相对路径的表达式。

(2) flush="true"

这里必须使用 flush="true"，不能使用 false 值，而默认值为 false 。

(3) <jsp:param name="parameterName" value="{parameterValue | <%= expression %> }" />

<jsp:param>用来传递一个或多个参数到指定的动态文件，能在一个页面中使用多个<jsp:param>来传递多个参数。

12.5.3 案例分析

<jsp:include>元素允许包含动态和静态文件，这两种包含文件的结果是不同的。如果文件仅是静态文件，那么这种包含仅仅是把包含文件的内容加到 JSP 文件中去，则类似于<%@include %>；而如果这个文件是动态的，那么这个被包含文件也会被 JSP 编译器执行。不能仅从文件名上判断一个文件是动态的还是静态的，比如某个以 jsp 为扩张名的文件也可能就只是包含一些静态信息而已，而不需要执行。<jsp:include>能够同时处理这两种文件，因此使用<jsp:include>就不需要在包含时判断此文件是动态的还是静态的。

如果这个包含文件是动态的，那么还可以用<jsp:param>来传递参数名和参数值。

12.5.4 本节小结

本小节通过实例具体介绍了<jsp:include>元素，同时介绍了它的基本语法格式，并对格式中的属性含义进行了简单的介绍。在案例分析部分，分析了<jsp:include>元素允许包含动态和静态文件，并总结了包含动态和静态文件的区别。

12.5.5 自测练习

判断对错(T/F)

1. 在<jsp:include>元素的 page 属性中，只可以包含绝对路径。 (　　)

2. 在<jsp:include>元素的 flush 属性的默认值为 true。 (　　)

3. <jsp:param>用来传递一个或多个参数到指定的动态文件，能在一个页面中使用多个<jsp:param>来传递多个参数。 (　　)

12.6　JSP 的重定向

【案例 12-5】重定向到另外一个 jsp 文件。

12.6.1　案例代码

本案例由两个文件组成：forward1.jsp 和 forward2.jsp，能够从 forward1.jsp 跳到 forward2.jsp。

文件 forward1.jsp 的源代码如下：

```
<%@ page contentType="text/html; charset=gb2312" language="java" %>
<html>
<head>
<title>forward示例</title>
</head>
<body>
    <jsp:forward page="forward2.jsp">
        <jsp:param name="name" value="the book is about java,please work
    hard ,you
    can do it!!!"/>
        </jsp:forward>
</body>
</html>
```

文件 forward2.jsp 的源代码如下：

```
<%@ page contentType="text/html; charset=gb2312" language="java" %>
<html>
<head>
<title>forward示例</title>
</head>
<body>
    <%=request.getParameter("name")%>
</body>
</html>
```

12.6.2　知识点讲解

重定向到一个 JSP 文件、HTML 文件，或者是一个程序段。

JSP 语法格式如下：

(1) <jsp:forward page={"relativeURL" | "<%= expression %>"} />

(2) <jsp:forward page={"relativeURL" | "<%= expression %>"} >

<jsp:param name="parameterName" value="{parameterValue | <%= expression %>}" />

[<jsp:param … />]

</jsp:forward>

12.6.3　案例分析

forward 的属性含义如下。

(1) page="{relativeURL | <%= expression %>}"

这里是一个表达式或是一个字符串用于说明当前页面将要定向的文件或 URL。这个文件可以是 JSP 程序段，或者是其他能够处理 request 对象的文件。

(2) <jsp:param name="parameterName" value="{parameterValue | <%= expression %>}" />

向一个动态文件发送一个或多个参数，这个文件必须是动态文件。如果想传递多个参数，可以在一个 JSP 文件中使用多个<jsp:param>；name 指定参数名，value 指定参数值。

(3) <jsp:forward>标签从一个 JSP 文件向另一个文件传递一个包含用户请求的 request 对象。<jsp:forward>标签以下的代码将不能执行。

12.6.4 本节小结

本小节介绍了通过<jsp:forward>标签重定向到另外一个 JSP 文件。在知识点讲解部分具体介绍了<jsp:forward>标签的语法格式。在案例分析部分详细介绍了 forward 的属性的含义。

12.6.5 自测练习

一、判断对错(T/F)

如果想要传递多个参数，可以在一个 JSP 文件中使用多个<jsp:param>。 (　　)

二、问答题

<jsp:param>能不能单独使用?为什么？

12.7 JSP 的对象

12.7.1 request 对象

request 对象表示客户端请求，此请求会包含来自 GET/POST 请求的参数。服务器通过它来获得客户端传来的数据。由客户端向服务器端发送数据主要有两种方式，一种是 GET 方法，一种是 POST 方法。若设置为 POST，则表单中信息以打包方式送出，能发送较大的信息量；若设置为 GET，则表单中信息以附在网址栏后的方式传递给服务程序。另外，当使用密码框的时候，一定要将其设为 POST 方式。request 对象的主要方法见表 12-2。

表 12-2 request 对象的主要方法

方　法	说　明
Object getAttribute(String name)	返回 name 指定的属性值，如果不存在该属性则返回 null
Enumeration getAttributeNames()	返回 request 对象所有属性的名字
String getCharacterEncoding()	返回请求中的字符编码方法，可以在 response 对象中设置
String getContentType()	返回在 response 中定义的内容类型
Cookie[]　getCookies()	返回客户端所有 Cookie 对象，其结果是一个 Cookie 数组
String getHeader(String name)	获取 HTTP 协议定义的文件头信息
Enumeration getHeaderNames()	获取所有 HTTP 协议定义的文件头名称

续表

方　法	说　明
Enumeration getHeaders(String name)	获取 request 指定文件头的所有值的集合
ServletInputStream getInputStream()	返回请求的输入流
String getLocalName()	获取响应请求的服务器端主机名
String getLocalAddr()	获取响应请求的服务器端地址
int getLocalPort()	获取响应请求的服务器端端口
String getMethod()	获取客户端向服务器提交数据的方法(GET 或 POST)
String getParameter(String name)	获取客户端传送给服务器的参数值，参数由 name 属性决定
Enumeration getParameterNames()	获取客户端传送给服务器的所有参数名称，返回一个 Enumeration 类的实例。使用此类需要导入 util 包
String[] getParameterValues(String name)	获取指定参数的所有值。参数名称由 name 指定
String getProtocol()	获取客户端向服务器传送数据所依据的协议，如 HTTP 1.1、HTTP 1.0
String getQueryString()	获取 request 参数字符串，前提是采用 GET 方法向服务器传送数据
BufferedReader getReader()	返回请求的输入流对应的 Reader 对象，该方法和 getInputStream()方法在一个页面中只能调用一个
String getRemoteAddr()	获取客户端用户 IP 地址
String getRemoteHost()	获取客户端用户主机名称
String getRemoteUser()	获取经过验证的客户端用户名称，未经验证返回 null
StringBuffer getRequestURL()	获取 request URL，但不包括参数字符串
void setAttribute(String name,Java.lang. Object object)	设定名字为 name 的reqeust 参数的值，该值由 object 决定

12.7.2　response 对象

一般来说，在页面中使用 sendRedirect()方法时，不能在此方法之前有 HTML 输出。但这并不是绝对的，不能有 HTML 输出其实是指不能有 HTML 被送到浏览器。事实上现在的 Server 都有 cache 机制，一般在 8KB 左右，这就意味着，除非关闭了 cache，或者使用了 out.flush()方法强制刷新，那么在使用 sendRedirect()方法之前，有少量的 HTML 输出也是允许的。

使用 sendRedirect()方法即向服务器发送一个重新定向的请求。当用它转到另外一个页面时，等于重新发出了一个请求，所以在原来页面的 request 参数转到新页面之后就失效了，因为它们的 request 不同。同时需要注意的是，此语句之后的其他语句仍然会继续执行。因此，为了避免错误，往往会在此方法后使用 return 中止其他语句的执行。

注意使用该方法同使用<jsp:forward>的不同，使用<jsp:forward>时，在转到新的页面后，原来页面的 request 参数是可用的，同时新页面的地址不会在地址栏中显示出来；而使用 sendRedirect()方法时，重定向后在浏览器地址栏上会出现重定向后页面的 URL。respanse 对象的主要方法见表 12-3。

表 12-3 response 对象的主要方法

方　法	说　明
void addCookie(Cookie cookie)	添加一个 cookie 对象，用来保存客户端的用户信息
void addHeader(String name,String value)	添加 HTTP 头。该 Header 将会传到客户端，若同名的 Header 存在，原来的 Header 会被覆盖
boolean containsHeader(String name)	判断指定的 HTTP 头是否存在
String encodeRedirectURL(String url)	对于使用 sendRedirect()方法的 URL 编码
String encodeURL(String url)	将 URL 予以编码，回传包含 session ID 的 URL
void flushBuffer()	强制把当前缓冲区的内容发送到客户端
int getBufferSize()	取得以 KB 为单位的缓冲区大小
String getCharacterEncoding()	获取响应的字符编码格式
String getContentType()	获取响应的类型
ServletOutputStream getOutputStream()	返回客户端的输出流对象
PrintWriter getWriter()	获取输出流对应的 writer 对象
void reset()	清空 buffer 中的所有内容
void resetBuffer()	清空 buffer 中所有的内容，但是保留 HTTP 头和状态信息
void sendError(int sc,String msg)或 void sendError(int sc)	向客户端传送错误状态码和错误信息。如：505 表示服务器内部错误；404 表示网页找不到错误
void sendRedirect(String location)	向服务器发送一个重定位至 location 位置的请求
void setCharacterEncoding(String charset)	设置响应使用的字符编码格式
void setBufferSize(int size)	设置以 KB 为单位的缓冲区大小
void setContentLength(int length)	设置响应的 BODY 长度
void setHeader(String name,String value)	设置指定 HTTP 头的值。设定指定名字的 HTTP 文件头的值，若该值存在，它将会被新值覆盖
void setStatus(int sc)	设置状态码。为了使得代码具有更好的可读性，可以用 HttpServletResponse 中定义的常量来避免直接使用整数。这些常量根据 HTTP 1.1 中的标准状态信息命名，所有的名字都加上了 SC 前缀(Status Code 的缩写)并大写，同时把空格转换成了下划线，见表 12-4。例如，与状态代码 404 对应的状态信息是 Not Found，则 HttpServletResponse 中的对应常量名字为 SC_NOT_FOUND

表 12-4 HTTP 状态码详细列表

状态码名称	值
SC_CONTINUE	100
SC_SWITCHING_PROTOCOLS	101
SC_OK	200
SC_CREATED	201
SC_ACCEPTED	202
SC_NON_AUTHORITATIVE_INFORMATION	203
SC_NO_CONTENT	204

续表

状态码名称	值
SC_RESET_CONTENT	205
SC_PARTIAL_CONTENT	206
SC_MULTIPLE_CHOICES	300
SC_MOVED_PERMANENTLY	301
SC_FOUND	302
SC_SEE_OTHER	303
SC_NOT_MODIFIED	304
SC_USE_PROXY	305
SC_TEMPORARY_REDIRECT	307
SC_BAD_REQUEST	400
SC_UNAUTHORIZED	401
SC_PAYMENT_REQUIRED	402
SC_FORBIDDEN	403
SC_NOT_FOUND	404
SC_METHOD_NOT_ALLOWED	405
SC_NOT_ACCEPTABLE	406
SC_PROXY_AUTHENTICATION_REQUIRED	407
SC_REQUEST_TIMEOUT	408
SC_CONFLICT	409
SC_GONE	410
SC_LENGTH_REQUIRED	411
SC_PRECONDITION_FAILED	412
SC_REQUEST_ENTITY_TOO_LARGE	413
SC_REQUEST_URI_TOO_LONG	414
SC_UNSUPPORTED_MEDIA_TYPE	415
SC_REQUESTED_RANGE_NOT_SATISFIABLE	416
SC_EXPECTATION_FAILED	417
SC_INTERNAL_SERVER_ERROR	500
SC_NOT_IMPLEMENTED	501
SC_BAD_GATEWAY	502
SC_SERVICE_UNAVAILABLE	503
SC_GATEWAY_TIMEOUT	504
SC_HTTP_VERSION_NOT_SUPPORTED	505

【案例 12-6】通过 session 对象实现页面之间值的传递。

12.7.3　案例代码

本案例由两个程序组成，分别为 session1.htm、session2.jsp 和 session3.jsp，程序将通过

session 在这 3 个页面之间传递信息。

session1.htm 代码如下：

```
< html>
<head><title>session1.htm</title></head>
   <body>
         <form method="post" action="sesson2.jsp">
              请输入您的姓名：
              <input type="text" name="username">
              <input type="submit" value="submit">
         </form >
   </body>
</html>
```

session2.jsp 代码如下：

```
<html>
<head><title>session2.jsp</title></head>
<body>
   <%@ page language="java" %>
    <%! String name=""; %>
<p>
<%
    name = request.getParameter("username");
    session.putValue("username", name);
%>
   您的姓名是：<%=name%>
<p><form method="post" action="session3.jsp">
    您最喜欢的娱乐是什么 ？
    <input type="text" name="amuse">
   <input type="submit" value="submit"> </p>
   </form>
</body>
</html>
```

session3.jsp 代码如下：

```
<html>
    <head><title>session3.jsp</title></head>
<body>
<%@ page language="java"%>
<%! String amuse=""; %>
<%
        amuse=request.getParameter("amuse");
        String user=(String)session.getValue("username");
%>
        您的姓名是： <%=user%>
        您喜欢的娱乐是： <%=amuse%>
</body>
</html>
```

12.7.4 知识点讲解

在有些应用中，服务器需要不断识别是从哪个客户端发送来的请求，以便针对用户的

状态进行相应的处理。例如，在网上购物中使用的购物车，就需要判定哪个用户将某商品放入了自己的购物车，而不是放入了别人的购物车，并且要保证购物车中的商品在用户选购商品过程中也是不能丢失的。而不断要求用户输入身份确认信息是不可取的方式，session 就是用来处理这种情况的。

session 用来分别保存每一个用户的信息，使用 session 可以轻易地识别每一个用户，然后针对每个用户的要求给予正确的响应。因此，在网上购物时购物车中最常使用的就是 session。当用户把物品放入购物车时，就可以将用户选定的商品信息存放在 session 中，当需要进行付款等操作时，又可以将 session 中的信息取出来。

从技术上讲，session 用于在一段时间内保存用户信息，以及某客户与 Web 服务器的一系列交互过程。当一个用户登录网站，服务器就为该用户创建一个 session 对象。session 一般是系统自动创建的，大多数情况下它处于默认打开的状态。表 12-5 给出了 session 对象方法列表。

表 12-5　session 对象方法列表

方　法	说　明
Object getAttribute(String name)	获取指定名字的属性
Enumeration getAttributeNames()	获取 session 中所有的属性名称
long getCreationTime()	返回当前 session 对象创建的时间。单位是毫秒，由 1970 年 1 月 1 日零时算起
String getId()	返回当前 sessionID。每个 session 都有一个独一无二的 ID
long getLastAccessedTime()	返回当前 session 对象最后一次被操作的时间。单位是毫秒，由 1970 年 1 月 1 日零时算起
int getMaxInactiveInterval()	获取 session 对象的有效时间
void invalidate()	强制销毁该 session 对象
ServletContext getServletContext()	返回一个该 JSP 页面对应的 ServletContext 对象实例
HttpSessionContext getSessionContext()	获取 session 的内容
Object getValue(String name)	取得指定名称的 session 变量值，不推荐使用
String[] getValueNames()	取得所有 session 变量的名称的集合，不推荐使用
boolean isNew()	判断 session 是否为新的，所谓新的 session 只是由服务器产生的 session，尚未被客户端使用
void removeAttribute(String name)	删除指定名字的属性
void pubValue(String name, Object value)	添加一个 session 变量，不推荐使用
void setAttribute(String name, Java.lang.Object object)	设定指定名字属性的属性值，并存储在 session 对象中
void setMaxInactiveInterval(int interval)	设置最大的 session 不活动的时间，若超过这时间，session 将会失效，时间单位为秒

会话状态维持是 Web 应用程序开发所必须面对的问题。有多种方法可以用来解决这个问题，例如使用 Cookies 、隐藏的表单输入域(hidden)，或者直接将状态信息参数附加到 URL 中。Java Servlet 提供了一个在多个请求之间持续有效的会话对象，该对象允许用户存储和提取会话状态信息。JSP 中的 session 对象就同样支持 Servlet 中的这个概念。

session 对象在第一个 JSP 页面被装载时自动创建，并被关联到 request 对象上。与 ASP 中的会话对象相似，JSP 中的 session 对象对于那些希望通过多个页面完成一个事务

的应用是非常有用的。

12.7.5　案例分析

在本节中实现了一个利用会话对象完成会话状态维持功能的例子。为了说明 session 对象的具体应用，实例中应用了 3 个页面模拟一个多页面的 Web 应用。第一个页面(session1.htm)只包含一个要求输入用户姓名的 HTML 表单。第二个页面是一个 JSP 页面(session2.jsp)，它通过 request 对象提取 session1.htm 表单中的 username 值，将它存储为 name 变量，然后将这个 name 值保存到 session 对象中。session 对象是一个“名称/值”对的集合，在这个例子中，“名称/值”中的名称为 username，值即为 name 变量的值。由于 session 对象在会话期间是一直有效的，因此这里保存的变量对后继的页面也有效。此外，session2.jsp 询问第二个问题。第三个页面也是一个 JSP 页面(session3.jsp)，主要任务是显示问答结果。它从 session 对象提取 username 的值并显示它，以此证明虽然该值在第一个页面输入，但通过 session 对象得以保留。session3.jsp 的另外一个任务是提取在第二个页面中的用户输入并显示出来。

12.7.6　application 对象

application 对象用来在多个用户之间保存全局共享信息。也就是说，一个 Web 应用可以有多个用户，但所有这些用户的 application 对象都是相同的，一个 Web 应用只能有一个 application 对象。application 对象保存的是属性/值对。

application 对象拥有 application 的范围，也就是说，application 用于在多个用户间保存数据，所有用户都共享同一个 application，因此从中读取和写入的数据都是共享的。

服务器启动后，一旦创建了 application 对象，那么这个 application 对象将会永远保持下去，直到服务器关闭为止。

表 12-6 列出了 application 对象的主要方法及其说明。

表 12-6　application 对象的主要方法

方　法	说　明
Object getAttribute(String name)	获取指定名字的 application 对象的属性值
Enumeration getAttributes()	返回所有的 application 属性
ServletContext getContext(String uripath)	取得当前应用的 ServletContext 对象
String getInitParameter(String name)	返回由 name 指定的 application 属性的初始值
Enumeration getInitParameters()	返回所有的 application 属性的初始值的集合
int getMajorVersion()	返回 servlet 容器支持的 Servlet API 的版本号
String getMimeType(String file)	返回指定文件的 MIME 类型，未知类型返回 null。一般为"text/html"和"image/gif"
String getRealPath(String path)	返回给定虚拟路径所对应的物理路径
void setAttribute(String name, Java.lang.Object object)	设定指定名字的 application 对象的属性值
Enumeration getAttributeNames()	获取所有 application 对象的属性名
String getInitParameter(String name)	获取指定名字的 application 对象的属性初始值
URL getResource(String path)	返回指定的资源路径对应的一个 URL 对象实例，参数要以"/"开头

续表

方　法	说　明
InputStream getResourceAsStream(String path)	返回一个由 path 指定位置的资源的 InputStream 对象实例
String　getServerInfo()	获得当前 Servlet 服务器的信息
Servlet getServlet(String name)	在 ServletContext 中检索指定名称的 servlet
Enumeration getServlets()	返回 ServletContext 中所有 servlet 的集合
void log(Exception ex, String msg/String msg, Throwablet /String msg　)	把指定的信息写入 servlet log 文件
void removeAttribute(String name)	移除指定名称的 application 属性
void setAttribute(String name, Object value)	设定指定的 application 属性的值

12.7.7　out 对象

out 对象的主要方法见表 12-7。

表 12-7　out 对象的主要方法

方　法	说　明
void clear()	清除输出缓冲区的内容，但是不输出到客户端
void clearBuffer()	清除缓冲区的内容，并且输出数据到客户端
void close()	关闭输出流，清除所有内容
void flush()	输出缓冲区里面的数据
int getBuffersize()	获得缓冲区大小。缓冲区的大小可用<%@ page buffer="size" %>设置
int getRemaining()	获得缓冲区可使用空间大小
void newLine()	输出一个换行字符
boolean isAutoFlush()	该方法返回一个 boolean 类型的值，如果为 true 表示缓冲区会在充满之前自动清除；返回 false 表示如果缓冲区充满则抛出异常。是否 auto fush 可以使用<%@ page is AutoFlush="true/false"%>来设置
print(boolean b/char c/char[] s/double d/float f/int i/long l/Object obj/String s)	输出一行信息，但不自动换行
println(boolean b/char c/char[] s/double d/float f/int i/long l/Object obj/String s)	输出一行信息，并且自动换行
Appendable append(char c/CharSequence cxq, int start, int end/ CharSequence cxq)	将一个字符或者实现了 CharSequence 接口的对象添加到输出流的后面

12.7.8　exception 对象

当 JSP 页面发生错误时，会产生异常。而 exception 就是用来针对异常作出相应处理的对象。要使用该内置对象，必须在 page 命令中设定<%@ page isErrorPage="true"%>，否则编译会出现错误。当异常发生时，则使用 errorPage 命令指定该由哪个页面处理发生的异常。表 12-8 列出了 exception 对象的主要方法。

表 12-8　exception 对象的主要方法

方　法	说　明
String getMessage()	返回错误信息
void printStackTrace()	以标准错误的形式输出一个错误和错误的堆栈
void toString()	以字符串的形式返回对异常的描述
void printStackTrace()	打印出 Throwable 及其 call stack trace 信息

12.7.9　本节小结

本节通过 request 对象输出服务器的相关信息，对 request 的有关方法进行了介绍。介绍了 response 对象的主要方法，可对每个方法进行扩展学习，同时分析了 HTTP 状态码的不同含义。

本节还通过一个实例具体介绍了 session 对象的应用。session 用来分别保存每一个用户的信息，使用 session 可以轻易地识别每一个用户，然后针对每个用户的要求给予正确的响应。从技术上讲，session 用于在一段时间内保存用户信息，以及某客户与 Web 服务器的一系列交互过程。在介绍 session 的基础上，给出了 session 对象的方法列表。

与 session 对象一样，application 存储的是对象类型而不是普通的数值类型。但是需要注意它们的生存周期是不一样的，从程序可以看出，只有当 tomcat 重新启动，或者重新启动 setappattr.jsp 窗口时计数值才会重新计数，而 session 对象存储的信息会随着窗口的关闭而消失。

12.7.10　自测练习

一、选择题

1．应用方法_______可以获取响应请求的服务器端主机名。

A．getProtocol　　　　B．getLocalName

C．getLocalAddr　　　　D．getRemoteAddr

2. request 是 HttpServletRequest 接口的实例，如下哪个方法不是用来获取请求参数的？_______。

A．Object getAttribute(String name)

B．Enumeration getAttributeNames()

C．String getParameter(String name)

D．String getServerHost()

3．清空 buffer 中的所有内容所使用的方法是_______。

A．flushBuffer　　　　B．getBufferSize

C．reset　　　　D．setBufferSize

4．需要写入与 HTML 标记相同的文本时，应利用以下何种方法进行编码？_______。

A．Response.Server.(HtmlEncode (“<B>”))

B．Response.Write(“Server.HtmlEncode (“<B>”)”)

C．Response.Write(Server.HtmlEncode (“<B>”))

D．Server.Server(Write.HtmlEncode (“<B>”))

5．返回当前 session 的 ID，所应用的方法是_______。

A．getId　　B．getAttributeNames

C．getSessionId　　D．getSession

6．返回给定虚拟路径所对应的物理路径所需要使用的方法是_______。

A．RealPath　　B．return　　C．getPath　　D．getRealPath

7．输出缓冲区里面的数据所使用的方法是_______。

A．clear　　B．flush　　C．clearBuffer　　D．close

二、简答题

1．简述 response.sendRedirect(" ")跳转和 forward 跳转的区别。

2．简述 response 类中 addHeader()，containsHeader()，sendError()，setHeader()4 个方法的用途。

3．out.print()和 response.write()有什么区别？

4．JSP 中 request 对象是怎么运行的？

三、填空题

____________是从服务器上获取数据，____________是向服务器传送数据。____________是把参数数据队列加到提交表单的 action 属性所指的 URL 中，值和表单内各个字段一一对应，在 URL 中可以看到。____________是通过 HTTP POST 机制，将表单内各个字段与其内容放置在 HTML header 内一起传送到 action 属性所指的 URL 地址，用户看不到这个过程。____________安全性非常低，____________安全性较高。

12.8 JavaBean 的创建与使用

在早期，JavaBean 最常用的领域是可视化领域，如 AWT(窗口抽象工具集)下的应用。在通常情况下，可以使用 JavaBean 构建如按钮、文本框、菜单等可视化 GUI。但是随着 B/S 结构软件的流行，非可视化的 JavaBean 越来越显示出自己的优势，它们被用于在服务器端实现事务封装、数据库操作等，很好地实现了业务逻辑层和视图层的分离，使得系统具有了灵活、健壮、易维护的特点。

使用 JavaBean 可以很好地实现代码的复用。对于在 JavaBean 中的代码，完全可以将它们直接复制到 JSP 网页中，稍加修改即可使用。而如果能够将这些代码组织为 JavaBean 的形式，就可以让这些代码具有高度的可重用性和可维护性。因此，在编写 JSP 网页时，通常将一些常用的复杂功能的共同部分抽象出来，组织为 JavaBean。当需要在某个页面中使用该功能时，只要调用该 JavaBean 中的相应方法，而不必在每个页面中都编写实现这个功能的详细代码，这样就实现了代码的重用。当需要进行修改的时候，只需要修改这个 JavaBean 就可以了，也没有必要再去修改每一个调用该 JavaBean 的页面。这样就实现了良好的可维护性。

【案例 12-7】实现一个简单的 JavaBean 例子，可以用来描述一辆汽车的配置。

12.8.1 案例代码

```
public class Car{
  private String sEngineer;
  private String sColor;
  private String sRadio;
  private String sPrice;
  public Car(){
    sEngineer = "";
    sColor = "";
    sRadio = "";
    sPrice = "";
  }
  public String getsEngineer(){
    return sEngineer;
  }
  public String getsColor(){
    return sColor;
  }
  public String getsRadio(){
    return sRadio;
  }
  public String getsPrice(){
    return sPrice;
  }
  public void setsEngineer (String newName){
    sEngineer = newName;
  }
  public void setsColor(String newColor){
    sColor = newColor;
  }
  public void setsRadio(String newRadio){
    sRadio = newRadio;
  }
  public void setsPrice(String newPrice){
    sPrice = newPrice;
  }
}
```

在 JSP 中使用上面创建的 Car.java。

```
<%@page language="java" contentType="text/html;charset=GB2312"%>
<html>
<head>
<title>使用 JavaBean</title>
</head>
<body>
<%!String sEngineer = "";%>
<%!String sColor = "";%>
<%!String sRadio = "";%>
<%!String sPrice ="";%>
<%
    if(request.getParameter("Engineer") != null
 && request.getParameter("Color") != null
 && request.getParameter("Radio") != null){
```

```
        sEngineer = request.getParameter("Engineer ");
        sColor = request.getParameter("Color ");
        sRadio =request.getParameter("Radio ");
        sPrice=request.getParameter("Price");
    }
%>
<jsp:useBean id="CarBeans" scope="page" class="carBean.Car"/>
<jsp:setProperty name="CarBeans" property="sEngineer" value="<%=sEngineer%>"/>
<jsp:setProperty name="CarBeans" property="sColor" value="<%=sColor%>"/>
<jsp:setProperty name="CarBeans" property="sRadio" value="<%= sRadio%>"/>
<jsp:setProperty name="CarBeans" property="sPrice" value="<%=sPrice%>"/>
您需要的汽车参数如下：<br>
发动机：<jsp:getProperty name="CarBeans" property="sEngineer"/><br>
颜色：<jsp:getProperty name="CarBeans" property="sColor"/><br>
音响系统：<jsp:getProperty name="CarBeans" property="sRadio"/><br>
价格：<jsp:getProperty name="CarBeans" property="sPrice"/><br>
<br><br>
<form action="car.jsp">
您需要的发动机型号：<input name="Engineer" value=""><br>
您需要的颜色：      <input name="Color" value=""><br>
您需要的音响配置：      <input name="Radio" value=""><br>
您期望的价格：          <input name="Price" value=""><br>
 <input type=submit value="提 交">
</form>
</body>
</html>
```

12.8.2　知识点讲解

为了使上面的例子可以正常运行，需要注意 Car.class 文件(即 Car.java 经过编译后的类文件)的位置。在默认情况下，需要将该文件复制到 tomcat 安装目录的\webapps\ROOT\WEB-INF\classes 文件夹下。但是本例中将该类定义在 CarBean 包下，所以还需要在\webapps\ROOT\WEB-INF\classes 文件夹下建立新的文件夹，即 CarBean 文件夹，然后将 Car.class 放在该文件夹中(如果 Java 文件刚好位于 classes 目录下，编译器编译时会自动生成这个文件夹)。

在该例中，可以输入自己期望的汽车配置。提交后，将通过 request.getParameter()方法获取这些信息，并将获取的值传递给 JavaBean 进行处理。虽然在该例中仅仅是将该值简单的传递，但是如果用户希望根据不同的配置进行报价，在这种情况下，就可以在 JavaBean 中将获取的配置信息与数据库中的报价单进行对比，进行计算后返回给用户一个希望配置的报价。

另外一个需要注意的问题是，上面例子中的 setProperty()方法中使用的参数并不是和 JavaBean 中的属性相对应的。在很多情况下，甚至可能没有相对应的类属性，仅仅需要对应的 set 和 get 方法就足够了。也就是说，只要存在 setName()和 getName()方法，那么在 setProperty()和 get Property()方法中就可以使用 name 参数，而且是大小写不敏感的。

12.8.3　案例分析

在案例代码中可以看到，使用该标记的语法为：

```
<jsp:useBean id="name" scope= "page" class="package.class" />
```

该动作的目的是实例化一个 JavaBean 类。其中，id 是用户定义的该实例在指定范围中的名称。scope 参数用于指明该 JavaBean 应该在多大的范围内产生作用(关于 JavaBean Scope，将在下一节中详细讨论)。class 参数用于指定需要实例化的类。

其次，除了 id、scope 和 class 属性以外，还有其他两种可供使用的属性：type 和 beanName。所有这些属性在表 12-9 中进行了总结。

表 12-9　<jsp:useBean>属性

属　性	说　明
id	指定 id 参数，以方便在指定范围内加以引用。这个变量是大小写敏感的。在载入 JSP 页面时，如果第一次发现在某一范围内某一 id 的<jsp:useBean>动作 ，则服务器会实例化一个新的 JavaBean 对象。如果在此范围内已经有相同 id 的 JavaBean 的引用，则使用已经实例化的对象。这样，就可以在一定范围内共享一个 JavaBean 的实例。需要注意的是，即便是 JavaBean Scope 和 class 不同，也不能在同一个页面中使用相同 id 命名的两个不同的 JavaBean
class	在此指定 Bean 所在的包名和类名
scope	限定了 Bean 的有效范围。该属性可以有 4 种选项：page、request、session 和 application。默认是 page，即 Bean 在当前页有效(存储 PageContext 的当前页)。设为 request 表明 Bean 只对当前用户的请求范围内(存储在 ServletRequest 对象中)有效。设为 session 则表明该 Bean 在当前 HttpSession 生命周期的范围内对所有页面均有效。最后，设为 application 表明可以设置所有的页面都使用相同的 ServletContext
type	type 属性的值必须和类名或者父类名或者类所实现的接口名相匹配。记住该属性的值是经由 id 属性设置的
beanName	给 Bean 设定名称，据此来实例化相应的 Bean。允许同时提供 type 和 beanName 属性而忽略 class 属性

使用<jsp:setProperty>可以设定 Bean 中的各个参数的值，也即调用 Bean 中的 set 方法。实现这个功能有如下两种方式。

(1) 在<jsp:useBean>的后面使用<jsp:setProperty>。

```
<jsp:useBean id="myName" …/>
…
<jsp:setProperty
name="beanInstanceName"
{
property= "*" |
property="propertyName" [ param="parameterName" ] |
property="propertyName" value="{string | <%= expression %>}"
}
/>
```

使用这种方式，<jsp:setProperty>无论该页面中使用的 Bean 是否是初次被实例化，都会执行该语句。

(2) 将该动作放在<jsp:useBean>内部进行执行。

```
<jsp:useBean id="myName" …>
…
<jsp:setProperty
name="beanInstanceName"
```

```
{
property= "*" |
property="propertyName" [ param="parameterName" ] |
property="propertyName" value="{string | <%= expression %>}"
}
/>
</jsp:useBean>
```

使用这种方式，只有在 Bean 首次被实例化的情况下，才会执行设置属性的方法。如果使用的是已有的 JavaBean 实例，则不会执行该方法。

<jsp:setProperty>的属性见表 12-10。

表 12-10　<jsp:setProperty>属性

属　性	说　明
name	为必要值，它指明了需要设定属性的目标 Bean。该值指定的参数为<jsp:useBean>中的 id 参数，且< jsp:useBean >必须出现在<jsp:setProperty>之前
property	一般情况下该属性必须赋值，它指明了期望设定的目标属性，但是，如果值为*则表明所有与 Bean 属性名字匹配(大小写敏感)的 reqeust 参数都将其值传递给 JavaBean 相对应的参数(注意，并非是 JavaBean 类中的类属性，而是 set 和 get 方法对应的参数)
param	该属性可选，指明了其需要从哪个 request 参数获取参数值，并将该值赋予 property 指定的 JavaBean 参数。如果 request 对象没有这样的参数，则不会进行任何操作。但是系统不允许设置该值为 null，因此，可以直接使用默认值，只有在确定需要时才用相应的 request 参数进行覆盖
value	该属性为可选，它设定了属性的值。该属性具有数据类型自动转换功能，字符串将被自动转化成 numbers、boolean、Boolean、byte、Byte 或 char。例如，如果 Bean 的某个属性为 Boolean 类型，则 value 属性设定的 true 值会通过 Boolean.valueOf 转换。同样 int 或 Integer 类型的属性设定的 42 则会通过 Integer.valueOf 转换。无法同时利用 value 属性和 param 属性，但是可以选择二者都不用

<jsp:getProperty>与<jsp:setProperty>相对应，用于从 JavaBean 中获取指定的属性值。该动作元素只需要指定 name 参数和 property 参数(这两个参数为必要值)，其中 name 参数指明了通过<jsp:useBean>引用的 Bean 的 id 属性，property 参数指定了想要获取属性名。

其语法结构为：

```
<jsp:getProperty name="beanInstanceName" property="propertyName" />
```

在使用该参数时，应注意以下几点。

(1) 在使用该动作之前，要保证已经存在 name 参数指定的 Bean 实例。而且，如果在该 Bean 中不存在 property 中指定的属性，则会抛出 NullPointerException 异常。

(2) 无法通过该方法得到一个被索引了的属性。无法使用该方法获取 Enterprise Beans 的属性。当然，可以通过 beans 间接得到 Enterprise Beans 的属性，或者通过自定义的标记来得到 Enterprise Beans 的属性。

12.8.4　本节小结

在编写 JSP 网页时，通常将一些常用的复杂功能的共同部分抽象出来，组织为 JavaBean。当需要在某个页面中使用该功能时，只要调用该 JavaBean 中相应的方法，而不必在每个页

面中都编写实现这个功能的详细代码，这样就实现了代码的重用。本小节介绍了如何在 JSP 页面中调用 JavaBean，并重点介绍了<jsp:useBean>属性和<jsp:setProperty>属性。

12.8.5 自测练习

一、判断题

1. 只要存在 setName()和 getName()方法，那么在 setProperty()和 get Property()方法中就可以使用 name 参数，而且是大小写不敏感的。（ ）

2. 对于在 JSP 中用 JavaBean 方式编写的应用程序，如果对 JavaBean 重新进行了编译，重新刷新调用 JavaBean 的页面即可启用新编译的 JavaBean。（ ）

二、选择题

1. 要让 JavaBean 中声明的方法能在 JSP 中访问，必须将该方法声明为_______

A. public　　B. private　　C. public　　D. private

2. 编译 JavaBean 使用_______命令。

A. java　　B. JavaBean　　C. javac　　D. jsp

12.9 简单的 EJB

【案例 12-8】实现一个简单的 EJB 例子。

12.9.1 案例代码

首先创建 EJB Remote interface，文件为 NanoTime.java:

```
import java.rmi.*;
import javax.ejb.*;
public interface NanoTime extends EJBObject {
  public long getNanoTime()
    throws RemoteException;
}
```

接下来创建 EJB Home interface，文件为 NanoTimeHome.java:

```
import java.rmi.*;
import javax.ejb.*;
public interface NanoTimeHome extends EJBHome {
  public NanoTime create()
    throws CreateException, RemoteException;
}
```

实现具体的类，文件为 NanoTimeBean.java:

```
import java.rmi.*;
import javax.ejb.*;
public class NanoTimeBean
  implements SessionBean {
  private SessionContext sessionContext;
   public long getNanoTime() {
     return System.nanoTime();
```

```
    }
    public void ejbCreate()
    throws CreateException {}
    public void ejbRemove() {}
    public void ejbActivate() {}
    public void ejbPassivate() {}
    public void
    setSessionContext(SessionContext ctx) {
      sessionContext = ctx;
    }
  }
```

创建文件 ejb-jar.xml 用来存储分发描述器：

```
<?xml version="1.0" encoding="Cp1252"?>
<!DOCTYPE ejb-jar PUBLIC '-//Sun Microsystems, Inc.//DTD Enterprise
JavaBeans 1.1//EN' 'http://java.sun.com/j2ee/dtds/ejb-jar_1_1.dtd'>
<ejb-jar>
  <description>Example for Chapter 15</description>
  <display-name></display-name>
  <small-icon></small-icon>
  <large-icon></large-icon>
  <enterprise-beans>
    <session>
      <ejb-name>NanoTime</ejb-name>
      <home>NanoTimeHome</home>
      <remote>NanoTime</remote>
      <ejb-class>NanoTimeBean</ejb-class>
      <session-type>Stateless</session-type>
      <transaction-type>Container</transaction-type>
    </session>
  </enterprise-beans>
  <ejb-client-jar></ejb-client-jar>
</ejb-jar>
```

创建应用程序 NanoTimeClient.java：

```
public class NanoTimeClient {
    public static void main(String[] args)
    throws Exception {
       javax.naming.Context context = new javax.naming.InitialContext();
       Object ref = context.lookup("NanoTime");
       NanoTimeHome home = (NanoTimeHome)
       javax.rmi.PortableRemoteObject.narrow(ref, NanoTimeHome.class);
       NanoTime pt = home.create();
       System.out.println("Perfect Time EJB invoked, time is: " +pt.getNano
Time() );
    }
}
```

12.9.2　知识点讲解

在开发分布式对象系统时，常常需要考虑很多因素，包括可用性、可重复性、分布式交易、安全性、可扩展性、效能。EJB 描述的是服务器组件模型，此模型通过标准化方式，针对上述各点提出解决方案。这个标准化方法允许开发者开发名为 EJBs 的事务组件，使这

些EJBs和低阶琐碎的程序代码隔离开来，能够专心事务规则的处理。由于EJBs是以标准方式来定义，所以它们不会因为厂家的不同而有所差异。

Enterprise JavaBeans规格描述的是服务器的组件模型。它定义了6种在开发和分布过程中执行的角色，并且定义了系统组成。这些角色被用于分布式系统的开发、分发、执行。厂商、管理者、以及开发者都扮演不同的角色，借以划分技术上和领域上的知识。EJB组件是可复用的事务逻辑的重要元素。这些元素遵守严格的标准，以及定义于EJB规格中的设计模式，这使得组件具有可携性，也同时让其他服务如安全机制、高速缓冲以及分布式交易能够在组件上实现。EJB组件由Enterprise Bean供应商负责开发。EJB组件含有很多成分，包括Bean本身、某些interface的实现、数据文件，所有组成都被包装在特殊的jar文件中。

获得内含Bean、Home interface、Remote interface、分发容器的EJB-jar文件之后，便可以将所有组成应用到一起，并在这个过程中了解到为什么需要用到Home interface和Remote interface，以及EJB容器又将如何运用它们。EJB容器实现通过EJB-jar文件中的Home interface和Remote interface。Home interface提供的函数负责产生和查找EJB，即由EJB容器负责管理EJB的周期，这种间接层使最佳动作得以运行。在设计应用中，5个客户端可能会同时通过Home interface请求产生EJB，而EJB容器可能只会产出一个EJB并让五个客户端共用，通过由EJB容器实现的Remote Interface就可以达到这个目的。实现后的Remote对象扮演着EJB代理对象的角色。针对EJB而发的所有调用动作都会通过Home interface和Remote interface由EJB容器进行中介处理。此间接层的存在是EJB容器之所以能够控制安全机制以及交易行为的原因。

12.9.3 案例分析

从本例可以看出，EJB组件包含一个类(class)和两个接口(interface)：Remote和Home。在编写EJB Remote interface时，需要遵循以下规则。

(1) 必须声明为public。

(2) 必须继承自javax.ejb.EJBObject。

(3) 其内的每一个函数，除了自定义抛出的异常之外，还必须于其throws子句中声明掷出java.rmi.RemoteException。

(4) 作为引数或返回值的对象(不论是直接作为引数或返回值，还是被包在局域对象中)，都必须隶属于合法的RMI-IIOP数据类型(这也包括其他EJB对象)。

Home interface是组件的“生产车间”。它可以定义“用来生产出EJB实体”的create行为，或“用来找出既有EJBs”的finder行为。它只能用于Enity Beans。在编写EJB Home interfzace时，需要遵守以下规则。

(1) 必须声明为public。

(2) 必须继承自javax.ejb.EJBHome。

(3) 其中的create行为，除掷出javax.ejb.CreateException之外，还必须于throws子句内声明抛出java.rmi.RemoteException。

(4) create行为的返回值必须是个Remote interface。

(5) finder行为(只用于Entity Beans)的传回值必须是个Remote interface、java.util.

Enumeration 或 java.util.Collection。

(6) 作为引数和传入的对象(不论是直接作为引数或者返回值，还是被包在局域对象内)，都必须是个合法的 RMI-IIOP 数据类型(这也包括其他的 EJB 对象)。

在编写 EJB 实现类时，要遵循以下规则。

(1) 必须声明为 public。

(2) 必须实现 EJB interface(不论是 javax.ejb.SessionBean 还是 javax.ejb.EntityBean)。

(3) 必须定义“直接对应至 Remote interface 函数”的函数。需要注意，这个 class 并不实现 Remote interface，只是复制 Remote interface 函数，但未掷出 java.rmi.RemoteException。

(4) 定义一个或一个以上的 ejbCreate()以初始化 EJB。

(5) 所有函数的返回值或引数都必须是合法的 RMI-IIOP 数据类型。

分发描述器(Deployment Descriptor)是用以描述 EJB 组件的 XML 文件。本示例中 ejb-jar.xml 用来存储分发描述器。从该文件可以看出，组件、Remote interface、Home interface 等都被定义在此分发器的<session>标签中。使用 EJB 开发工具，可以自动产生分发描述器。

NanoTimeClient.java 是客户端程序，是一个简单的 Java 程序，它也可以是 Servlet、JSP，甚至是一个 CORBA 或 RMI 分布式对象。

12.9.4 本节小结

本小节介绍了一个简单的 EJB 实例。EJB 组件含有许多成分，包括 Bean 本身、某些 interface 的实现、数据文件。所有组成都被包装在特殊的 jar 文件中。Enterprise Bean 是供应商开发的 Java class。此种 class 实现 Enterprise Bean interface 并提供组件所执行的事务函数的实现。每个开发出来的 Enterprise Bean 都必须拥有相应的 Home interface，它会被用来作为开发 EJB 的工厂。客户端会使用 Home interface 来找到或产生出 EJB 实体。Remote interface 是个 Java interface，它反映出 Enterprise Bean 公布给外界使用的函数。分发描述器是一个含有 EJB 相关信息的 XML 文件。运用 XML，分发者能够轻易改变 EJB 的属性。

12.9.5 自测练习

问答题

1．简述定义于 EJB 规格中的角色以及它们的职责。
2．简述 Javabean 和 EJB 之间的区别。
3．简述 EJB 的种类、作用。

12.10 本章小结

本章主要介绍了 URL 的概念、组成(协议、主机名、端口、文件名)、URL 类、URL 类的构造方法和常用成员方法、URLConnection 类、Socket 的概念和通信机制、Socket 类、ServerSocket 类、网络应用(URL 应用、Socket 应用、网络安全)，以及 JSP 的基础知识、JavaBean 的基础知识、EJB 的基本知识等方面的内容。具体通过实例对相应的知识点进行了讲解和分析。

12.11 本 章 习 题

问答题

1．简述 URL 和 Socket 通信的区别。

2．简述 Socket 中有哪些常用的方法。

3．简述 ServerSocket 中有哪些常用的方法。

4．简述套接字的通信方式。

5．简述如何通过 Java API 显示本地机器 IP 地址和网络上任何一台可以访问到的服务器的 IP 地址。

6．简述如何获取某个 URL 地址的协议名、主机名、端口号和文件名。

7．设计一个简单的模拟登录页面，在登录页面内可以输入用户名和密码，当用户输入的用户名为 tute，密码为 1234 时能够自动跳转到登录成功页，并显示欢迎用户信息。

8．模拟一个简单的网上书城，在一个页面内要求输入用户名和需要购买的图书，单击“确定”按钮后，在下一页进行显示。

9．设计一组页面，该组页面实现通过登录页面进入个人信息选择页面，在个人信息选择页面内选择个人的信息，确定后进入显示页面显示刚刚选择的个人信息。

10．通过页面访问 SQL Server 2000 数据库 lesson，当访问成功时显示“已成功连接 SQL Server 数据库！”。

11．简述 JavaBean 中有哪些属性。

12．简述 JavaBean 中的事件处理机制。

13．简述 JavaBean 的持久化。

14．使用 JavaBean 实现一个简单的购物车，当用户选择所需商品后能够给出所选商品的总价格。

12.12 综合实验项目 12

实验项目：应用 Socket 设计一个简单的可视化聊天程序。

实验要求：通过实验掌握以下内容。

(1) Socket 的构造方法。

(2) ServerSocket 的构造方法。

(3) Socket 的常用方法。

(4) ServerSocket 的常用方法。

(5) 应用 Socket 进行通信的工作步骤。

(6) 可视化编程方法。

参 考 文 献

[1] 柳西玲，许斌．Java 语言应用开发基础[M]．北京：清华大学出版社，2006.
[2] 陈轶，姚晓昆．Java 程序设计实验指导[M]．北京：清华大学出版社，2006.
[3] 姜志强．Java 语言程序设计[M]．北京：电子工业出版社，2007.
[4] 王晓悦．JAVA-JDK、数据库系统开发、Web 开发[M]．北京：人民邮电出版社，2007.
[5] 张仕斌，李享梅，杨俊．Java 程序设计与应用[M]．北京：中国水利水电出版社，2007.
[6] 邬继成．Struts 与 Hibernate 实用教程[M]．北京：电子工业出版社，2006.
[7] [美]RaghuR.Kodali，Honathan Wetherbee，Peter Zadrozny．EJB 3 基础教程[M]．马朝晖，杨艳等译．北京：人民邮电出版社，2008.
[8] 叶核亚．Java 2 程序设计实用教程[M]．北京：电子工业出版社，2007.
[9] 马军，王灏．Java 完全自学手册[M]．北京：机械工业出版社，2007.
[10] 陈艳华．Java 2 面向对象程序设计基础与实例解析[M]．北京：清华大学出版社，2007.
[11] [美]Bruce Eckel．Java 编程思想[M]．2 版．侯捷译．北京：机械工业出版社，2005.
[12] [美]Deitel，等．Java 大学简明教程－实例程序设计[M]．张琛恩等译．北京：电子工业出版社，2006.
[13] 袁然，郑自国，邹丰义．Java 案例开发集锦[M]．北京：电子工业出版社，2005.
[14] 张白一，崔尚森．面向对象程序设计——Java[M]．2 版．西安：西安电子科技大学出版社，2006.
[15] 张白一，崔尚森．面向对象程序设计——Java 之学习指导与习题解答[M]．西安：西安电子科技大学出版社，2005.
[16] 崔仲潘，朱诗兵，朱小谷．Java 程序设计教程[M]．北京：北京希望电子出版社，2005.
[17] 李尊朝，苏军．Java 语言程序设计[M]．北京：中国铁道出版社，2004.
[18] 辛运帏，饶一梅，秦晓东．Java 程序设计题解与上机指导[M]．北京：清华大学出版社，2003.

北京大学出版社本科计算机系列实用规划教材

序号	标准书号	书　名	主　编	定价	序号	标准书号	书　名	主　编	定价
1	7-301-10511-5	离散数学	段禅伦	28	38	7-301-13684-3	单片机原理及应用	王新颖	25
2	7-301-10457-X	线性代数	陈付贵	20	39	7-301-14505-0	Visual C++程序设计案例教程	张荣梅	30
3	7-301-10510-X	概率论与数理统计	陈荣江	26	40	7-301-14259-2	多媒体技术应用案例教程	李　建	30
4	7-301-10503-0	Visual Basic 程序设计	闵联营	22	41	7-301-14503-6	ASP .NET 动态网页设计案例教程(Visual Basic .NET 版)	江　红	35
5	7-301-21752-8	多媒体技术及其应用(第 2 版)	张　明	39	42	7-301-14504-3	C++面向对象与 Visual C++程序设计案例教程	黄贤英	35
6	7-301-10466-8	C++程序设计	刘天印	33	43	7-301-14506-7	Photoshop CS3 案例教程	李建芳	34
7	7-301-10467-5	C++程序设计实验指导与习题解答	李　兰	20	44	7-301-14510-4	C++程序设计基础案例教程	于永彦	33
8	7-301-10505-4	Visual C++程序设计教程与上机指导	高志伟	25	45	7-301-14942-3	ASP .NET 网络应用案例教程(C# .NET 版)	张登辉	33
9	7-301-10462-0	XML 实用教程	丁跃潮	26	46	7-301-12377-5	计算机硬件技术基础	石　磊	26
10	7-301-10463-7	计算机网络系统集成	斯桃枝	22	47	7-301-15208-9	计算机组成原理	娄国焕	24
11	7-301-22437-3	单片机原理及应用教程(第2版)	范立南	43	48	7-301-15463-2	网页设计与制作案例教程	房爱莲	36
12	7-5038-4421-3	ASP .NET 网络编程实用教程(C#版)	崔良海	31	49	7-301-04852-8	线性代数	姚喜妍	22
13	7-5038-4427-2	C 语言程序设计	赵建锋	25	50	7-301-15461-8	计算机网络技术	陈代武	33
14	7-5038-4420-5	Delphi 程序设计基础教程	张世明	37	51	7-301-15697-1	计算机辅助设计二次开发案例教程	谢安俊	26
15	7-5038-4417-5	SQL Server 数据库设计与管理	姜　力	31	52	7-301-15740-4	Visual C# 程序开发案例教程	韩朝阳	30
16	7-5038-4424-9	大学计算机基础	贾丽娟	34	53	7-301-16597-3	Visual C++程序设计实用案例教程	于永彦	32
17	7-5038-4430-0	计算机科学与技术导论	王昆仑	30	54	7-301-16850-9	Java 程序设计案例教程	胡巧多	32
18	7-5038-4418-3	计算机网络应用实例教程	魏　峥	25	55	7-301-16842-4	数据库原理与应用(SQL Server 版)	毛一梅	36
19	7-5038-4415-9	面向对象程序设计	冷英男	28	56	7-301-16910-0	计算机网络技术基础与应用	马秀峰	33
20	7-5038-4429-4	软件工程	赵春刚	22	57	7-301-15063-4	计算机网络基础与应用	刘远生	32
21	7-5038-4431-0	数据结构(C++版)	秦　锋	28	58	7-301-15250-8	汇编语言程序设计	张光长	28
22	7-5038-4423-2	微机应用基础	吕晓燕	33	59	7-301-15064-1	网络安全技术	骆耀祖	30
23	7-5038-4426-4	微型计算机原理与接口技术	刘彦文	26	60	7-301-15584-4	数据结构与算法	佟伟光	32
24	7-5038-4425-6	办公自动化教程	钱　俊	30	61	7-301-17087-8	操作系统实用教程	范立南	36
25	7-5038-4419-1	Java 语言程序设计实用教程	董迎红	33	62	7-301-16631-4	Visual Basic 2008 程序设计教程	隋晓红	34
26	7-5038-4428-0	计算机图形技术	龚声蓉	28	63	7-301-17537-8	C 语言基础案例教程	汪新民	31
27	7-301-11501-5	计算机软件技术基础	高　巍	25	64	7-301-17397-8	C++程序设计基础教程	郗亚辉	30
28	7-301-11500-8	计算机组装与维护实用教程	崔明远	33	65	7-301-17578-1	图论算法理论、实现及应用	王桂平	54
29	7-301-12174-0	Visual FoxPro 实用教程	马秀峰	29	66	7-301-17964-2	PHP 动态网页设计与制作案例教程	房爱莲	42
30	7-301-11500-8	管理信息系统实用教程	杨月江	27	67	7-301-18514-8	多媒体开发与编程	于永彦	35
31	7-301-11445-2	Photoshop CS 实用教程	张　瑾	28	68	7-301-18538-4	实用计算方法	徐亚平	24
32	7-301-12378-2	ASP .NET 课程设计指导	潘志红	35	69	7-301-18539-1	Visual FoxPro 数据库设计案例教程	谭红杨	35
33	7-301-12394-2	C# .NET 课程设计指导	龚自霞	32	70	7-301-19313-6	Java 程序设计案例教程与实训	董迎红	45
34	7-301-13259-3	VisualBasic .NET 课程设计指导	潘志红	30	71	7-301-19389-1	Visual FoxPro 实用教程与上机指导（第 2 版）	马秀峰	40
35	7-301-12371-3	网络工程实用教程	汪新民	34	72	7-301-19435-5	计算方法	尹景本	28
36	7-301-14132-8	J2EE 课程设计指导	王立丰	32	73	7-301-19388-4	Java 程序设计教程	张剑飞	35
37	7-301-21088-8	计算机专业英语(第 2 版)	张　勇	42	74	7-301-19386-0	计算机图形技术(第 2 版)	许承东	44

序号	标准书号	书　名	主　编	定价	序号	标准书号	书　名	主　编	定价
75	7-301-15689-6	Photoshop CS5 案例教程(第 2 版)	李建芳	39	84	7-301-16824-0	软件测试案例教程	丁宋涛	28
76	7-301-18395-3	概率论与数理统计	姚喜妍	29	85	7-301-20328-6	ASP. NET 动态网页案例教程(C#.NET 版)	江　红	45
77	7-301-19980-0	3ds Max 2011 案例教程	李建芳	44	86	7-301-16528-7	C#程序设计	胡艳菊	40
78	7-301-20052-0	数据结构与算法应用实践教程	李文书	36	87	7-301-21271-4	C#面向对象程序设计及实践教程	唐　燕	45
79	7-301-12375-1	汇编语言程序设计	张宝剑	36	88	7-301-21295-0	计算机专业英语	吴丽君	34
80	7-301-20523-5	Visual C++程序设计教程与上机指导(第 2 版)	牛江川	40	89	7-301-21341-4	计算机组成与结构教程	姚玉霞	42
81	7-301-20630-0	C#程序开发案例教程	李挥剑	39	90	7-301-21367-4	计算机组成与结构实验实训教程	姚玉霞	22
82	7-301-20898-4	SQL Server 2008 数据库应用案例教程	钱哨	38	91	7-301-22119-8	UML 实用基础教程	赵春刚	36
83	7-301-21052-9	ASP.NET 程序设计与开发	张绍兵	39					